W0374342

Balthasar Spann

Fütterungsberater Rind

Balthasar Spann

Fütterungsberater Rind

Kälber, Milchvieh, Mastrinder

unter Mitarbeit von
Martin Moosmeyer, Anton Obermaier,
Wanda Schaap, Michael Schwab

VERLAGSUNION AGRAR

BLV Verlagsgesellschaft München
DLG-Verlag Frankfurt (Main)
Landwirtschaftsverlag Münster-Hiltrup
Österreichischer Agrarverlag Wien
Bugra Suisse Wabern-Bern

Die Deutsche Bibliothek – CIP-Einheitsaufnahme

Spann, Balthasar: Fütterungsberater Rind
Kälber, Milchvieh, Mastrinder / Balthasar Spann.
Unter Mitarb. von Martin Moosmeyer... –
München; Wien; Zürich: BLV;
Frankfurt (Main): DLG-Verl.;
Münster-Hiltrup: Landwirtschaftsverl.,
Wien: Österreichischer Agrarverl.;
Wabern-Bern: Bugra Suisse, 1993
ISBN 3-405-14322-5

Bildnachweis

Fotos: Abb. 28 K. Fries
Alle übrigen Fotos stammen vom Verfasser.

Grafiken: Vierthaler & Braun, München

BLV Verlagsgesellschaft mbH,
München Wien Zürich
80797 München

Umschlaggestaltung: Julius Negele
Lektorat: Dr. Wolfgert Alsing
Herstellung: Hermann Maxant
Satz: DTP BLV Verlag/Compusatz, München
Druck und Bindung: Franz Spiegel Buch, Ulm

Gedruckt auf chlorfrei gebleichtem Papier

Printed in Germany · ISBN 3-405-14322-5

Inhalt

Vorwort

Die Wirtschaftlichkeit der Tierhaltung hängt entscheidend davon ab, ob und wie es dem Landwirt gelingt, das genetisch vorgegebene, immer höher werdende Leistungspotential der Tiere möglichst effektiv auszuschöpfen.

Im vorliegenden Buch wird – ausgehend von einer knappen Einführung in die physiologischen Grundlagen und Anforderungen – die praktische Fütterung anhand zahlreicher, leicht nachzuvollziehender Beispiele dargestellt . Dabei wird ein weiter Bogen gespannt von der Kälberaufzucht bis zur Milchviehfütterung, von der Kälbermast bis zur intensiven Bullenmast. Zudem werden noch Produktionsnischen wie die Mast von Schlachtkühen, Färsen und Ochsen dargestellt.

Die sich verändernden agrarpolitischen Rahmenbedingungen führen in einzelnen Bereichen der Landwirtschaft verstärkt zu einer Extensivierung. Es werden deswegen auch praktische Möglichkeiten für eine extensive Rindermast aufgezeigt.

Aufbauend auf neuen wissenschaftlichen Erkenntnissen werden Empfehlungen für die Versorgung von Tieren mit hohem Leistungsniveau gegeben. Die neuen Bedarfsempfehlungen für die Calcium- und Phosphorversorgung der Milchkühe wurden in die entsprechenden Kapitel mit eingearbeitet.

Die Fütterung wird zunehmend auch ökologischen Anforderungen unterworfen. Die Zufuhr von Nähr-, Mineral-, und Wirkstoffen muß sich möglichst exakt am Bedarf ausrichten. Dadurch wird neben einer Verbilligung der Ration auch eine Reduzierung der Ausscheidung erreicht, ohne die tierische Leistung zu beeinträchtigen. So wird insgesamt der N- und P-Gehalt in der Gülle in wünschenswerter Weise vermindert.

Die Verfasser sind seit vielen Jahren in der Fütterungsberatung tätig. In die einzelnen Themenbereiche sind deswegen sehr viele praktische Erfahrungen mit eingeflossen. Für die verschiedenen Wirtschaftsgebiete werden aufgrund der dort vorhandenen Grundfuttermittel eine Reihe von Fütterungsvorschlägen bzw. Fütterungsbeispielen aufgezeigt, die sich alle bereits in der Praxis bewährt haben. Bei Verwendung von gutem Tiermaterial und entsprechend sorgfältiger Durchführung der Fütterung können ohne Beeinträchtigung der Tiergesundheit mit den vorgestellten Beispielsrationen hohe Leistungen erwartet und erreicht werden.

Ein besonderer Dank gilt allen Mitarbeitern, ohne deren Hilfe dieses Buch nicht zustande gekommen wäre.

Das vorliegende Buch soll ein Ratgeber, aber auch ein Nachschlagewerk sein, um den Rinderhaltern Erfahrungen zu vermitteln, die von anderen Landwirten und Beratern bereits gemacht worden sind und sich bewährt haben. Sollten sich Fehler eingeschlichen haben, so bitten wir um Mitteilung.

Die Verfasser

Verdauung und Stoffwechsel beim Wiederkäuer

Verdauungsvorgang

Verdauung ist die Umwandlung des Futters in aufnehmbare Stoffe. Erst wenn die aufgenommene Nahrung bestimmte Veränderungen durchlaufen hat, kann sie in die Blut- und Lymphbahn übertreten und damit im Organismus genutzt werden.
Es reicht für eine Beurteilung der Versorgung nicht aus, zu wissen, wieviel einem Tier an Futter bzw. an Rohnährstoffen verfüttert werden, sondern entscheidend ist der Teil der Nahrung, der auch tatsächlich verdaut wurde.

Abb. 1: Verdauung beim Rind (Schema).

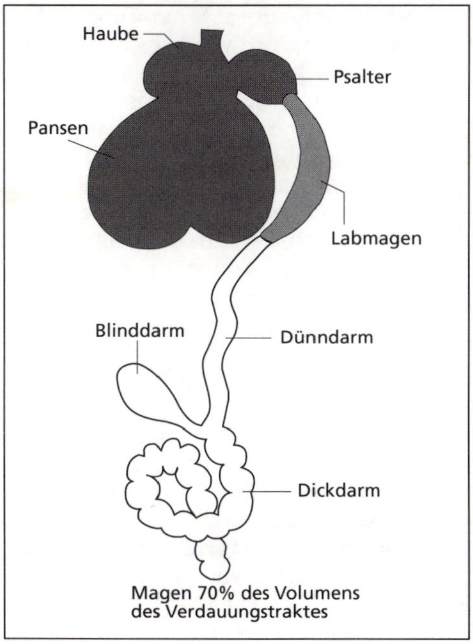

Die Verdauung findet im Verdauungstrakt statt. Er ist beim Wiederkäuer in die Abschnitte Mundhöhle, Speiseröhre, Vormägen, Labmagen und Darm gegliedert. Das ausgeprägte Vormagensystem ist dabei der wesentliche Unterschied zum Verdauungssystem beim Schwein.

Aufbau der Vormägen

Die Vormägen des Rindes stellen einen großen Gärbehälter dar, erst der Labmagen ist mit Drüsen besetzt. Zu den Vormägen gehören der Pansen, der Netzmagen (Haube) und der Blättermagen (Psalter).
Der Pansen bildet etwa $1/3$ des gesamten Verdauungstraktes. Beim ausgewachsenen Tier beträgt das Volumen etwa 150–230 Liter. Der Pansen füllt fast die ganze linke Bauchhöhlenhälfte aus. Die Größe des Pansens wird u.a. von der Versorgung des Tieres beeinflußt. Rationen, in denen sehr viel Heu und Grassilagen eingesetzt werden, vergrößern das Volumen, hoher Einsatz von Kraftfutter und konzentrierte Maissilage verringern es.
Am Eintritt des Schlundes in den Pansen liegt zwischen Pansen und Haube der Schleudermagen, auch als Pansenvorhof bezeichnet. Der Futterbrei wird durch eine periodische Muskelkontraktion von diesem Vorhof wieder in die Mundhöhle »geschleudert«, um hier wiedergekaut zu werden.
Für den Ablauf der Verdauung ist es wichtig, daß der Futterbrei gut durchmischt und zu den einzelnen Vormägen transportiert wird. Diese Funktionen übernimmt die starke Wandmuskulatur, mit der der ganze Vormagenbereich ausgestattet ist.
Im Übergang zum Labmagen befindet sich der Blättermagen.
Beim **neugeborenen Kalb** sind diese Vormägen bereits vorhanden, aber nicht ausgebildet und deshalb funktionslos.
Beim **Aufzuchtkalb** wird versucht, durch eine gezielte Beifütterung von Heu und Kraftfutter die Vormägen rasch auszubil-

den und zu aktivieren. Das frühzeitige Wiederkauen läßt die beginnende Vormagenfunktion gut erkennen.
Beim **Mastkalb** verzögert sich die Pansenentwicklung, da durch die höheren Milchmengen nur geringe Mengen an Heu und Kraftfutter aufgenommen werden.

Verdauung des Futters

Die Verdauungsvorgänge erfolgen auf unterschiedliche Weise in der Reihenfolge

- ▶ mechanische Verdauung,
- ▶ mikrobielle Verdauung,
- ▶ enzymatische Verdauung.

Mechanische Verdauung: Diese Verdauung erfolgt im Maul, im Schlund und im Magen.
Das mechanische **Zerkleinern** des Futters ist besonders wichtig für den späteren chemischen Aufschluß. Die Oberfläche des Futters, an der die Verdauungsenzyme einwirken können, wird dadurch wesentlich vergrößert. Außerdem erfolgt durch das Kauen eine Vermischung und ein Einweichen des Futters mit Speichel. Die **Intensität des Kauens** bzw. des **Wiederkauens** beeinflußt die Verdaulichkeit des Futters.
Hohe Wiederkauaktivität erhöht die Verdaulichkeit und damit die Menge an verfügbaren Nährstoffen. Der Wiederkaureflex wird mit der Reizung der Pansenschleimhaut durch rohfaserreiches, strukturiertes Futter ausgelöst. Die Wiederkautätigkeit hängt vom Anteil des Strukturfutters an der Ration ab. Kraftfutterreiche, strukturarme Rationen reduzieren die Intensität. Grundfutterbetonte Rationen mit hohem Anteil an strukturreicher Rohfaser, erhöhen sie und bewirken dadurch eine starke Speichelbildung (Abb. 2).
Der **Speichel** weicht das Futter ein und puffert den Pansen ab. Er ist stark alkalisch und weist einen pH-Wert von 8,1–8,3 auf. Die Natrium- und Kaliumgehalte des Speichels puffern die Pansensäuren, die bei der Vergärung entstehen, ab und sorgen für einen ausgeglichenen pH-Wert.

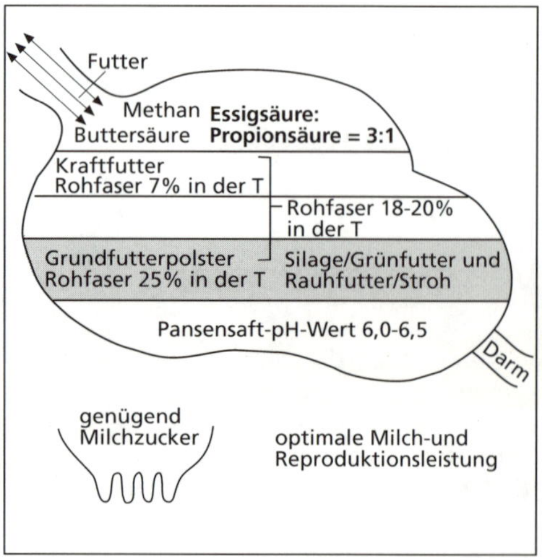

Abb. 2: Schema der Pansentätigkeit und deren Steuerung durch die Futterration. Unterstellt sind normale Wiederkautätigkeit und normaler Speichelfluß.

Durch entsprechende Rationsgestaltung kann der Säuregrad im Pansen reguliert werden. Hohe tägliche Kraftfuttergaben müssen unbedingt auf mehrere Gaben verteilt, bzw. mit rohfaserreichen Futtermitteln in der Ration kombiniert werden. Nur wenn ein ausgewogenes Verhältnis zwischen dem Strukturanteil und der Nährstoffkonzentration in der Ration gefunden wird, ist der pH-Wert stabil. Gerade bei steigenden Leistungen und damit höherem Kraftfutterbedarf ist diese Stabilisierung oft nicht einfach.
Mikrobielle Verdauung: Sie findet beim Wiederkäuer hauptsächlich in den Vormägen statt.
Durch die Mikroorganismen ist der Wiederkäuer in der Lage, rohfaserreiche Futtermittel sehr gut zu verwerten. Die Mikroben greifen die *Zellulose* an, zerlegen sie und machen so ihre Nährstoffe für das Tier erst verfügbar.
Die **Menge an Bakterien** im Pansen ist sehr hoch, sie hängt von den eingesetzten Futtermitteln ab. Die Zahl der Bakterien/ml Pansensaft beträgt ca. 10 Milliar-

den. Die mikrobielle Masse im Pansen macht etwa 3–7 kg Bakterienfrischmasse aus. Das sind 5–10 % des gesamten Panseninhaltes. Bei stärkereichen, kraftfutterbetonten Rationen ist die Dichte höher, bei rohfaserreichen niedriger.

Neben der Menge ist auch die Zusammensetzung der Bakterienmasse futterabhängig. Bei einer *rohfaserreichen* Versorgung erhöht sich die Zahl der Bakterien, die Zellulose und Hemizellulosen abbauen. Sie lösen mit ihren Enzymen die Zellwandkohlenhydrate auf und ermöglichen die Nutzung dieser bedeutenden Stoffgruppe durch den Wiederkäuer.

Bei *stärkereicher* Fütterung steigt die Anzahl der stärkespaltenden Mikroben an. Protozoen nehmen ganze Stärkekörner auf, sie wirken damit einer zu starken pH-Absenkung entgegen. Dieser Umstand ist nützlich, wenn kraftfutterbetont gefüttert wird.

Fettzulagen können zu Störungen der Pansenverdauung und damit auch zu einer Verschlechterung der Verdaulichkeit der Ration führen. Die zellulosespaltenden Bakterien werden vor allem durch die ungesättigten Fettsäuren, wenn diese in zu großer Menge vorhanden sind, behindert und geschädigt.

Die **bakterielle Tätigkeit** erstreckt sich vorwiegend auf den Aufschluß bzw. den Abbau von Stoffgruppen. Die Vielfalt und die große Masse der vorkommenden Mikroben bewirkt dabei gewaltige Umsetzungen im Pansen.

Neben den Abbauvorgängen findet aber auch ein Aufbau statt, der für den Wiederkäuer sehr wertvoll ist. Die Bakterien bilden B-Vitamine und machen somit den Wiederkäuer von deren Zufuhr unabhängig. Aus einfachen Stickstoffverbindungen werden im Pansen hochwertige Bakterienproteine gebildet. Die Anforderungen der Wiederkäuer an die Proteinqualität ist wegen dieser Synthesetätigkeit sehr gering.

Enzymatische Verdauung: Sie erfolgt durch die Verdauungssäfte im Labmagen und im Darm. Durch diese Verdauung wird das Futter erst in aufnehmbare Substanzen umgewandelt. Sie gelangen durch die Wand der Verdauungsorgane in den Stoffwechsel und stehen dann dem Tier für die einzelnen Synthesen bzw. zur Energiegewinnung zur Verfügung.

Beim Abbau durch die Enzyme der Bakterien entsteht eine Vielzahl von Gärprodukten. Besonders bedeutend sind dabei die kurzen Fettsäuren, die in großen Mengen gebildet werden. Es entstehen aber auch Gärgase, z.B. Methan und Kohlendioxid. Die Methanbildung bedeutet für den Organismus beträchtliche Energieverluste. Es gehen dabei ca. 15 % der verdaulichen Energie verloren.

Die **kurzkettigen Fettsäuren** (Essig-, Propion- und Buttersäure) tragen wesentlich zur *Energieeinsparung* bei. Sie treten durch die Pansenwand ins Blut über und werden verstoffwechselt.

Die Bildung der **Pansensäuren** ist von entscheidender Bedeutung für die Aufrechterhaltung der Körperfunktionen und die Leistungsfähigkeit. Die Mengen der Pansensäuren, die täglich gebildet werden, hängen von den Fütterungsbedingungen ab. Bei einer herkömmlichen Versorgung entstehen etwa:

3–5	l Essigsäure
1,5–3	l Propionsäure
1–1,5	l Buttersäure

Bei den Milchkühen liegt dabei das *optimale Verhältnis* von Essigsäure : Propionsäure bei etwa 3:1, bei Mastrindern bei etwa 2:1. Dieses Verhältnis ist eine wichtige Voraussetzung für die Leistungsfähigkeit. Die Menge und das Verhältnis der Fettsäuren zueinander hängt stark von der Zusammensetzung der Futterration ab (Abb. 3, Seite 12).

Aus **rohfaser-** und **zellulosereichen Rationen** entsteht viel *Essigsäure*, aber wenig Propionsäure. Das Verhältnis kann dann bei ca. 4:1 liegen. Der hohe Anteil der Essigsäure führt zu hohen Milchfettge-

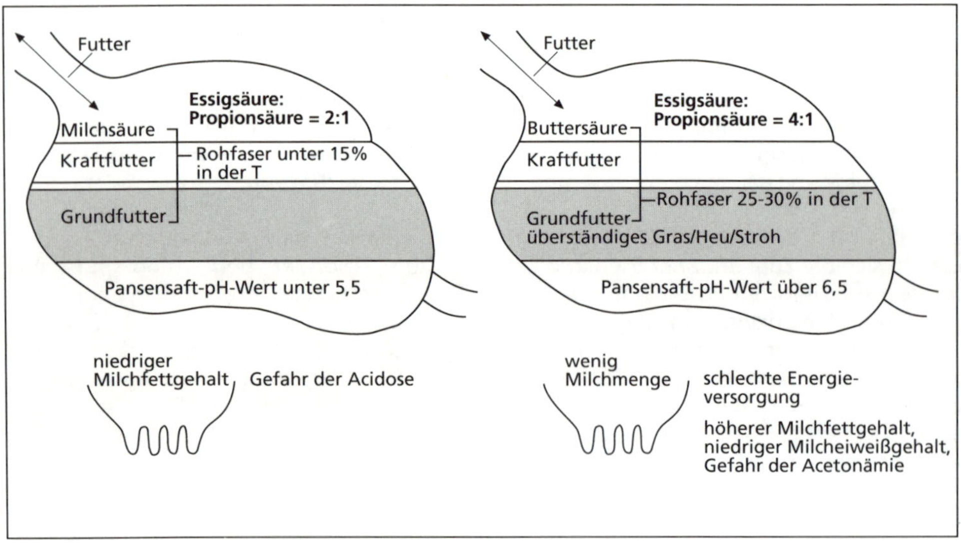

Abb. 3: Schema der Pansentätigkeit und deren Steuerung durch die Futterration. Unterstellt sind geringe Wiederkautätigkeit, geringer Speichelfluß, abnehmende Futteraufnahme; gute Wiederkautätigkeit, guter Speichelfluß, verminderte Futteraufnahme.

halten und zu einer niedrigen Milchleistung. Besonders wenn hohe Mengen an Heu, das bereits zu blühen begonnen hat oder auch Stroh eingesetzt wird, kommt es zu dieser Situation.

Bei **stärkereichen Rationen** entsteht ein höherer Anteil an *Propionsäure*, die Mengenverhältnisse Essigsäure : Propionsäure liegen bei etwa 2:1. Kraftfutterreiche Rationen führen zu einer erhöhten Säurebildung, die nicht mehr durch den Speichel abgepuffert werden kann, die Wiederkautätigkeit reduziert sich. Als Folge davon sinkt der Milchfettgehalt und es kann zu Stoffwechselstörungen kommen.

Zuckerreiche Futtermittel führen zu einer verstärkten **Buttersäurebildung**. Bei überhöhtem Einsatz von Zuckerrübenblattsilage, Zuckerrüben oder Abfallprodukten der Zuckerherstellung kann dies der Fall sein.

Auch die **Zerkleinerung des Futters** hat Einfluß auf die Art der Fettsäurenbildung. Zu feingehäckseltes oder vermahlenes Futter, z.B. Grünmehl, führt zu einer Reduzierung des Essigsäure- und Erhöhung des Propionsäureanteils (Tabelle 1).

Ein ausgewogenes Verhältnis zwischen dem Rauhfutteranteil und der Kraftfuttergabe muß deshalb bei hohen Milchleistungen erreicht werden, um die Säureverhältnisse im Pansen zu regulieren.

Rohfaser- und Strukturgehalt der Ration

Eine Orientierung für eine wiederkäuergerechte Ration ist der Rohfasergehalt der Gesamtration. Bei **Milchkühen** sollten 18 % in der Trockenmasse (T) nicht deutlich unterschritten werden, da sonst die Gefahr der *Pansenacidose* besteht. Besonders bei höheren Kraftfuttergaben wird dieser Wert schnell unterschritten, wenn nicht eine hohe Grundfutteraufnahme durch beste Futterqualitäten erreicht wird.

Bei **Mastrindern** wird als Grenzwert etwa 16 % Rohfaser in der Trockenmasse angestrebt. Gerade in der Endmast mit den notwendigen hohen Kraftfuttergaben wird diese Grenze manchmal unterschritten, mit der Folge der Pansenübersäuerung, der dann geringeren Futteraufnahme und einem deutlichen Leistungsabfall.

Bei der **Beurteilung** einer **wiederkäuergerechten Ration** muß neben dem prozentualen Anteil der Rohfaser auch der Anteil der strukturierten Rohfaser beachtet werden. Von den gesamten 18 % sollen etwa ²/₃ aus strukturierter Rohfaser bestehen, d.h. aus Grassilage oder ähnlichem Futter kommen.

Dieses sperrige Futter regt zum Wiederkauen an, erhöht die Speichelbildung und führt dadurch zu günstigen Säureverhältnissen in den Vormägen. Neben den Kraftfuttermitteln sind auch junges Gras, Zwischenfrüchte und Rübenblätter strukturarme Futtermittel.

Bei der Maissilage hängt der Anteil an strukturwirksamer Rohfaser mehr vom Trockenmassegehalt als von der Häcksellänge ab. Bei einer theoretischen Häcksellänge von 7 mm und Trockenmassegehalten über 27 % ist ein ausreichender Strukturanteil gegeben. Bei geringeren T-Gehalten kann sie ins Minimum geraten und muß deshalb entsprechend ergänzt werden.

Gehäckselte Grassilage enthält ebenfalls noch genügend Struktur. Heißluftgetrocknetes Futter, z. B. Grünmehl, Gras- oder

Tabelle 1: Einfluß der Rohfaser auf die Verdauung im Pansen (nach GFRÖRER)

Richtwert: Rohfaseranteil 18–22 % der T, davon etwa ²/₃ Strukturfutter	
zu hoher Rohfasergehalt: – niedrige Verdaulichkeit der organischen Substanz – langsamer Abbau – lange Verweildauer im Pansen – gründliches Wiederkauen – starker Speichelfluß – relativ hoher pH-Wert im Pansen (über 6) – relativ viel Essigsäure – relativ wenig Propionsäure – wenig Buttersäure – hoher Milchfettgehalt – wenig Milchmenge – geringer Milcheiweißgehalt – verschlechterte Energieversorgung und bakterielle Proteinsynthese	**zu niedriger Rohfasergehalt:** – hohe Verdaulichkeit der organischen Substanz – rascher Abbau – kurze Verweildauer im Pansen – kurzes Wiederkauen – schwacher Speichelfluß – relativ niedriger pH-Wert im Pansen (5–6) – relativ wenig Essigsäure – relativ viel Propionsäure – mehr Butter- und Milchsäure – niedriger Milchfettgehalt – hohe Milchmenge – höherer Milcheiweißgehalt – bessere Energieversorgung und bakterielle Proteinsynthese
im Extrem:	
– Fruchtbarkeitsstörungen – Acetonämie	– Fruchtbarkeitsstörungen – Acidose-Acetonämie-Pansenlähmung – Lähmung des Blättermagens – Abszeßbildung in Pansenschleimhaut und Leber, – Ablösen der Klauensohle – Futterverweigerung

Luzernecobs, werden bei der Herstellung stark zerschliessen und enthalten daher keine strukturwirksame Rohfaser mehr.

Stärkeabbau

Die Stärke verschiedener Getreidearten wird im Pansen unterschiedlich umgesetzt. Während die von Weizen und Gerste im Pansen zu 85–95 % abgebaut wird, liegt dieser Anteil bei der Maisstärke nur bei ca. 70 %. Zudem ist der mikrobielle Abbau bei der Maisstärke noch verlangsamt.

Bei sehr *kraftfutterbetonten Rationen*, z.B. in der Endmast von Bullen, führt deshalb der teilweise Ersatz von Weizen durch Mais zu einem reduzierten Abbau der Stärke im Pansen und dadurch zu einer Verringerung des pH-Abfalles.

Dadurch wird eine Stabilisierung der Pansenverhältnisse bewirkt. Ähnliches kann auch bei verstärkten Kraftfuttergaben in der Hochleistungsphase der Milchkühe erreicht werden.

Günstig auf den *pH-Wert des Pansens* wirken sich auch Sojaextraktionsschrot und Trockenschnitzel wegen des geringen Stärkeanteils aus. Bei diesen Futtermitteln sind die Hemizellulosen der hauptsächliche Energielieferant. Sie sind hochverdaulich und werden im Pansen wesentlich langsamer abgebaut als Stärke und Zucker.

Die heimischen eiweißreichen Futtermittel Ackerbohnen und Erbsen sind in ihrer Wirkung auf den pH-Wert etwa mit Gerste und Hafer vergleichbar.

Fütterungsfrequenz: Auch durch die Häufigkeit der Futtervorlage kann der pH-Wert des Pansens reguliert werden. Je gleichmäßiger über den ganzen Tag verteilt die Vorlage von Grund- und besonders von Kraftfutter ist, desto geringer wird die Schwankung der Pansensäuerung sein. Bei begrenzten Freßzeiten wird 3–6 Stunden nach der Fütterung der tiefste pH-Wert erreicht.

Es ist vorteilhaft, wenn die Tiere **ganztägig Grundfutter** aufnehmen können, wie es mit den zeitgemäßen Aufstallungsformen möglich ist. Dadurch werden pH-Wert Schwankungen stark reduziert.

Eine Aufteilung ist auch beim **Kraftfutter** notwendig. Pro Gabe sollten nicht mehr als 3 kg eingesetzt werden. Der Pansen bleibt dadurch stabil und die Grundfutteraufnahme wird verbessert. Zusätzlich wird ein Anstieg des Milchfettgehaltes und eine Förderung der Gesundheit des Tieres erreicht.

Sehr vorteilhaft ist die **Abruffütterung** von Kraftfutter. Die Tiere nehmen dabei nur geringe Mengen pro Gabe auf (biologische Fütterung). Trotz eines höheren Kraftfuttereinsatzes wird dann der pH-Wert des Pansens relativ konstant gehalten.

Ablauf der Verdauung

Die Nahrung wird von Rindern zunächst nur oberflächlich gekaut, in großen Bissen abgeschluckt und gelangt in den Pansenvorhof. Von dort wird sie in die Haube und von der Haube wieder zurück in den Pansenvorhof geschleudert. Dadurch erfolgt eine gründliche Durchmischung des Mageninhalts.

Aus dem Vorhof wird die Nahrung dann in den eigentlichen Pansen weitergeschoben. Dort beginnt der Aufschluß der Zellulose durch die Pansenbakterien. Die dabei entstehenden *Gase* werden durch das deutlich wahrnehmbare *Rülpsen* ausgestoßen.

Etwa 30–45 Minuten nach der Aufnahme des Futters beginnt das **Wiederkauen**. Dabei wird zunächst Futterbrei in den unteren Teil der Speiseröhre angesaugt und dann durch ein wellenförmiges Zusammenziehen der Speiseröhre in das Maul befördert. Die überschüssige Flüssigkeit wird gleich wieder abgeschluckt. Der »Bissen« selbst wird dann sorgfältig mit 40–60 und mehr Kaubewegungen durchgekaut.

Nach dem erneuten Abschlucken wird ein neuer Bissen aus dem Pansen ins Maul befördert.

Nach mehrmaliger Wiederholung dieses Vorganges setzt meist eine Pause ein,

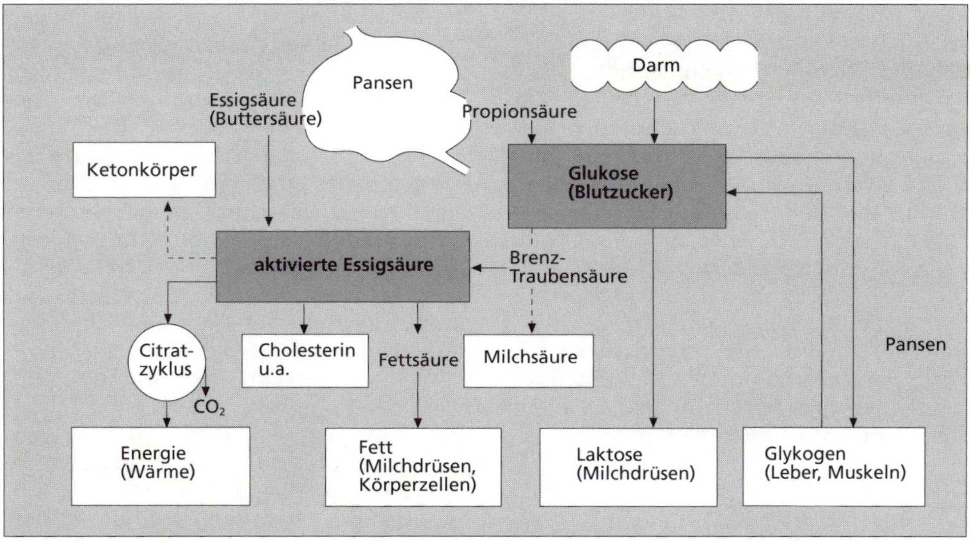

Abb. 4: Schematische Darstellung des Kohlenhydratstoffwechsels.

nach der das Wiederkauen erneut beginnt. Bei normaler Fütterung nimmt das Wiederkauen täglich 5–7 Stunden in Anspruch.

Die wiedergekauten Bissen kommen beim Abschlucken in Pansen und Haube. Wenn der gesamte Panseninhalt zerkleinert und weitgehend verflüssigt ist, wandert der Nahrungsbrei weiter in den Blättermagen, wo er noch weiter zerrieben wird und schließlich in den Labmagen. Die weitere Verdauung ist dort wie bei den anderen Haussäugetieren mit einhöhligem Magen, z.B. dem Schwein.

Stoffwechsel

Bei der Verdauung werden die Nährstoffe des Futters in Stoffe umgewandelt, die im Intermediärstoffwechsel nutzbar sind. Diese gelangen aus den Vormägen und dem Darm ins Blut, in die Lymphe und dann in den intermediären Stoffwechsel. Dort werden sie zum Substanzaufbau oder auch zur Energiegewinnung genutzt. Während des Wachstums wird dabei u.a. Körpersubstanz neu gebildet. Beim laktierenden Tier ist davon die Milchbildung abhängig. Der Stoffwechsel kann bilanzmäßig erfaßt werden. Es wird dabei die Nährstoffzufuhr mit der Art und der Menge des Verbrauches verglichen.

Kohlenhydratstoffwechsel

Beim Wiederkäuer entstehen aus den verschiedenen Kohlenhydraten bei der Verdauung größtenteils kurzkettige Fettsäuren. Aus dem Darm werden aber auch einfache Zucker absorbiert.

Die Kohlenhydrate dienen dem Stoffwechsel als Bausteine und als Energielieferanten. In der Leber und in den Muskeln wird daraus **Glykogen** gebildet.

Wenn eine hohe Kohlenhydratzufuhr besteht, bildet der Organismus Körperfett. Dieses wird in den Fettzellen gelagert und steht als Reserveenergie zur Verfügung. Kohlenhydrate werden aber auch als Energiequelle und zur Wärmeproduktion genutzt. Zum Aufbau von Protein, Milchei-

weiß, Milchzucker und Milchfett werden ebenfalls Kohlenhydrate verwendet.
Die Verwertung der Kohlenhydrate im Stoffwechsel wird über den **Blutzuckerspiegel** geregelt. Beim Wiederkäuer darf dieser nur geringen Schwankungen unterliegen. Werden wenig Kohlenhydrate zugeführt und sinkt dann der Blutzuckergehalt ab, wird Fett, aber auch Eiweiß aus der Körpersubstanz abgebaut und daraus Glukose gebildet. Diese dient der Normalisierung des Blutzuckergehaltes.
Gesteuert wird der Blutzuckergehalt durch nervöse und hormonale Regulative. Das Insulin und Adrenalin sind an dieser Steuerung entscheidend mit beteiligt.

Eiweißstoffwechsel

Das aufgenommene Futterprotein wird etwa zu 70–80 % im Pansen durch die Bakterien abgebaut. Es entsteht **Ammoniak**, das von den Pansenbakterien als Stickstoffnahrung genutzt werden kann. Der Rest gelangt unabgebaut in den Dünndarm. Der Anteil liegt bei 20–30 %.
Nach der Aufnahme des Stickstoffs durch die Bakterien wird daraus das sog. **Bakterienprotein** gebildet. Dieses Bakterienprotein ist ein hochwertiges Eiweiß. Durch die Bildung des Bakterienproteins ist der Wiederkäuer nicht auf die Zufuhr bestimmter Aminosäuren angewiesen. Es gelangt ebenfalls in den Dünndarm und dient zusammen mit dem unabgebauten Futtereiweiß der Eiweißversorgung der Milchkuh.
Die Höhe der Bakterienproteinsynthese hängt im wesentlichen von der Energieversorgung ab. *Energiemangel* verringert die Bakteriensynthese. Ein Gleichgewicht zwischen Abbauvorgängen und Synthese von Bakterienprotein herrscht in Futterrationen mit ca. 13 % Rohprotein bei einem Energiegehalt von 5,9 MJ NEL/kg Futtertrockensubstanz.
Ein Überschuß an Ammoniak wird in der Leber zu **Harnstoff** entgiftet und durch den Harn abgegeben.

Mit steigender Leistung nimmt der Eiweißbedarf des Tieres stärker zu als der Energiebedarf. Dieser Bedarf kann aber nicht durch eine **erhöhte Eiweißzufuhr** über das Futter geregelt werden. Der Grund hierfür liegt in der hohen Abbaurate des Futterproteins durch die Pansenbakterien. Durch zusätzliche Eiweißgaben, wenn der Rohproteingehalt in der Trockenmasse über 16 % liegt, wird die Eiweißversorgung jedoch nicht mehr verbessert, sondern es entsteht nur ein zusätzlicher *Ammoniaküberschuß*. Die Leberbelastung steigt dann an und der Gesundheitszustand der Kühe wird zusätzlich in Mitleidenschaft gezogen. Durch die Verwendung von Protein mit einer geringeren Abbaubarkeit bzw. mit »geschütztem« Protein kann die Versorgung der Tiere verbessert werden.
Die Abbaubarkeit ist bei einzelnen Futtermitteln unterschiedlich. Eine Reduzierung der **Proteinabbaubarkeit** wird durch eine thermische (Hitze) oder chemische Behandlung von Eiweißfuttermitteln erzielt. Die bakterielle Abbaurate im Pansen wird dadurch reduziert und es gelangt mehr unabgebautes Futterprotein in den Dünndarm.

Abb. 5: Abbaubarkeit der Proteine in einzelnen Futtermitteln und daraus erzielbare Milchleistung.

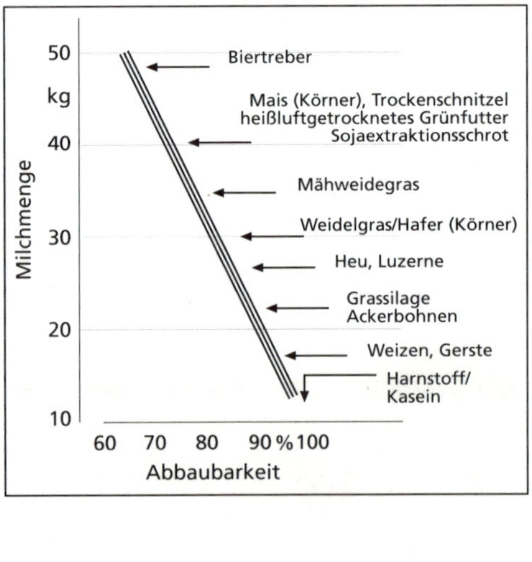

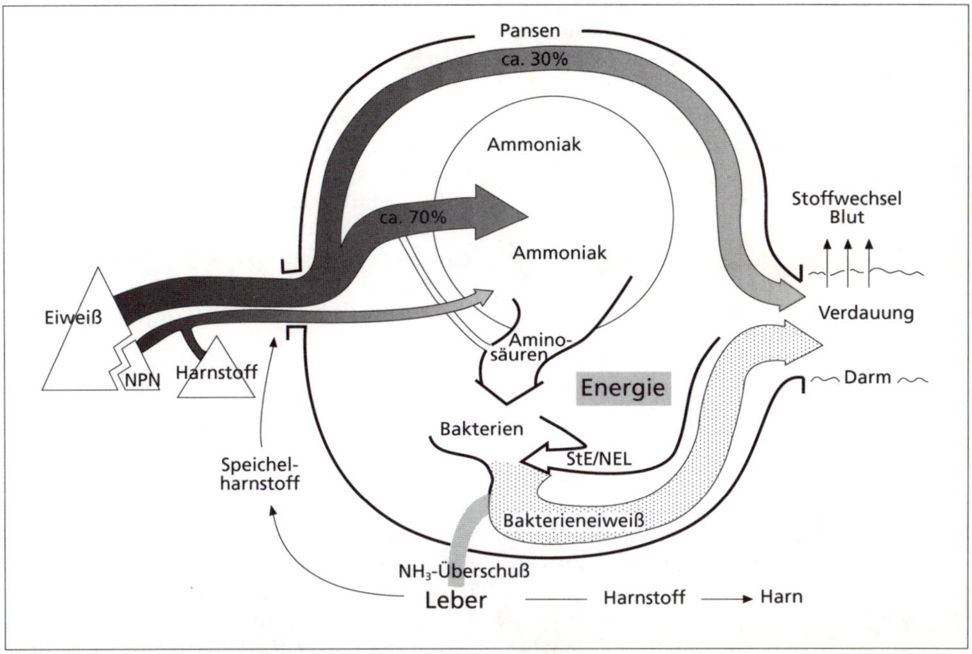

Abb. 6: Eiweißstoffwechsel beim Rind (vereinfachtes Schema).

Einsatz von Komponenten mit geringerer Abbaubarkeit

Das Mikrobenprotein und das unabgebaute Futterprotein sind die wichtigsten Proteinquellen für die Milchkuh. Eine bedarfsgerechte Energieversorgung führt, wenn genügend Ammoniak zur Verfügung steht, zu einer hohen Menge an Mikrobenprotein. Die im Darm verfügbare Proteinmenge kann nur noch durch eine Erhöhung des unabgebauten Proteins erhöht werden. Nur wenn die Abbaubarkeit sinkt, steht im Darm mehr Protein zur Verfügung.

Zur Bedarfsdeckung einer **Milchleistung** von bis zu 5 kg soll die Abbaubarkeit der Ration ca. 88 % betragen. Wenn die Leistung steigt, muß die Abbaubarkeit der Ration tiefer liegen. Bei einer Leistung von 25 kg Milch am Tag soll sie etwa 80 %, bei höheren Leistungen nur noch 75 % betragen.

Einzelne Futtermittel haben eine sehr unterschiedliche Abbaubarkeit der Proteine. Es ist deshalb nötig, bei der Hochleistungskuh die Grundfutterration und auch die Kraftfutterzusammensetzung so zu wählen, daß die Abbaubarkeit des Proteins den jeweiligen Leistungen angepaßt ist.

Energiewechsel

Im Verlauf der Pansengärung produzieren die Pansenbakterien aus den Kohlenhydraten einschließlich Zellulose die kurzkettigen Fettsäuren Essigsäure, Propionsäure und Buttersäure sowie Bakterieneiweiß. Die produzierten Mengen an diesen Säuren hängen wesentlich von der Zusammensetzung des aufgenommenen Futters ab.

Die **Essigsäure** gelangt über die Blutbahn zu erheblichen Teilen in die Milchdrüse, wo etwa 50–70 % des Milchfettes aus Essigsäure gebildet wird. Das Verhältnis zwischen Essigsäure und Propionsäure ist entscheidend für die Körperfettsynthese oder Milchfettsynthese.

Viel Essigsäure und wenig Propionsäure (Verhältnis 4:1) entstehen aus der Verfütterung von viel Rauhfutter (Heu, Grassilagen, Stroh) mit einem Rohfasergehalt der Ration von über 25 %.

Propionsäure ist die wesentlichste Quelle des Blutzuckers, der für die Energieversorgung (auch Fettansatz) und für die Milchbildung (Laktose) unerläßlich ist. Wenig Rauhfutter, das heißt viel Getreideschrot, Rüben und Kraftfutter, auch kolbenreiche, teigreife Maissilagen in der Ration, liefern viel Propionsäure und wenig Essigsäure (Verhältnis 2:1)

Bei der *Milcherzeugung* bedeutet dies hohe Milchmengen, aber Fettprozentabfall. Bei zu rohfaserarmer Wiederkäuerernährung droht Übersäuerung der Vormägen, die zur Acidose führt.

Für die Milchbildung ist ein Verhältnis von Essigsäure : Propionsäure von 3:1, für die Mastleistung ein solches von 2:1 günstig.

Das günstige Säureverhältnis für die Milchleistung wird erreicht, wenn durch die Verfütterung von Rauhfutter (Heu, Anwelksilage, Gras) der Rohfasergehalt in der Trockensubstanz der Gesamtration etwa 18–20 % beträgt. Das entspricht einem Anteil von rund 40–60 % Rauhfutter in der Trockenmasse der Gesamtration.

Für die *Mastleistung* dagegen ist ein Säureverhältnis von 2:1 günstig, das entspricht einem Rohfasergehalt in der Trockensubstanz der Gesamtration von etwa 12–15 %.

Das wirtschaftseigene Futter liefert die Nährstoffe am billigsten, vorausgesetzt, daß die Futtererträge und die Konservierung einer rationellen Wirtschaftsweise entsprechen. Eine hohe **Grundfutterleistung** ist deshalb der wichtigste Einflußfaktor auf die Wirtschaftlichkeit der Milchviehhaltung.

Als Grundfutterleistung wird dabei die Milchleistung bezeichnet, die über den Erhaltungsbedarf hinaus allein mit Grundfutter erfüttert wird. Eine hohe Grundfutterleistung wird erreicht, wenn die Qualität des Futters hoch ist und entsprechend viel verzehrt wird.

Futteraufnahme und Verzehrsleistung hängen von einer Vielzahl von Einflußfaktoren ab. Das Fassungsvermögen des Pansens und die Futterverzehrsleistung sind erheblichen individuellen Schwankungen unterworfen, die zum Teil genetischer Natur sind.

Es ist Aufgabe der Fütterungstechnik, aus Gründen der Wirtschaftlichkeit – aufbauend auf den Grundsätzen einer wiederkäuergerechten Fütterung – die Aufnahme an Wirtschaftsfutter durch die Kühe optimal zu gestalten.

Abb. 7: Bei der Berechnung von detallierten Futterrationen ist der PC-Einsatz heute unerläßlich.

Berechnen einer Futterration

Futtervoranschlag

Zu Beginn des Winters ist es empfehlenswert, einen Futtervoranschlag durchzuführen. Die vorhandenen Grund- und Kraftfuttermittel werden dabei raummäßig erfaßt. Die gesamte Menge wird dann auf die einzelnen Tiergruppen aufgeteilt.
Die Bilanz zeigt auf, welche Futtermittel in genügender Menge zur Verfügung stehen und welche zugekauft werden müssen. An Hand dieses Ergebnisses ist eine Rationsumstellung möglich, die zu einer ausgeglichenen Bilanz führt.
Empfehlenswert ist der Voranschlag immer dann, wenn im Betrieb größere Veränderungen vorgenommen werden – z.B. Viehaufstockung, Flächenveränderungen. Auch wenn die Futtermenge wegen z.B. Sommertrockenheit knapp wird, sollte er unbedingt durchgeführt werden.
Tabelle 2 gibt einen Überblick über die m^3-Gewichte verschiedener Futtermittel. Aus den vorhandenen Vorräten kann leicht errechnet werden, wieviel vom jeweiligen Futtermittel für die einzelnen Tiere im Lauf des Winters zur Verfügung stehen.
Alle folgenden Berechnungen erfolgten mit dem Fütterungsprogramm ZIFO (Zielwert-Futter-Optimierung) der BLT Grub. Dieses Orientierungsprogramm basiert auf DLG-Werten und ist für alle relevanten Nutztierarten anwendbar.
Mit dem Futtervoranschlag des Fütterungsprogrammes kann auch eine Anbauplanung durchgeführt werden. Ausgehend von im Durchschnitt zu erwartenden

Abb. 8: Beispiel eines Futtervoranschlages.

```
ZIFO                                                            Tierbestand (T)

            Bauer Josef          Wiesenfeld             8999 Dorfen
01 1411     Ration  Milchkühe      Gewicht 600 kg; 10.0 kg Milch

Anzahl Tiere:    25

Fütterungszeitraum vom: 25.10.   bis 22.04.     =    180   Futtertage

gespeicherte Mischungen und Rationen
Nr.  Beschreibung                                      Tiere Tage   vom    bis
01 Ration   Milchkühe     Gewicht 600 kg; 10.0 kg Milc  25   180 25.10.-22.04.
02 Ration   Kalbinnen     Gewicht 300 kg; 500 g Zunahm  15   180 25.10.-22.04.



nächstes Bild: V        Vorrat und Bilanz (V)
```

Abb. 9: Beispiel einer Futterbilanzierung.

```
ZIFO                                                            Vorrat und Bilanz (V)

          Bauer Josef            Wiesenfeld             8999 Dorfen
01 1411   Ration  Milchkühe       Gewicht 600 kg; 10.0 kg Milch
1  Frischmasse
                                 Anbau,  Vorrat     Zu-,        Ver-      Bilanz
  Futtermittel                   Ernte  (Anfang)  Verkauf      brauch     (Rest)
  Num. Name                        ha     + m3     +- dt         dt         dt
  2015 Grsil.anw.1.S.BegBlü              200.00                819.00     181.00
  2205 Maissil. teigreif                 140.00                738.00     338.92
  3016 WiHeu 1.S.Ende Blüte       5.50                         162.00      29.86
  3125 Gerstenstroh               1.50                          54.00      15.77
  4145 Weizen Körner              0.80                          82.19     -36.21
  4945 Viehsalz                                                  0.67
* 8185 Min.fut. Ri. 12/8                                         3.80


nächstes Bild: F        Futtermittelauswahl Mischung (F)
```

Tabelle 2: Raumgewichte verschiedener Futtermittel

Futtermittel	Gewicht/m³
Futterrüben	7 dt
Gerste	6,0 dt
Weizen	7,5 dt
Hafer	4,5 dt
Trockenschnitzel	3,2 dt
Heu, lang	1,0 dt
Heu, gehäckselt	1,2 dt
Heu (2.–3. Schnitt)	1,3 dt
Heu, Hochdruckballen	1,7 dt
Heu, Niederdruckballen	1,0 dt
Grassilage 25 –35 % T	7,0 dt
Grassilage über 35 % T	5,0–6,0 dt
Rapssilage 12 % T	10,0 dt
Rübenblattsilage	9,0 dt
Preßschnitzelsilage 20 % T	9,5 dt
Maissilage (Fahrsilo) 30 % T	6,5 dt
Maissilage (Hochsilo) 30 % T	6,0 dt
Ganzpflanzensilage (Getreide)	4,0 dt

Erträgen wird dabei bei der vorhandenen Tierzahl auf die notwendigen Futterflächen geschlossen.

Rationsfeststellung

Die Voraussetzung für eine bedarfsgerechte Versorgung ist die **Kenntnis der Futteraufnahme**. Dies ist aber nur möglich, wenn bei jeder größeren Futterumstellung die gesamte Grundfutterration gewogen wird.
In Tabelle 3 sind praktische **Meßhilfen** bei der Grundfutterwiegung aufgeführt. Einfache, im praktischen Betriebsablauf leicht anwendbare Meßhilfen sind die Voraussetzung für eine genaue Futterzuteilung.
Auch der **Futterrest** muß beachtet werden. Hier ist es empfehlenswert, den Futterrest von einigen durchschnittlichen Kühen zu Beginn der neuen Mahlzeit zu erfassen, ihn zu wiegen, vom vorgelegten Futter dann abzuziehen, um zur richtigen Futteraufnahme zu kommen.
Im nächsten Schritt wird die **Qualität der**

einzelnen Futtermittel erfaßt. Hier existieren mehrere, unterschiedlich genaue Möglichkeiten. In den *DLG-Futterwerttabellen* sind für die gängigen Futtermittel durchschnittliche Nährstoff- und Energiegehalte enthalten. Bei Grundfuttermitteln sind dabei auch unterschiedliche Aufwuchsstadien berücksichtigt.
Ein genaueres Ergebnis wird erzielt, wenn mit der *Sinnenbeurteilung*, die mit Hilfe der DLG-Schlüssel durchgeführt wird, Grassilage oder Maissilage eingeschätzt werden. Für eine exakte Beurteilung ist aber mit dieser Methode eine gewisse Erfahrung notwendig. Trotzdem ist es nicht möglich, z.B. den Rohproteingehalt des Futters genau zu schätzen. Dies bereitet auch erfahrenen Beratern Probleme.

Tabelle 3: Praktische Meßhilfen bei der Grundfutterwiegung

Meßhilfen	Futtermittel	durchschnittliches Gewicht
Schubkarre	Maissilage	45 kg (35–60, je nach T)
	Grassilage	40 kg (25–65, je nach T)
	Blattsilage	100 kg
	Gras	65 kg
	Biertreber	45 kg
	Rüben ganz	60 kg (60–70)
Getreideschaufel bzw. Alu-Schaufel	Maissilage	4–5 kg (je nach T)
	Biertreber	5 kg
Futtergabel	Heu, fest gedrückt	5 kg
	Stroh, locker	1,5–2 kg
	Heu, locker	3 kg
Hochdruckballen	Heu	15 kg (12–25, je nach Pressung)
	Stroh	11 kg (6–13, je nach Pressung)
Niederdruckballen	Heu	9 kg (5–15, je nach Pressung)
	Stroh	7 kg (4–12, je nach Pressung)
Blockschneider	Maissilage (ca. 30 % T)	1,25 m^3 x 6,5 dt/m^3 = ca. 8 dt
Kraftfutter zuteilen: 1 Handschaufel	hofeigene Mischung	700–1000 g
	pelletiertes Mischfutter	ca. 1000 g
	Getreideschrot	700–900 g
20 l-Eimer	Getreideschrot	14 kg
	pelletiertes Mischfutter	15 kg
	melassierte Schnitzel, Pellets	15 kg
	hofeigene Mischung	14 kg
	Biertreber frisch	10–14 kg (je nach T)

Es ist deswegen empfehlenswert, immer wieder **Futter analysieren** zu lassen. In den Labors gibt es dafür zwei Methoden. Es wird entweder chemisch-analytisch oder mit Hilfe der NIR-(Nah-Infrarot-Reflexion)-Methode untersucht. Zusätzlich ist es auch noch möglich, den Mineral- und Spurenelementgehalt einzelner Futtermittel zu bestimmen.

Berechnen der Grundfutterration

Wenn die Menge und die Inhaltsstoffe der aufgenommenen Futtermittel bekannt sind, wird daraus die Ration berechnet, d.h. die Menge des aufgenommenen Futters und der einzelnen Nähr-, Mineral- und eventuell auch Wirkstoffe.

Ziel der Rationsberechnung ist es, das Nährstoffangebot aus dem Futter auf den Nährstoffbedarf für eine bestimmte Milchleistung abzustimmen.

Die Berater und immer mehr Landwirte nehmen zur Berechnung der Futterrationen **Fütterungsprogramme**, die in der Regel auf PC's laufen, in Anspruch. Folgende Informationen sind dabei von Bedeutung:

- Die aufgenommene Trockenmasse (T),
- die Rohproteinmenge (RP),
- die aufgenommene Nettoenergie (NEL),
- die in der Futterration enthaltene Menge an Rohfaser,
- die in der Ration enthaltene Menge an Mineralstoffen.

In immer mehr Fütterungsprogrammen werden auch zusätzliche Informationen berechnet, z. B. der Gesamtrohproteinanteil an der Trockenmasse, der Anteil von Stärke und Zucker an der aufgenommenen Trockenmasse, das Calcium : Phosphor-Verhältnis, das Kalium : Natrium-Verhältnis oder auch der Gesamtfettanteil in der Ration.

Diese automatisch mitlaufenden Maßzahlen ermöglichen es, zusätzliche Informationen über die einzelnen Rationen zu bekommen, die entsprechend auf die Verhältnisse des einzelnen Betriebes abgestimmt, beurteilt werden müssen.

Der Milcherzeugungswert aus dem Grundfutter ist sehr unterschiedlich. Während im Winter bei günstigen Verhältnissen 8–12 kg Milch allein aus dem Grundfutter erfüttert werden können, ist im Sommer eine Grundfutterleistung beim Einsatz von Grünfutter von 12–15 kg Milch und noch höher durchaus möglich. Wegen des Proteinüberschusses und des Rohfasermangels ist bei der Sommerfütterung auf den entsprechenden Ausgleich besonders zu achten.

Gestaltung der Grundfutterration

Jedes Grundfuttermittel hat eine spezielle, manchmal auch sehr einseitige Nährstoffzusammensetzung. So ist z.B. junges Wiesengras energie- und proteinreich, aber strukturarm. Heu wiederum ist reich an

Tabelle 4: Möglichkeiten der Kombination von Futtermitteln

Hauptkomponente	ergänzt mit:
junges Wiesengras	Maissilage, Grassilage, Heu
älteres Wiesengras	Maissilage
Zwischenfrüchte (frisch)	Heu, Stroh, Maissilage
Zwischenfrüchte (siliert)	Grassilage, Maissilage, Heu
Grassilage	Heu, Maissilage, Futterrüben
Heu	Cobs, Futterrüben
Maissilage	Grassilage, Heu, Cobs

Tabelle 5: Kraftfutterbedarf (in kg) zum Ausgleich eines Rohprotein- bzw. Energieüberhangs von 1 kg Milch

Überhang an Rohprotein		Überhang an Energie	
Mais	0,66	Sojaextraktionsschrot	0,33
Gerste	0,93	Rapsextraktionsschrot	0,44
Weizen	0,88	Leinextraktionsschrot	0,51
Melasseschnitzel	1,09	Ackerbohnen	1,19
Hafer	1,47	Milchleistungsfutter IV	0,54
Milchleistungsfutter I	1,89	33 % Rohprotein/Energiestufe 2	
14 % Rohprotein/Energiestufe 3			

Struktur, enthält aber wenig Protein und Energie. Maissilage wiederum ist energiereich, aber proteinarm und so weiter.

Ziel der Rationsgestaltung muß es nun sein, durch eine entsprechende Kombination eine möglichst ausgeglichene Grundfutterration zu gestalten. Die Ration muß dabei den notwendigen Anteil an strukturierter Rohfaser aufweisen und gleichzeitig im Energie- und Proteingehalt dem Bedarf entsprechen.

Relativ einfach ist es, wenn in einem Betrieb neben Grasprodukten, auch Maissilage und vielleicht sogar Futterrüben vorhanden sind. Schwieriger ist die Gestaltung der Grundfutterration im reinen Grünlandbetrieb.

Nachdem hier keine eiweißarmen und energiereichen Grundfuttermittel wie Maissilagen oder Futterrüben zur Verfügung stehen, muß der Energieausgleich entweder mit zugekauften energiereichen Grundfuttermitteln oder mit Kraftfutter durchgeführt werden (Tabelle 4).

Der Mineralstoff- und Spurenelementausgleich erfolgt nicht mit Grundfuttermitteln, sondern wird mit Mineralfutter durchgeführt.

Kraftfutterausgleich

Wenn die Grundfutterration nicht ausgeglichen ist, d.h. die mögliche Leistung aus der Energie und dem Rohprotein ungleich ist, sollte der Nährstoffausgleich mit einem Kraftfuttermittel durchgeführt werden. Die vorhandene Grundfutterration kann dann zu einer ausgewogenen Gesamtration aufgewertet werden.

In der Tabelle 5 ist aufgeführt, welche Mengen von bestimmten Futtermitteln notwendig sind, um einen Rohprotein- oder Energieüberhang von jeweils 1 kg auszugleichen.

Durchführung des Ausgleiches

In Grünlandgebieten kommt es aus dem Grundfutter oft zu nicht ausgleichbarem **Eiweißüberschuß**. Dieser schadet dem Tier nicht, wenn genügend Energie für die jeweilige Milchleistung eingesetzt wird.

Bei *geringen Eiweißüberschüssen*, bei denen z.B. der Milcherzeugungswert aus dem Rohprotein nur wenig über dem der Energie liegt, kann der Ausgleich vereinfacht durchgeführt werden. In diesem Falle ist es aus Gründen der Arbeitseinsparung möglich, ein Milchleistungsfutter einzusetzen, das bezogen auf den Milcherzeugungswert etwas mehr Energie als Protein enthält. Bei diesem Einsatz kommt es mit steigenden Kraftfuttergaben zu einem allmählich eintretenden Ausgleich.

Bei *höheren Eiweißüberschüssen* sollte der klassische Ausgleich vorgenommen werden. Bis zum vollständigen Ausgleich wird

Abb. 10: Beispiel für die Berechnung einer Grundfutterration, eines Ausgleiches und einer Kraftfutterzuteilung mit dem Fütterungsprogramm ZIFO.

ZIFO — Rechnen und Ergebnis (R)

Bauer Josef — Wiesenfeld — 8999 Dorfen
01 1411 Ration Milchkühe — Gewicht 600 kg; 10.0 kg Milch
1 31.0 kg Frischmasse — 1 Alle Futtermittel — Preis: 2.63 DM/Tag

Num.	Futtermittel	Menge kg	Inhaltsstoff	Einheit	Gehalt	Leistung
_ 2015	Grsil.anw.1.S.BegBlü	14.000	Trockenmasse	kg	11.8	
2205	Maissil. teigreif	14.000	Rohprotein	g	1424.0	11.5
3016	WiHeu 1.S.Ende Blüte	3.000	NEL	MJ	65.2	9.4
3125	Gerstenstroh		Rohfaser	g	3154.0	=% 26.7
4145	Weizen Körner		Kalzium	g	60.6	11.4
* 8185	Min.fut. Ri. 12/8		Phosphor	g	38.0	8.5
8186	Min.fut. Ri. 20/5		Magnesium	g	25.0	21.4
			Natrium	g	5.4	-4.3
			Kalium	g	279.0	
			Mineralfutter	g		
			Stärke+Zucker	g	1520.0	=% 12.8
			Grundfutter T	kg	11.8	
	Gesamtsumme:	31.000				

nächstes Bild: E Ergebnis Futtermittel oder A=Ausgleichsrechnung.
Eingabe der Menge (in kg) möglich

ZIFO — Ausgleichsrechnung (A)

Bauer Josef — Wiesenfeld — 8999 Dorfen
01 1411 Ration Milchkühe — Gewicht 600 kg; 10.0 kg Milch

Num.	Futtermittel	kg	T	RP	NEL	Rfas
2015	Grsil.anw.1.S.BegBlü	14.000	5.6	845.6	30.7	1512.0
2205	Maissil. teigreif	14.000	3.6	313.0	23.1	775.3
3016	WiHeu 1.S.Ende Blüte	3.000	2.6	265.7	11.4	866.9
3125	Gerstenstroh					
==>	Summe Grundfutter	31.000	11.8	1424.0	65.2	3154.0
==>	Milchleistung/Tag			11.5	9.4	=% 26.7
4145	Weizen Körner	1.826	1.6	214.5	14.6	39.7
4945	Viehsalz	0.015	0.0			
* 8185	Min.fut. Ri. 12/8	0.054	0.1			
==>	Summe Ration	32.896	13.5	1639.0	79.8	3194.0
==>	Milchleistung/Tag			14.0	14.0	=% 23.7

nächstes Bild: blättern Ausgleichsberechnung durchgeführt.
Eintragen von: AU=Ausgleich; MI=Mineralfutterausgleich; NA=Natriumausgleich.

Zuteilung Leistungskraftfutter: 8116 Milchl.fut.I Est.3 (in kg)

Kraftfutter Zuteilung	NEL	RP	Ca	P	Rfas	
	reicht für .. kg Milch nach					
1	16.0	15.8	16.4	16.2	=% 22.9	
2	18.0	17.4	18.4	18.2	=% 22.1	
3	19.8	19.0	20.2	20.2	=% 21.4	
4	21.5	20.5	22.0	22.0	=% 20.7	
5	23.1	22.0	23.7	23.7	=% 20.0	
6	24.7	23.4	25.4	25.4	=% 19.4	
7	26.2	24.7	26.9	27.0	=% 18.8	
8	27.6	26.0	28.5	28.5	=% 18.2	
9	29.1	27.2	30.0	30.0	=% 17.6	!
10	30.4	28.5	31.4	31.4	=% 17.1	!
11	31.7	29.7	32.8	32.8	=% 16.5	!
12	33.0	30.8	34.2	34.2	=% 16.0	!
13	34.3	32.0	35.6	35.5	=% 15.4	!
14	35.5	33.1	36.9	36.8	=% 14.9	!

Abb. 11: Rechenbeispiel für eine Hofmischung von 1 kg Leistungskraftfutter, energiereich (ZIFO).

ZIFO Rechnen und Ergebnis (R)

Bauer Josef Wiesenfeld 8999 Dorfen
03 1421 Kraftf. Milchkühe Typ (RP) 2 ; 2.20 kg MEW
1 1000.0 g Frischmasse 1 Alle Futtermittel Preis: 37.67 DM/dt

Num.	Futtermittel	Anteil kg	Inhaltsstoff	Einheit	Gehalt	Leistung
4025	Gerste zweizeilig	0.250	Trockenmasse	g	875.9	
4145	Weizen Körner	0.150	Frischmasse	g	1000.0	
4205	Maiskörner trocken	0.100	Rohprotein	g	176.0	2.08
4305	Ackerbohnen	0.150	NEL	MJ	7.1	2.24
6435	Sojaschrot 44 RP NT	0.150	Rohfaser	g	61.8	=% 7.1
6515	Melasseschnitzel	0.170	Kalzium	g	8.1	2.55
8186	Min.fut. Ri. 20/5	0.030	Phosphor	g	4.8	2.83
			Magnesium	g	2.1	3.58
			Natrium	g	3.3	5.45
			Mineralfutter	g	30.0	
			Stärke+Zucker	g	410.0	=% 46.8
	Gesamtsumme:	1.000				

nächstes Bild: E Ergebnis Mischung Futtermittel (E)
O=Optimiere weiter; A=Ausgleichsrechnung; RA=Ration; KG=1 kg; PR=Prozent.

dabei ein separates Ausgleichsfutter eingesetzt, die weitere Leistung wird mit einem zusätzlichen Leistungsfutter abgedeckt.
Mit dem **Mineralfutter** wird das Defizit aus dem Grundfutter ausgeglichen. Wird zusätzlich noch ein Ausgleichsfutter gegeben, muß dies bei der Mineralfuttergabe bedacht werden, da Ausgleichsfutter in der Regel kein Mineralfutter enthält.
Das Grundfutter und Ausgleichskraftfutter wird zu einer sog. **Basisration** zusammengefaßt. Im Winter reicht diese Basisration für 10–12 kg Milch, bei der Sommerstallfütterung bei guten Futterqualitäten für etwa 15 kg und bei Weidegang und bestem Gras sogar für 20 kg Milch/Kuh und Tag.
Wird die **Kraftfuttergabe** von Hand gegeben, ist es zweckmäßig, sie auf ganze bzw. halbe Kilogramm aufzurunden. Wenn die Kraftfuttergabe über einen Automaten erfolgt, kann die exakte Menge zugeteilt werden.

Leistungsfütterung

Für Milchleistungen, die *über* der Basisration liegen, muß eine gezielte Leistungsfütterung durchgeführt werden. Im Leistungskraftfutter sind alle Nähr-, Mineral- und Wirkstoffe auf die zusätzliche Milchleistung abgestimmt.
Dieses System vereinfacht die Fütterung. Der Vorteil ist, daß das Leistungskraftfutter an alle Tiere ganzjährig eingesetzt werden kann und nur die Menge variiert werden muß.
Dabei wird folgende **Faustregel** verwendet: Mit 1 kg Leistungskraftfutter können energetisch etwa 2 kg Milch erzeugt werden. Der notwendige Rohproteingehalt des Futters hängt von der betrieblichen Situation ab. Auch der Mineralstoffgehalt des Kraftfutters deckt den Bedarf für 2 kg Milch ab.
1 kg Leistungskraftfutter soll je nach Grundfutterverhältnissen 12–17 % Rohprotein enthalten. Der Energiegehalt muß dann bei 6,4–7 MJ NEL/kg liegen. Für die Leistungsfütterung sind entweder ein

Tabelle 6: Kraftfuttermischung für die Leistungsfütterung von Milchkühen in der Hauptstufe und deren Kosten

Leistungskraftfutter	1 kg enthält RP g	NEL MJ	1 kg reicht für ... kg Milch MJ/NEL	Preis DM/kg	Futterkosten für 1 kg Milch DM
Milchleistungsfutter I 17 % Rohprotein					
Energiestufe 1		5,9	1,9		
Energiestufe 2	150	6,4	2,0	0,38	0,17
Energiestufe 3		6,9	2,2		
Milchleistungsfutter I 12 % Rohprotein Energiestufe 3	120	6,9	2,2	0,38	0,17
Hofmischung I 50 % Getreideschrot 50 % Milchleistungsfutter III 25 % Rohprotein	180	6,6	2,1	0,36	0,17
Hofmischung II 65 % Getreideschrot 35 % Milchleistungsfutter IV 32 % Rohprotein	180	6,8	2,2	0,34	0,15
Hofmischung III 80 % Getreideschrot 17 % Sojaschrot 3 % Mineralfutter (20 % Ca, 5 % P, 10 % Na, 3 % Mg)	160	6,9	2,2	0,41	0,19

Milchleistungsfutter I mit der Energiestufe 2 oder 3 oder eine entsprechende Eigenmischung notwendig (Tabelle 6 und Abb. 11).

Der **Mineralstoffgehalt** von Milchleistungsfutter III ist so ausgelegt, daß beim Vermischen mit 50 % Getreideschrot der Gehalt in der Mischung den Bedarf für 2 kg Milch abdeckt (Hofmischung I). Wenn 35 % Milchleistungsfutter IV und 65 % Getreide vermischt werden (Hofmischung II), reicht der Mineralstoffgehalt ebenfalls für 2 kg Milch aus. Wird eine Hofmischung zusammengestellt, im angegebenen Beispiel Nr. III 80 % Getreideschrot und 17 % Sojaschrot, muß unbedingt auf die Mineralstoffergänzung geachtet werden. Im angegebenen Beispiel reichen dafür 3 % Mineralfutter mit einem weiten Ca:P-Verhältnis aus. Werden andere Komponenten eingemischt, ist dies für die Mineralstoffbeimischung entsprechend zu berücksichtigen.

Getreide eignet sich sehr gut zur Erstellung von kostengünstigen Kraftfuttermischungen (Tabelle 6). Der Energiegehalt des Getreides ist hoch und der hohe Stär-

keanteil wirkt sich – in begrenzten Mengen eingesetzt – besonders bei der Hochleistungskuh günstig aus.
Insbesondere Weizen und Mais sind wegen ihrer hohen Energiekonzentration als sehr günstig zu betrachten. Der Vorteil von Körnermais ist zudem die geringere Abbaubarkeit im Pansen, was sich günstig auf den Pansen-pH-Wert auswirkt. Aber auch Gerste und Hafer sind beliebte Mischungspartner.
Vorteilhaft ist es, wenn in einer Hofmischung mehrere Getreidearten verwendet werden. Dies führt zu einer geschmacklichen Abrundung und damit zu einer höheren Futteraufnahme.
Die beschriebene **Leistungsfütterung** ist in der Abb. 10 ersichtlich. Die Nährstoffzufuhr aus dem Grundfutter reicht dabei für 10 kg Milch. Für höhere Milchleistungen wird systematisch je 2 kg Milch 1 kg Kraftfutter zugeteilt.
Bei Kühen, die zur *Verfettung* neigen, ist es empfehlenswert, im letzten Laktationsdrittel die Kraftfuttergabe gezielt zu reduzieren. Das bedeutet, daß diese Tiere bis zu einer Milchleistung von 14 kg keinerlei Kraftfutter bekommen.
Die Kühe in den ersten beiden Laktationsdritteln dagegen werden nach dem aufgezeigten Schema versorgt. Am Ausrufezeichen ist erkennbar, daß Kühe mit einer Leistungskraftfutterzuteilung von 8 kg weniger als 18 % Rohfaser in der Ration aufnehmen.
Bei diesen Tieren ist Vorsicht geboten. Wenn bei der Tierbeobachtung zu erkennen ist, daß zuwenig Grundfutter aufgenommen wird, muß die Kraftfuttermenge trotz des bestehenden Nährstoffbedarfes reduziert werden.
Die nötige **Kraftfuttermenge** für die einzelne Kuh ist im Stall so anzuschreiben, daß sie während des Fütterns leicht abgelesen werden kann. Einfacher ist die Zuteilung im Laufstall, wenn eine Kraftfutterstation vorhanden ist. Hier wird die notwendige Menge einfach in den zugehörigen Rechner eingegeben.

Ermittlung des Futterwertes

Für eine objektive Beurteilung von Futtermitteln tierischer und auch pflanzlicher Herkunft ist es nötig, eine Vergleichsbasis zu schaffen. Dazu ist es unerläßlich, die Grundbestandteile festzustellen. Die »Weender-Analyse« teilt die Futtermittel in größere Nährstoffgruppen auf. Abb. 12 zeigt, wie mit der **Weender-Futtermittelanalyse** die Grundzusammensetzung des Futters festgestellt wird.
Bei der Weender-Analyse werden die Stoffgruppen z.T. analytisch erfaßt, andere aus der Differenz errechnet. In den letzten Jahren wurde eine zusätzliche Schätzmethode entwickelt, mit deren Hilfe das Futter durch Lichtreflexion in seinem Wert erfaßt wird.
Durch diese **NIR-Methode** kann unter bestimmten Voraussetzungen durch die unterschiedliche Reflexion des Lichtes der Futterwert ermittelt werden. Für jedes Futtermittel ist dabei eine an der Weender-Analyse erstellte Eichkurve notwendig, die die Charakteristik des einzelnen Futtermittels beschreibt.
Homogen zusammengesetzte Futterarten, z.B. Getreidearten, sind dabei sehr einfach zu messen. Schwieriger ist es, uneinheitliche Arten wie einen Grasaufwuchs einzuschätzen. Diese Futtermittel können nur mit hochwertigen NIR-Geräten »untersucht« werden.
Der Vorteil der Schätzung nach der NIR-Methode besteht in der großen Schlagkraft und der trotzdem hinreichenden Genauigkeit der Ergebnisse, die mit diesem System möglich ist. Die Proben können einfach, schnell und kostengünstig eingeschätzt werden. Aussagekräftig ist das Ergebnis nur, wenn die Proben sorgfältig aufbereitet und mit den entsprechenden Eichkurven geschätzt werden.
Aus mehreren Gründen ist eine immer differenziertere Untersuchung des Futters notwendig. Die Leistungen der Tiere stei-

gen an, eine Unterversorgung führt dabei zu einer unnötigen Belastung der Tiergesundheit. Eine Überversorgung aber erhöht den Gehalt von Stickstoff (N) und Phosphor (P) der Gülle und ist aus ökologischen, aber auch aus ökonomischen Gründen zunehmend problematisch.

Es ist deshalb notwendig, über die Stoffgruppenuntersuchung hinaus, die mit der Weender- bzw. NIR-Methode durchgeführt werden, eine Reihe anderer Substanzen zu untersuchen. Wichtig sind dabei u. a. Mineralstoffe, Spurenelemente, Aminosäuren, Fettsäuren, bestimmte Formen der Kohlenhydrate und Wirkstoffe. Es ist aber nicht möglich und auch nicht notwendig, diese Untersuchungen bei allen zu untersuchenden Futtermitteln durchzuführen, da dies sehr zeitaufwendig und auch zu teuer wäre.

Viele Analysenmethoden sind jedoch so weiterentwickelt und rationalisiert, daß sie in Problemfällen durchaus mit vertretbarem Aufwand eingesetzt werden können. Die Untersuchung einzelner Mineralstoffe ist problemlos, ebenso die von Spurenelmenten. Auch die Aminosäuren, Zucker und Stärke sind mit vertretbarem Aufwand zu analysieren.

Für den Landwirt kann eine Reihe von Gründen eine **Futtermitteluntersuchung** sinnvoll machen:

- Die Nährstoffgehalte des *Grundfutters* schwanken von Jahr zu Jahr und von Schlag zu Schlag. Nur mit einer Untersuchung kann der genaue Gehalt festgestellt werden.
- Beim Grundfutter ist eine Futteruntersuchung außerdem eine Möglichkeit, das eigene »Beurteilungsvermögen« immer wieder zu schärfen und auf die anderen, nicht untersuchten Futtermittel, anzuwenden.
- Das eingesetzte *Kraftfutter* muß nach Typ und Menge auf den Nährstoffgehalt des Grundfutters aufbauen. Dies ist nur möglich, wenn die Inhaltsstoffe des Grundfutters bekannt sind.
- Beim Kraftfutterzukauf ist eine begleitende Futteruntersuchung von Zeit zu Zeit sinnvoll, um immer wieder eine Bestätigung der angegebenen Qualität zu haben.

Grundfutterrationen können nur richtig berechnet werden, wenn der Wert einzelner Futtermittel feststeht. Aus vielerlei Gründen ist die Schwankung im Nährstoffgehalt zwischen einzelnen Grundfuttermitteln sehr groß. Der Grund für diese Schwankung ist der oft unterschiedliche Schnittzeitpunkt, die unterschiedliche pflanzensoziologische Zusammensetzung, die unterschiedliche Düngung und zusätzlich noch Klima- und Standorteinflüsse.

Abb. 12: Schema der Weender-Analyse bei der Futteruntersuchung.

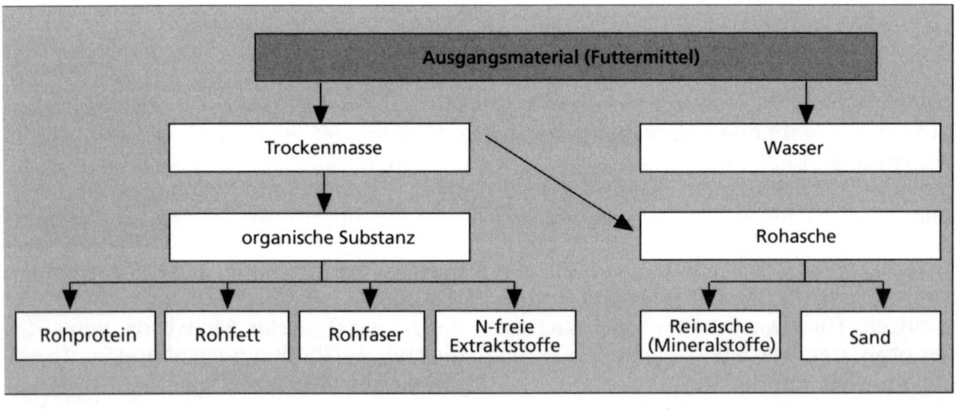

Eine wichtige Voraussetzung für eine **Rationsberechnung** ist die Bestimmung des Trockenmassegehaltes einzelner Futtermittel. Mit Hilfe dieses Wertes kann z.B. bestimmt werden, wieviel Nährstoffe 15 kg frische Grassilage tatsächlich zur Versorgung der einzelnen Kuh liefern können.

Wenn zur Berechnung die Frischmasse herangezogen wird, entsteht durch den mehr oder minder hohen Wasseranteil ein großer Fehler.

Die Weender-Analyse kann an den Landwirtschaftlichen Untersuchungs- und Forschungsanstalten (LUFA's) durchgeführt werden. Eine Grundvoraussetzung für ein exaktes Ergebnis ist dabei eine sorgfältige Probenahme. Die Probe muß dabei dem Durchschnitt der untersuchten Partien entsprechen.

Soll z. B. eine Probe einer Grassilage als Probe untersucht werden, ist es notwendig, von verschiedenen Stellen des Silagehaufens Proben zu nehmen, diese gründlich zu vermischen und dann die notwendige Menge daraus zu bilden.

Die Probeziehung kann bereits im geschlossenen Fahrsilo mit Siloprobebohrstöcken durchgeführt werden. Dabei wird der Silohaufen an verschiedenen Stellen angestochen und jeweils eine Probe entnommen. Wird das Loch in der Plane sofort wieder verklebt, kommt es zu keinerlei Verlusten.

Bei der Untersuchung von Heu oder Kraftfutter ist es notwendig, immer eine repräsentative Probe zu ziehen. Bei einem Heustock müssen dabei Proben von verschiedenen Stellen genommen werden, um zu einem brauchbaren Ergebnis zu kommen. Das gleiche gilt für Kraftfutter.

Für die Untersuchung werden etwa 0,5–1 kg trockene Ware benötigt. Die ermittelten Rohnährstoffgehalte werden dann dem Landwirt wieder mitgeteilt. Zudem wird noch der Energiegehalt des Futters ermittelt. Für diese Schätzung ist aber die Kenntnis der Verdaulichkeit des Futters notwendig.

Energiebewertungs-systeme

Nettoenergie-Laktation (NEL)

Dieses Energiebewertungssystem wird für **Milchkühe** und **Zuchtrinder** verwendet.

Die **Nettoenergie-Laktation** kennzeichnet die Energiemenge, die aus 1 kg Futtermittel in Form von Milch erscheint. Der Energiegehalt von Wiesenheu z.B. liegt bei 4,8 MJ NEL, das bedeutet, von 1 kg dieses Heus erscheinen 4,8 MJ NEL wieder in Form von Milch. Nachdem für die Produktion von 1 kg Milch 3,17 MJ NEL notwendig sind, kann mit dieser Heumenge von der Kuh etwa 1,5 kg Milch erzeugt werden.

Der Energiegehalt von Futtermitteln wird durch eine Reihe von Einflußfaktoren bestimmt. Es sind dies die Bruttoenergie, d.h. der Brennwert eines Futtermittels, und die Umsetzbare Energie. Für die Berechnung der Umsetzbaren Energie wird die Höhe der Verdaulichkeit angesetzt und der Verlust durch die Harn- und Methanausscheidung berücksichtigt.

Bewertungssystem für Mastrinder: Stärkeeinheiten (StE)

Während die Nettoenergie-Laktation die Energie eines Futtermittels angibt, die in Form von Milch wieder erscheint, wird in der **Rindermast** die Nettoenergie von Futtermitteln am Fettansatz von ausgewachsen Ochsen gemessen.

Eine **Stärkeeinheit** entspricht dabei dem Fettbildungsvermögen von 1 g verdaulicher Stärke. Wenn der Energiegehalt von Maissilage z. B. 600 StE aufweist, heißt dies, 1 kg T dieser Maissilage weist das gleiche Fettbildungsvermögen auf wie 600 g reine Stärke.

Berechnung der Stärkeeinheit

Bei der Berechnung des Gehaltes an Stärkeeinheiten eines Futters muß bedacht werden, daß das Fettbildungsvermögen einzelner Nährstoffe sehr unterschiedlich ist. Bei der Berechnung werden deswegen die in Tabelle 7 aufgeführten **Umrechnungsfaktoren** eingeführt.

Aus diesen Umrechnungsfaktoren ist erkennbar, daß das Fettbildungsvermögen von Rohprotein im Gegensatz zur Stärke etwas niedriger, das von Rohfett deutlich höher liegt, und das von Rohfaser und den N-freien Extraktstoffen genau dem der Stärke entspricht.

Tabelle 7: Umrechnungsfaktoren für Nährstoffe (nach Kellner)

Nährstoff	Faktor
Stärke, Rohfaser	1,00
Zucker	0,76
Protein	0,94
Fett aus Ölsäuren	2,41
Fett aus Getreide	2,12
Fett aus Rauhfutter	1,91

Bei der Berechnung der Stärkeeinheiten werden die Gehalte eines Futtermittels an

```
BETRIEB:  MICHAEL MUSTERMANN
          HAUPTSTRASSE 10
     8000 MUSTERSTADT
==============================================================================
FUTTERART:     2025  Grassil. anw. 2.f.S.mittel

PROBENUMMER:   111                                    LABORNUMMER:  3676
==============================================================================

ERGEBNISBERICHT ZUR FUTTERUNTERSUCHUNG                      VOM: 04.11.92
=======================================
------------------------------------------------------------------------------
ERMITTELTE ROHNÄHRSTOFFGEHALTE UND VERGLEICHSWERTE (G JE KG TROCKENMASSE):
                       R.ASCHE     RP    R.FASER  R.FETT     NFE
VERGLEICH:               106.     196.     241.     40.      417.
PROBE    :               103.     199.     247.     40.      411.
------------------------------------------------------------------------------
BEWERTUNG RIND:
VERDAULICHKEIT                      76.       71.       46.       64.
------------------------------------------------------------------------------
ERMITTELTE NÄHRSTOFFWERTE RINDERFÜTTERUNG (JE KG TROCKEN- BZW FRISCHMASSE):
                T         RP  R.FASER    ME MJ    NEL MJ    STE
VERGLEICH:   1000.     196.    241.     9.35     5.47     540.
PROBE    :   1000.     199.    247.     9.33     5.45     530.

PROBE FRM:    317.      63.     78.     2.96     1.73     168.
------------------------------------------------------------------------------
DER GEHALT AN ROHFETT IST TABELLENMITTELWERTEN ENTNOMMEN.

DIE VERWENDETEN VERDAUUNGSKOEFFIZIENTEN RIND WURDEN AUFGRUND
DER ERMITTELTEN ROHNÄHRSTOFFGEHALTE BZW. DES ROHFASERWERTES GESCHÄTZT.

ALS VERGLEICHSWERTE WURDEN    53 PROBEN DES FUTTERJAHRES 92
AUS BAYERN (FÜR EINE AUSREICHENDE ANZAHL) HERANGEZOGEN
```

Abb. 13: Ergebnisbericht einer Grundfutteruntersuchung.

Tabelle 8: Abzüge [1]) in Abhängigkeit des Rohfasergehaltes

Rohfasergehalt Grünfutter in Frischmasse %	Rohfasergehalt Trockengrün in Trockenmasse %	Faktoren für den Rohfaserabzug
über 16	über 32	0,58
14,1–16	30,1–32	0,53
12,1–14	28,1–30	0,48
10,1–12	26,1–28	0,43
8,1–10	24,1–26	0,38
6,1– 8	22,1–24	0,34
4,1– 6	20,1–22	0,31
unter 4,1	unter 20	0,29

[1]) Abzug bei Heu und Stroh: Faktor 0,58 bezogen auf den Rohfasergehalt.

verdaulichen Nährstoffen mit den entsprechenden Faktoren für die Umrechnung multipliziert. Die Summe ergibt dann die Nettoenergie in Stärkeeinheiten/kg Futter.
Ein **erhöhter Rohfasergehalt** übt einen *negativen Einfluß* auf den Nettoenergiegehalt eines Futtermittels aus. In Abhängigkeit vom Rohfasergehalt wird deswegen ein **Abzug** durchgeführt (Tabelle 8).

Die 250 g Rohfaser, die in Wiesenheu enthalten sind, werden mit dem in Tabelle 9 angegebenen Wertabzug bei Heu und Stroh mit 0,58 multipliziert und von den Bruttostärkeeinheiten abgezogen. Es verbleiben dann 385 StE.
Auch bei **rohfaserärmerem Futter** erfolgt eine Korrektur. Hier wird ein feststehender Wertigkeitsabzug durchgeführt.

Tabelle 9: Beispiel für die Berechnung der Stärkeeinheiten (StE)

Futtermittelart Nährstoffart	Rohnährstoff g	Verdaulichkeit %	verdaulicher Nährstoff g	Umrechnungsfaktor	StE
Wiesenheu »sehr gut«					
Rohprotein	119	65	77	0,94	72
Rohfett	25	48	12	1,91	23
Rohfaser	250	68	170	1,0	170
N-freie Extraktstoffe	408	65	265	1,0	265
			Brutto-StE:		530
			Rohfaserabzug 250 × 0,58		– 145
			tatsächliche Stärkeeinheiten:		**385**

Futtermittel für Wiederkäuer

Die **Futtermitteleinteilung** erfolgt nach der Herkunft, nach den Inhaltsstoffen und der Nährstoffkonzentration. Unter Berücksichtigung dieser Kriterien wird folgende Untergliederung durchgeführt:

- **Grundfutter** (wirtschaftseigene Futtermittel), z.B.:
  - Grünfutter
  - Silagen
  - Heu und Stroh
  - Ganzpflanzensilage (GPS)
  - Zwischenfruchtsilagen
- **Energiereiches Saftfutter und Cobs**, z.B.:
  - Futterrüben
  - Naß-, Preßschnitzel
  - Biertreber
  - Kartoffeln
  - Zuckerrüben
  - Lieschkolbensilage (LKS)
- **Kraftfutter**, z.B.:
  - Getreide- und Mühlennachprodukte
  - Melasseschnitzel
  - Sojaextraktionsschrot
  - Rapssamen
  - Körnerleguminosen
  - Milchleistungsfutter

Die **Wirtschaftlichkeit** spielt in der Fütterung eine wichtige Rolle. Als Vergleichsmaßstab einzelner Futtermittel werden die anfallenden Kosten/Energieeinheit (DM/MJ NEL) verwendet. In der Regel sind diese Kosten bei den Futtermitteln aus der eigenen Produktion am günstigsten.

Eine ausgeglichene Ration für hohe Leistungen bedarf allerdings einer abgestimmten Ergänzung mit zum Teil zugekauften, konzentrierten Kraftfuttermitteln und Mineralfutter.

Für eine wirtschaftliche Tierhaltung ist es wichtig, neben den Kosten den Futterwert des vorhandenen Futters möglichst genau zu kennen, um es sinnvoll einsetzen und richtig ergänzen zu können.

Grundfutter

Grünfutter

Dazu gehören Dauergrünland (Wiese und Weide), Feldfutter und Zwischenfrüchte

Dauergrünland

Der Futterwert von Weide- bzw. Wiesengras hängt hauptsächlich von der Art und Intensität der Bewirtschaftung, der Zusammensetzung des Bestandes und dem Nutzungszeitpunkt ab. Der optimale Bestand sollte einen hohen Anteil hochwertiger Gräserarten (z.B. Weidelgräser, Wiesenschwingel – je nach Standort) sowie einen bestimmten Anteil an Klee und Kräutern (ca. 30 %) aufweisen.

Der junge Aufwuchs ist reich an Wasser, Rohprotein und leichtverdaulichen Kohlenhydraten, jedoch arm an Rohfaser und Struktur. Mit fortschreitendem Wachstum ändert sich die Zusammensetzung relativ schnell. Eine zunehmende Rohfaser- und dann Ligninbildung verringert die Verdaulichkeit und damit auch den Futterwert.

Eine genaue Bestimmung der **Nährstoffaufnahme** bei Weidegang bzw. Grünfütterung ist nur schwer möglich. In Abhängigkeit von der Qualität kann man aber bei Grünfutter von einer täglichen Trockenmasseaufnahme bei ausgewachsenen Tieren von ca. 11–14 kg ausgehen. Das entspricht bei einem Trockenmassegehalt von durchschnittlich 18 % einer Futteraufnahme von 55–70 kg Grünfutter.

Bei dieser Futtermenge reicht die *Rohproteinversorgung* für 20 kg Milch und mehr, die *Energieversorgung* aber nur für ca. 10–15 kg Milch. Bei Weidebetrieb oder Grünfütterung ist daher bei Hochleistungskühen eine Ergänzung mit energiereichen Futtermitteln wie Getreide, Maissilage, Trockenschnitzel bzw. mit proteinarmem und energiereichem Milchleistungsfutter notwendig.

In der Rindermast spielt die **Weidemast** bisher eine untergeordente Rolle. Bei Extensivierung der Produktion ist aber eine Weidemast von Ochsen, Färsen oder Altkühen durchaus sinnvoll. Es ist dann jedoch auf eine konsequente Weideführung zu achten, da Angebot und Bedarf im Laufe der Weideperiode weit auseinanderklaffen können.

Ähnliches gilt für die Aufzucht der Jungrinder. Hier muß bei Weidegang oder Grünfütterung ebenfalls auf eine bedarfsgerechte Ergänzungsfütterung, in der Regel mit Mineralstoffen, geachtet werden.

Feldfutter und Zwischenfrüchte

Dazu gehören in erster Linie Weidelgräser, Leguminosen, Raps und Rübsen sowie Gemenge und Grünmais. Feldfutter kann sowohl als Hauptfrucht als auch als Zwischenfrucht angebaut werden oder ein »Abfallprodukt« der Hauptfrucht sein.

Für **Feldfutter** gilt ähnliches wie für Weide- und Wiesengras. Der junge Aufwuchs ist reich an leichtverdaulichen Nährstoffen und Rohprotein, aber meist arm an Rohfaser und Struktur. Die Zusammensetzung ändert sich mit fortschreitendem Wachstum erheblich, d.h. der Rohfasergehalt nimmt zu und der Futterwert sinkt langsam.

Ziel der Fütterung muß es sein, ein optimales Verhältnis zwischen der Nährstoffkonzentration und der notwendigen *strukturierten Rohfaser* zu erreichen.

Günstig für den Feldfutterbau sind die verschiedenen Gemenge wie Kleegrasmischungen oder Erbsen und Wickengemenge zu werten. Sie ermöglichen durch die unterschiedlichen Vegetationsstadien der einzelnen Pflanzenarten über längere Zeit eine gleichmäßigere Nährstoffzufuhr als Reinsaaten.

Auf den notwendigen *Energie-* und *Strukturausgleich* in der Ration ist bei jungem Feldfutter besonders zu achten.

Die Nährstoffversorgung beim Einsatz von Grünfutter ist stark beeinflußbar durch die *Fütterungstechnik*. Am besten ist es, jede Mahlzeit frisches Gras zu verfüttern, da geschnittenes und über mehrere Stunden gelagertes Grünfutter sich sehr schnell erwärmt und dadurch an Energie und Schmackhaftigkeit verliert.

Auch der *Verschmutzungsgrad* ist für die Qualität von großer Bedeutung. Witterungsbedingte Verschmutzung muß hingenommen werden, die erntetechnisch bedingte Verschmutzung, z.B. durch zu tiefes Mähen, ist aber durch den Betriebsleiter beeinflußbar.

Beim **Zwischenfruchtanbau** ist außerdem auf eine sorgfältige und überlegte Düngung zu achten, da zu hohe N-Gaben zu einer Nitratanreicherung in den Pflanzen führen. Hohe *Nitratgehalte* wiederum führen zu hohen Nitritmengen im Pansen, die nicht mehr schnell genug abgebaut werden können und eine Vergiftung der Tiere nach sich ziehen können. Zwischenfrüchte dürfen wegen der Gefahr der Nitratvergiftung, aber auch wegen der einseitigen Nähr- und Mineralstoffzusammensetzung, immer nur in begrenzten Mengen eingesetzt werden.

Raps und **Rübsen** sollten bei Milchvieh möglichst erst nach dem Melken verfüttert werden, da Geschmacksbeeinflussungen der Milch möglich sind.

Zuckerrübenblatt fällt im Herbst in großen Mengen an und kann sowohl frisch verfüttert als auch siliert werden. Das Zuckerrübenblatt ist hoch verdaulich und hat einen sehr niedrigen Rohfasergehalt.

In der Ration ist es deshalb maximal auf etwa die Hälfte der T-Aufnahme zu beschränken und durch Gaben von rohfaserreichem Rauhfutter, vor allem Heu und Stroh, auszugleichen. Auf eine möglichst saubere Gewinnung ist großer Wert zu legen, da starke Verschmutzungen die Pansenvorgänge stören und zu Durchfällen führen können.

In manchen Betrieben kommen **Futterrüben** in den Futtertrog. Sie sind ein hochverdauliches, sehr energiereiches, aber rohfaser- und rohproteinarmes Futtermittel, das sehr gerne gefressen wird. Sie eignen sich sehr gut zum Ausgleich rohpro-

Abb. 14: Beurteilungsschlüssel Silage (Beispiel).

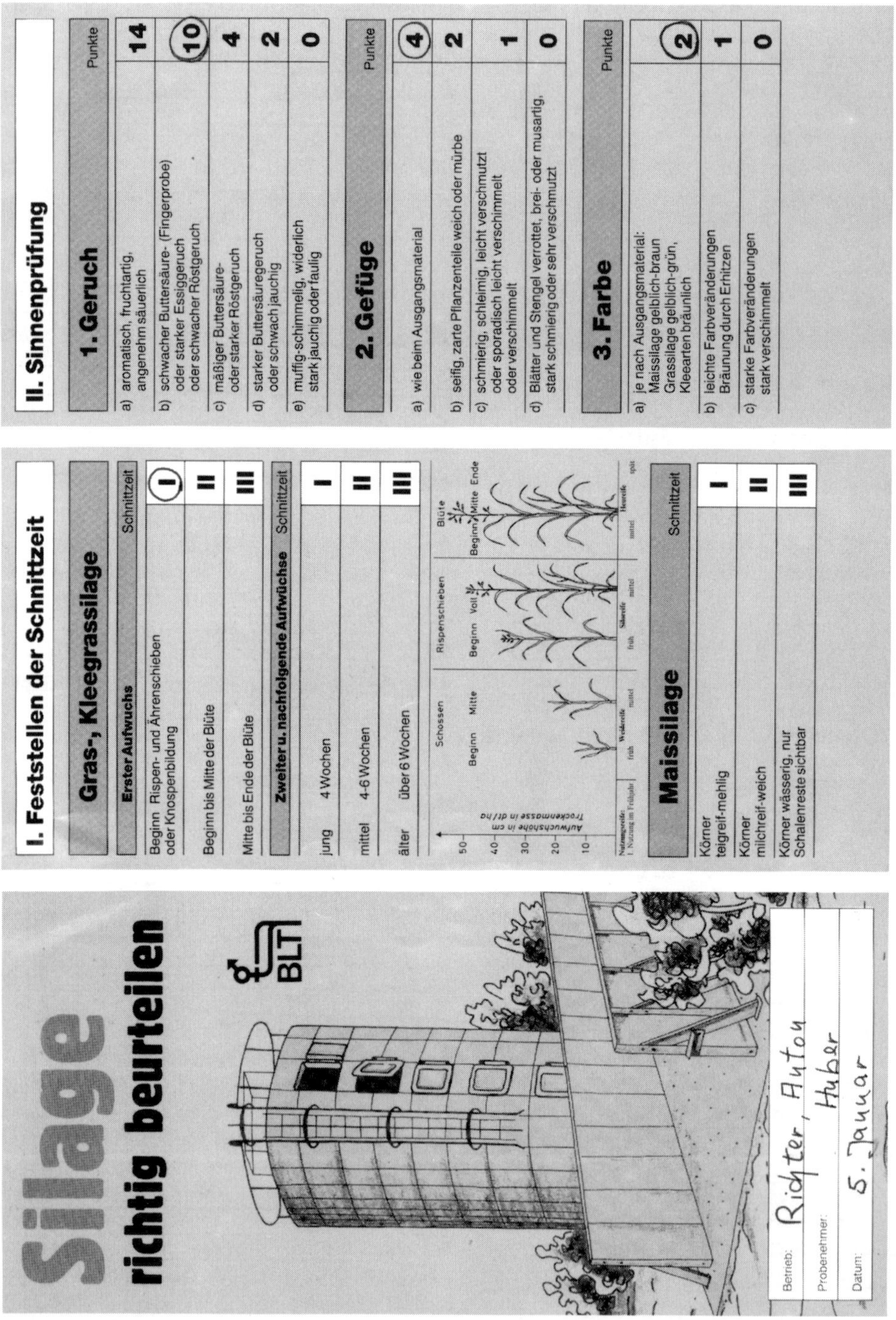

Silage richtig beurteilen

BLT

Betrieb: Richter, Anton

Probenehmer: Huber

Datum: 5. Januar

I. Feststellen der Schnittzeit

Gras-, Kleegrassilage

Erster Aufwuchs	Schnittzeit
Beginn Rispen- und Ährenschieben oder Knospenbildung	(I)
Beginn bis Mitte der Blüte	II
Mitte bis Ende der Blüte	III

Zweiter u. nachfolgende Aufwüchse		Schnittzeit
jung	4 Wochen	I
mittel	4-6 Wochen	II
älter	über 6 Wochen	III

Maissilage

	Schnittzeit
Körner teigreif-mehlig	I
Körner milchreif-weich	II
Körner wässerig, nur Schalenreste sichtbar	III

II. Sinnenprüfung

1. Geruch

	Punkte
a) aromatisch, fruchtartig, angenehm säuerlich	14
b) schwacher Buttersäure- (Fingerprobe) oder starker Essiggeruch oder schwacher Röstgeruch	(10)
c) mäßiger Buttersäure- oder starker Röstgeruch	4
d) starker Buttersäuregeruch oder schwach jauchig	2
e) muffig-schimmelig, widerlich stark jauchig oder faulig	0

2. Gefüge

	Punkte
a) wie beim Ausgangsmaterial	(4)
b) seifig, zarte Pflanzenteile weich oder mürbe	2
c) schmierig, schleimig, leicht verschmutzt oder sporadisch leicht verschimmelt oder verschimmelt	1
d) Blätter und Stengel verrottet, brei- oder musartig, stark schmierig oder sehr verschmutzt	0

3. Farbe

	Punkte
a) je nach Ausgangsmaterial: Maissilage gelblich-braun Grassilage gelblich-grün, Kleearten bräunlich	(2)
b) leichte Farbveränderungen Bräunung durch Erhitzen	1
c) starke Farbveränderungen stark verschimmelt	0

Beurteilung in Punkten

Geruch 10 Gefüge 4 Farbe 2

Gesamtpunktzahl 16

Punkte	Güteklassen		Nährstoffverluste
20–16 =	①	sehr gut, gut	10 – 20 %
15–10 =	②	befriedigend	20 – 25 %
9– 5 =	③	mäßig, schlecht	25 – 50 %
4– 0 =	④	verdorben	über 50 %

Spezielle Fütterungshinweise

Punkte	Güteklassen		
20–16 =	①	sehr gut, gut	**Nicht während der Melkzeit verfüttern!**
15–10 =	②	befriedigend	
9– 5 =	③	mäßig, schlecht	**Nicht mehr an trächtige Tiere verfüttern!**
4– 0 =	④	verdorben	**Gesundheitsschädlich!**

III. Nährstoffgehalt (je Kg Trockenmasse)

Gras-, Kleegrassilage

Erster Aufwuchs:

Schnitt-zeit	Roh-prot.[1] g	Güteklassen ① MJ NEL	② MJ NEL	③ MJ NEL	① StE	② StE	③ StE
I	170	6,2	6,0	5,8	600	580	560
II	150	5,6	5,4	5,2	530	510	490
III	130	5,0	4,8	4,6	460	440	420

Zweiter u. nachfolgende Aufwüchse:

Schnitt-zeit	Roh-prot.[1] g	Güteklassen ① MJ NEL	② MJ NEL	③ MJ NEL	① StE	② StE	③ StE
I	180	5,5	5,3	5,0	540	515	480
II	160	5,2	5,0	4,7	490	470	450
III	140	4,7	4,5	4,2	430	405	380

1 **In Abhängigkeit von Intensität und/oder Kleeanteil sind Zu- bzw. Abschläge notwendig.**

Maissilage[2]

Schnitt-zeit	Roh-prot. g	Körneranteil hoch MJ NEL	mittel MJ NEL	niedrig MJ NEL	hoch StE	mittel StE	niedrig StE
I	90	6,6	6,2	5,7	640	600	560
II	100	6,2	5,8	5,5	600	570	540
III	110	5,7	5,5	5,3	560	540	520

2 **Bei Maissilage, die nicht der Güteklasse 1 entspricht, sollten bis zu 10 % niedrigere Energiegehalte angesetzt werden.**

IV. Schätzen der Trockenmasse

Gras-, Kleegrassilage T-Gehalt

	T-Gehalt
Saft läuft bei leichtem Drehen ab	naß unter 20 %
Saft läuft bei kräftigem Drehen ab	noch feucht etwa 25 %
Saft tritt bei kräftigem Drehen nur wenig aus	trocken etwa 35 %
Saft tritt nicht mehr aus	sehr trocken über 40 %

T-Gehalt 42,0 % bzw. 420 g T/kg Futter

Gehalte in 1 kg Trockenmasse (T)

170 g RP, 6,2 MJ NEL, 600 StE

Maissilage[3] T-Gehalt

	T-Gehalt
Saft tritt schon bei leichtem Pressen mit der Hand aus	naß unter 20 %
Saft tritt bei kräftigem Pressen mit der Hand aus	noch feucht etwa 25 %
Kein Saftablauf beim Pressen Hand wird feucht	trocken etwa 30 %
Hand bleibt beim Pressen trocken	sehr trocken über 35 %

T-Gehalt .... % bzw. .... g T/kg Futter

Gehalte in 1 kg Trockenmasse (T)

.... g RP, ... MJ NEL, ... StE

3 **bei körnerreicher Maissilage ist bei der T-Schätzung ein Zuschlag von 5 % notwendig**

BLT-Grub, Sachgebiet 4.5, 01. 1991

teinreicher Futtermittel und sind wegen ihres geringen Strukturanteils wie Kraftfutter einsetzbar. Auf genügend Rauhfutter ist zu achten und die Tagesration auf maximal 20–30 kg zu beschränken.

Grünmais
Bei Futterknappheit kann der Einsatz von Grünmais erforderlich werden. Zu diesem Zeitpunkt (ab ca. 22 % T) hat die Pflanze aber noch eine niedrige Energiekonzentration. Man verschenkt nicht nur Masseertrag, sondern auch Qualität.
Als *Zufütterung* bei Milchkühen in der Übergangsperiode kann der Einsatz noch akzeptiert werden. In der Bullenmast bringt der Grünmaiseinsatz neben der ungünstigen Futterumstellung aber immer einen Rückgang bei den Tageszunahmen, der durch die niedrige Energiekonzentration bedingt ist.

Grassilage

Grassilage wird hauptsächlich von absolutem Grünland oder Feldfutterbau z. B. mit Weidelgras erzeugt. Der beste Schnittzeitpunkt für Grassilage liegt im Schossen, wenn das Gras etwa 25–30 cm hoch ist. Das Gras soll für die Silagebereitung auf etwa 35–40 % Trockenmasse angewelkt werden. Der höhere Trockenmassegehalt soll jedoch nicht durch einen späteren Schnitt erreicht werden, da hier die Nährstoffkonzentration stark verringert ist. Der Rohfasergehalt nimmt mit fortlaufender Vegetation zwar zu, aber Energie- und Rohproteingehalt nehmen sehr schnell ab. Nach 1 bis höchstens 2 Tagen Anwelkdauer wird das Erntegut zügig und sorgfältig eingebracht, festgewalzt und luftdicht abgedeckt. Gute Silage hat eine um ca. 0,5 MJ NEL in der T niedrigere Energiekonzentration als das Ausgangsmaterial.
Grassilage ist in der Milchviehfütterung sehr vielseitig einsetzbar. Eine vollwertige Grundfutterration kann aus Grassilagen und Heu bestehen. Der Eiweißüberschuß wird mit Kraftfutter abgedeckt. Diese Silage eignet sich gut zur Rationsergänzung zu energiereichen Grundfuttermitteln wie Maissilage und Futterrüben. Auch in der Rindermast ist die Grassilage einsetzbar. Zur ausreichenden Nährstoffversorgung muß hier zusätzlich energiereiches Kraftfutter eingesetzt werden. Der Rohproteinbedarf ist bei guter Silagequalität in der Regel gedeckt.
Für eine schnelle und einfache **Futterwertfeststellung** ist die *Sinnenprüfung* nach dem **Schema des DLG-Bewertungsschlüssels** gut geeignet. Zusammengefaßt auf einem handlichen Faltblatt kann man damit vor Ort bei einiger Übung zu einer realistischen Einschätzung des Futterwerts kommen.
Dabei wird in vier Schritten vorgegangen:
- Zuerst wird der **Schnittzeitpunkt** anhand des Vegetationsstadiums der Hauptbestandsbildner festgelegt.
- Als 2. Schritt erfolgt die **qualitative Einordnung** des Futtermittels anhand der Sinnenprüfung. Der Geruch, das Pflanzengefüge und die Farbe der vorliegenden Silageprobe werden jeweils mit einer Punktzahl bewertet und zu einer Gesamtpunktzahl aufaddiert. Das Ergebnis dient zur Einordnung in eine von vier Güteklassen.
- Im 3. Schritt wird der **Nährstoffgehalt der Futterprobe** aus dem Schnittzeitpunkt und der errechneten Güteklasse anhand einer Tabelle ermittelt. Beim Rohproteingehalt sind in Abhängigkeit von der Nutzungsintensität bzw. dem Kleeanteil Zu- und Abschläge nötig.
- In einem 4. Schritt erfolgt die für eine Rationsbeurteilung notwendige **Bestimmung des Trockenmassegehaltes.** Das kann entweder mit einer einfachen Schätzmethode (Wring-Methode) oder durch eine exakte Bestimmung des T-Gehaltes mittels Trockenschrank erfolgen.

Diese Sinnenprüf-Methode ist mit kleinen Abwandlungen auch für **Maissilage** anwendbar.

Maissilage

Mais hat sich zu einer sehr beliebten Futterpflanze entwickelt. Dafür gibt es einige Gründe. Die Pflanze stellt relativ geringe Ansprüche an Boden und Klima (bei richtiger Sortenwahl), sie ist ein guter Gülleverwerter, ist vielseitig einsetzbar, bringt relativ sichere, hohe Ernteerträge und ist sehr energiereich.
Für hohe Mengen qualitativ wertvollen Futters sind beim Mais der optimale *Schnittzeitpunkt* sowie exakte Ernte- und Siliertechnik von entscheidender Bedeutung. Der günstigste Zeitpunkt ist gegen Ende der Teigreife, da die Nährstoffkonzentration sowohl im Kolben als auch in der Gesamtpflanze bis dahin stetig zunimmt.
Da die Maiskörner von einer schwer verdaulichen Hüllschicht umgeben sind, ist es wichtig, das sie bereits bei der Ernte aufgebrochen werden. Ganze Maiskörner und zuwenig angeschlagene werden ansonsten ungenutzt wieder ausgeschieden.
Die *Häcksellänge* soll nicht zu lang gewählt werden, da sonst Verdichtungsprobleme beim Silieren auftreten. Die Nachgärungsgefahr steigt und die Tiere reagieren mit verminderter Futteraufnahme. Wird zu kurz gehäckselt, besteht die Gefahr der Vermusung. Dieses Futter wird schlechter gefressen und wirkt zunehmend ungünstiger auf die Pansenmotorik. Es haben sich je nach Trockenmassegehalt Längen von 5–8 mm bewährt.
Das *Einsilieren* soll möglichst zügig geschehen und das Siliergut muß optimal verdichtet und gasdicht abgedeckt werden. Durch seine Nährstoffzusammensetzung benötigt der Mais in der Regel keine Silierhilfsmittel. Die Siloanlage sollte so angelegt werden, daß nach dem Öffnen immer genügend Silage entnommen werden kann und damit die Gefahr von Nachgärungen möglichst gering ist. Die Silobreite bzw. die Anschnittfläche muß sich an der Tierzahl orientieren. In der Winterfütterung sollte ein täglicher Vorschub von mind. 5 cm, in der Sommerfütterung von 8 – 10 cm möglich sein.
Die Maissilage ist ein wichtiges, energiereiches Grundfutter in der **Rinderhaltung**. Da Maissilage eiweißarm ist, muß die Ration entsprechend ausgeglichen werden.
In der **Milchviehfütterung** haben sich Rationen mit ca. 15 kg Maissilage bewährt, was etwa der Hälfte der Trockenmasseaufnahme aus dem Grundfutter entspricht. Höhere Gaben von Maissilage bewirken, besonders in der zweiten Laktationshälfte, eine zu starke Verfettung der Tiere, die sowohl zu Geburtsschwierigkeiten als auch zu Fruchtbarkeitsstörungen führen kann. Die Grundfutterration sollte immer durch Anwelksilage oder Heu ergänzt werden.
In der **Rindermast** ist die Maissilage ideal einsetzbar. Die fehlende Energie wird durch Getreide oder andere Energieträger ergänzt, die Rohproteinergänzung kann durch Sojaextraktionsschrot, Rapsextraktionsschrot, Leguminosen, Bierhefe, Biertreber oder auch Futterharnstoff erfolgen. Es gibt auch industriell hergestellte Ergänzungsfuttermittel für die Rindermast, entscheidend ist jeweils die Preiswürdigkeit der Nährstoffe.

Zuckerrübenblattsilage

Eines der billigsten Futtermittel ist das Zuckerrübenblatt. Man kann es sowohl frisch verfüttern als auch, dank seines hohen Zuckergehaltes, sehr gut silieren.
Eine wichtige Rolle für die Qualität der Silage spielt der Verschmutzungsgrad. Neben der Witterung hat dabei vor allem die Erntetechnik einen großen Einfluß. Es gibt heute Verfahren, bei denen das Blatt bei der Ernte nicht mehr mit dem Boden in Berührung kommt. Da die Blattsilage trotz stärkerer Verschmutzung oder unbefriedigender Gärung von den Tieren noch gerne aufgenommen wird, ist dann mit geringe-

rer Nährstoffversorgung und sogar Gesundheitsschäden zu rechnen.
Je nach Ernteverfahren ist der Anteil der Rübenköpfe und damit die Nährstoffkonzentration der Silage sehr unterschiedlich. Auf jeden Fall ist die Zuckerrübenblattsilage ein sehr energiereiches, aber rohfaserarmes Futtermittel mit mittlerem Rohproteingehalt von etwa 13–14 %. In der Futterration muß es deshalb stets mit Rauhfutter wie Heu oder Stroh und mit Maissilage verfüttert werden.
In der **Milchviehfütterung** können etwa 20 kg Zuckerrübenblattsilage/Tier und Tag in einer ausgewogenen Ration mit Maissilage und Heu eingesetzt werden.
Auch in der **Rindermast** ist Zuckerrübenblattsilage verwertbar. Sie muß dabei ebenfalls mit rohfaserreichem Futter wie Heu oder auch Stroh ergänzt werden.
Die geringere Nährstoffkonzentration ist, um befriedigende Zunahmen zu erreichen, noch durch Getreide- oder Trockenschnitzelzufütterung zu ergänzen. In den unteren Gewichtsklassen bis etwa 300 kg Lebendgewicht ist, bedingt durch das geringere Futteraufnahmevermögen der Tiere, ein zusätzlicher Rohproteinausgleich, etwa durch Sojaschrot, nötig.

Ganzpflanzensilage (GPS)

Als Ganzpflanzensilage wird Silage aus Gerste, Weizen oder Ackerbohnen bezeichnet, bei der die gesamte Pflanze geerntet, gehäckselt und siliert wird. Der Nährstoffgehalt dieser Silage ist dabei entscheidend abhängig vom Korn:Stroh-Verhältnis und dem Erntezeitpunkt.
Der **beste Erntezeitpunkt** ist in der *Teigreife*, da dann die Nährstoffkonzentration in der Gesamtpflanze am höchsten ist. Bei weiterer Reifung erfolgt eine schnelle Verholzung der Halme, was eine Verringerung des Nährstoffgehaltes bedeutet.
Die Ganzpflanzensilage ist, bedingt durch die grobe Struktur und den geringen Zuckergehalt, schwer silierbar. Es ist deshalb auf besonders sorgfältiges Häckseln und Festwalzen sowie eine exakte Abdeckung zu achten. Bei der Ernte sind Spezialhäcksler notwendig, da die Körner angeschlagen werden müssen, um die Verwertung zu ermöglichen.
In der Ration ist gute Ganzpflanzensilage ähnlich einsetzbar wie Grassilage, wobei allerdings auf den Rohproteinausgleich besonders geachtet werden muß. In der **Milchviehfütterung** kann die Ganzpflanzensilage durch ihren hohen Strukturwert eine gute Rohfaserergänzung zum Grünfutter sein. Der geringe Energie- und Rohproteingehalt muß aber durch entsprechendes Kraftfutter ausgeglichen werden.
In der **Bullenmast** ist ebenfalls eine Energieergänzung notwendig, z.B. durch Maissilage oder Kraftfutter und eine entsprechende Rohproteinergänzung.

Zwischenfruchtsilagen

Als Zwischenfrüchte werden in der Regel reines Weidelgras oder Gemenge (mit Kleegras) sowie Raps und Rübsen angebaut. Die Silagen aus Weidelgras und Gemenge wurden bei den Grassilagen angesprochen.
Raps und **Rübsen** sind ein sehr energie- und rohproteinreiches, aber rohfaserarmes Futtermittel. In der Ration müssen sie deshalb durch einen genügend großen Rauhfutteranteil ausgeglichen werden. Auf den Rohproteinausgleich muß besonders geachtet werden, da in Abhängigkeit von der Stickstoffdüngung sehr hohe Rohproteingehalte (über 20 %) in der Pflanze erreicht werden können.
Raps und Rübsen wachsen sehr schnell heran, es stehen deshalb in kurzer Zeit große Mengen zur Verfügung, die nicht immer sinnvoll in der Fütterung einzusetzen sind. Dann bietet sich die Silierung an. Wie bei allen Silagen muß auch hier auf exaktes und sorgfältiges Arbeiten geachtet werden. Durch die Silierung von Raps

und Rübsen kann zusätzlich ein eventuell hoher Nitratgehalt der Grünpflanze deutlich reduziert werden.
In der **Milchviehfütterung** ist der Einsatz von Raps und Rübsen bzw. deren Silagen wegen der »milchtreibenden« Wirkung sehr verbreitet. Da diese Futtermittel eine *Geschmacksbeeinträchtigung* der Milch bewirken können, wird empfohlen, sie erst nach den Melkzeiten vorzulegen.
Für die **Rindermast** sind Raps und Rübsen weniger geeignet, da ein befriedigender Masterfolg eine möglichst gleichbleibende Rationsgestaltung verlangt.

Heu

Die Heugewinnung birgt einige Risiken. Neben dem optimalen Schnittzeitpunkt haben vor allem die Trocknungsart und die Witterung großen Einfluß auf die Qualität des Heues. Für die Bodentrocknung sind manchmal bis zu 5 Tage Trocknungszeit erforderlich!
Je nach Bestandszusammensetzung, Schnittzeitpunkt, Trocknungsart und Witterungseinfluß ist die Nährstoffzusammensetzung und -konzentration des Heues sehr unterschiedlich. Die Nährstoffverluste betragen z. B. bei Unterdachtrocknung mit Warmluft nur 15–20 %, bei der üblichen Bodentrocknung bis 40 % und bei schlechtem Wetter 60 % und mehr.
In der **Rinderfütterung** stellt Heu ein wertvolles Futtermittel dar. Besonders in der Kälberaufzucht ist gutes Heu unersetzbar. Allgemein ist Heu ein Futtermittel mit mittlerem Energie- und Rohproteingehalt, aber einem hohen Rohfasergehalt. Bei ausschließlicher Verwendung von sehr gutem Heu kann bei Kühen der Nährstoffbedarf für eine Milchleistung von etwa 10 kg abgedeckt werden.
Aus ökonomischer Sicht – Heu ist ein teures Futtermittel – ist ein alleiniger Heueinsatz aber nicht sinnvoll. Eine Ausnahme stellen die Hartkäsereigebiete dar.
Die Hauptbedeutung des Heues in der Rinderfütterung liegt in der **Kälberaufzucht** und der Ergänzung von rohfaserarmen Grundfutterrationen. Heu regt die Futteraufnahme und die Pansenfunktion (Wiederkautätigkeit) an, hilft Pansenübersäuerungen zu vermeiden und unterstützt die Darmtätigkeit.
Um den **Futterwert von Heu** zu bestimmen, wurde ein Beurteilungssystem zur schnellen Einschätzung von Rohprotein- und Energiegehalt entwickelt. Dabei wird wie bei der Silagebeurteilung der Schnittzeitpunkt, die Farbe, das Gefüge und der Geruch der Heuprobe für die Einstufung der Nährstoffgehalte herangezogen. Das Faltblatt enthält außerdem ergänzende Hinweise über Bewirtschaftungsprobleme von Grünland und eine graphische Darstellung der Nährstoffverluste verschiedener Graskonservierungsmethoden.

Stroh

Stroh wird in futterknappen Jahren als Futtermittel interessant. Durch seinen hohen *Rohfasergehalt* stellt es eine gute Ergänzung zu Rationen mit nährstoffreichem, aber strukturarmem Grundfutter, wie zum Beispiel Zuckerrübenblatt oder Raps und Rübsen, dar. Der *Energie*- und *Rohproteingehalt* von Stroh ist sehr niedrig. Stroh ist deshalb in der Ration nur begrenzt einsetzbar und muß durch entsprechend höhere Kraftfuttergaben ausgeglichen werden.
Um die Verwertbarkeit der im Stroh enthaltenen Nährstoffe zu erhöhen, wurden zwei Aufschlußverfahren entwickelt. Einmal der Aufschluß mit konzentrierter Natronlauge (NaOH) und zum zweiten der Aufschluß mit Ammoniak (NH_3). Dabei wird das Lignin so gespalten, daß die Mikroorganismen im Pansen die Zellulose besser abbauen können. Der Energiegehalt des Strohs steigt durch den Aufschluß um etwa 20 %. Beim Aufschluß mit Ammoniak steigt außerdem der Rohproteingehalt um etwa 3% an. Die Futteraufnah-

Abb. 15 :Beurteilungsschlüssel Heu (Beispiel).

Heu
richtig beurteilen

Betrieb: Moser, Paul
Probenehmer: Spiesl
Datum: 5. Januar
Proben-Nr.: 10

Probeentnahme

Futterart:

Wiese/Weidegras ______ [X]
Kleegras, Luzernegras ______ [ ]

Trocknungsart:

Bodentrocknung ______ [X]
Belüftungstrocknung ______ [ ]
Belüftungstrocknung mit Luftanwärmung ______ [ ]

Ernteverfahren:

Ladewagen ______ [X]
Hochdruckballen ______ [ ]
Großballen ______ [ ]

Hinweise zur Probeentnahme:

1. Ausschwitzen des Futters abwarten!
2. Sammelprobe ziehen, entnehmen ohne Bröckelverluste!
3. Sofort an einen hellen Ort beurteilen!

I. Feststellen der Schnittzeit

Erster Aufwuchs

Schnittzeit

sehr jung, Beginn Ähren/ Rispenschieben ______ I [ ]
Beginn bis Mitte der Blüte ______ II [ ]
Mitte bis Ende der Blüte ______ III [ ]
verblüht, Samen fallen aus ______ IV [ ]

Zweiter bzw. späterer Aufwuchs

Schnittzeit

jung, 4 Wochen nach letzten Schnitt ______ I [ ]
mittel, 4–6 Wochen n. letzten Schnitt ______ II [X]
älter, über 6 Wochen n. letzten Schnitt ______ III [ ]

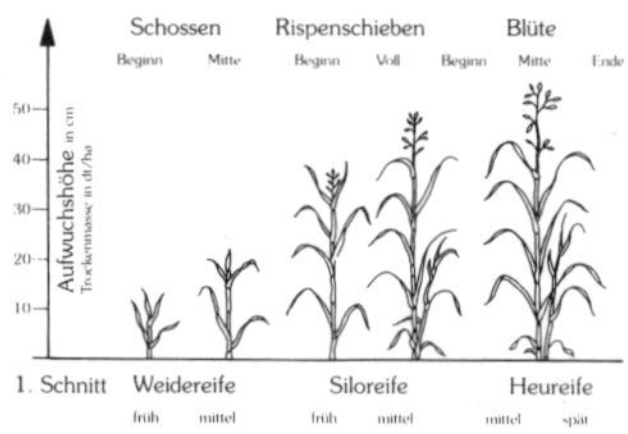

II. Sinnenprüfung

Farbe:
kräftig grün, nicht verfärbt ______ 7 [7]
normal bis etwas verfärbt, oder schwach ausgebleicht ______ 5 [ ]
grau, stark ausgebleicht, matt ______ 2 [ ]
schwärzlich gebräunt, verschimmelt, schmutzig ______ 0 [ ]

Gefüge:
blattreich, ohne harte Stengel Griff: weich und zart ______ 7 [ ]
blattärmer, wenig harte Stengel Griff: etwas hart ______ 5 [5]
blattarm, viele harte Stengel Griff: rauh ______ 2 [ ]
sehr viele verholzte Stengel Griff: sperrig oder klamm (über 20% Wassergehalt) ______ 0 [ ]

Geruch:
würzig, aromatisch, angenehm ______ 3 [3]
fad bis geruchlos, schwacher Fremdgeruch, schwach brandig, staubig ______ 1 [ ]
starker Fremdgeruch, muffig, faulig, schimmelig, stark brandig ______ 0 [ ]

Verunreinigungen:
frei von Fremdbestandteilen, nur Spuren von Abreibseln ______ 3 [3]
wenige Fremdbestandteile, Erde, Stroh, Moos, Staub ______ 2 [ ]
starke Verunreinigung, deutlicher Schimmelstaub, Mistreste, Milben, viele Fremdbestandteile ______ 0 [ ]

Gesamtpunkte: [18]

Ermittlung der Güteklasse

20–16 Punkte sehr gut – gut	= Güteklasse 1	[X]
15–10 Punkte befriedigend	= Güteklasse 2	[ ]
9– 5 Punkte mäßig, schlecht	= Güteklasse 3	[ ]
4– 0 Punkte verdorben	= Güteklasse 4	[ ]

III. Nährstoffgehalt je kg Trockenmasse

Erster Aufwuchs

Schnittzeit	Rohprotein* g	Güteklassen 1 MJ NEL	2	3	1 STE	2	3
I	140	5.7	5.5	5.1	500	470	440
II	120	5.2	5.0	4.7	460	420	380
III	100	4.6	4.4	4.1	370	340	300
IV	90	4.3	4.1	3.7	330	300	270

Zweiter bzw. späterer Aufwuchs

Schnittzeit	Rohprotein* g	Güteklassen 1 MJ NEL	2	3	1 STE	2	3
I	160	5.6	5.2	4.7	490	450	400
II	(140)	(5.2)	4.9	4.4	(440)	400	340
III	120	4.9	4.6	4.0	410	360	310

* Werte beziehen sich auf Güteklasse 2; bei der Güteklasse 1 ist ein Zuschlag von 5%, bei der Güteklasse 3 ist ein Abschlag von 10% vorzunehmen. In Abhängigkeit von Intensität und/oder Kleeanteil sind Zu- bzw. Abschläge bis zu 10% notwendig. Bei besonders guten Konservierungsbedingungen (Warmlufttrocknungen) sind Zuschläge bis 10% berechtigt.

Nährstoffgehalt der Probe in 1 kg Trockenmasse (T):

140 gRP 5,2 MJ NEL 440 StE

Hinweise:

Verunkrautung mit Ampfer, Bärenklau, Kerbel erschwert die Heuwerbung und verringert den Futterwert

Minderwertige Arten schmälern die Freßlust und Futteraufnahme (z. B. Rasenschmiele)

Vorsicht bei giftigen Arten (z. B. Sumpfschachtelhalm)

Verschimmeltes oder stark verunreinigtes Heu nicht verfüttern (Durchfall, Blähen, Verwerfen)!

Feldverluste (nach versch. Autoren)

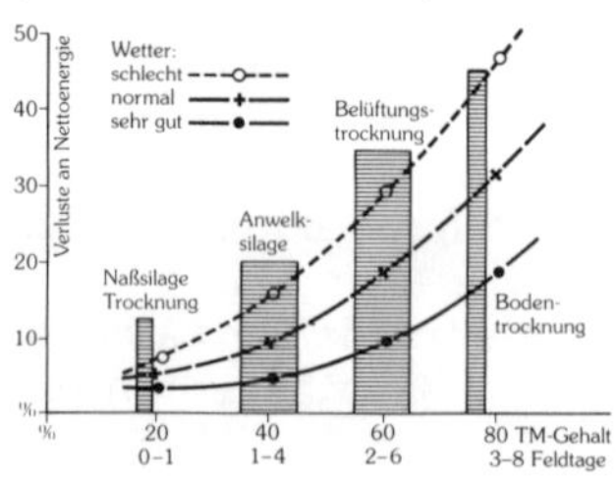

BLT - Grub, Sachgebiete 4.1 u. 4.4, 09.1991

me von aufgeschlossenem Stroh ist um ca. 25 % höher als bei nicht aufgeschlossenem.
Stroh und aufgeschlossenes Stroh können in der **Milchviehfütterung** in begrenzten Mengen zur Ergänzung bei strukturarmen Grundfutter Verwendung finden. Allerdings ist dann bei hochleistenden Kühen meist ein erhöhter Kraftfuttereinsatz nötig. Für die Aufzucht weiblicher Rinder ist der Einsatz von Stroh eine gute Möglichkeit, den Tieren genügend Futter anzubieten, ohne die Gefahr einer Verfettung und damit Schwierigkeiten bei Geburt und Fruchtbarkeit einzugehen.
Für die **Bullenmast** gilt ähnliches wie für die Milchviehfütterung. Stroh kann in begrenzter Menge zur Strukturverbesserung der Ration eingesetzt werden. Um die erforderliche Nährstoffkonzentration zu erhalten, muß sie aber durch entsprechenden Kraftfuttereinsatz ausgeglichen werden.

Energiereiches Saftfutter und Cobs

Futterrüben

Rüben zeichnen sich durch eine hohe Verdaulichkeit aus. Ihr hoher Gehalt an Kohlenhydraten (vor allem Zucker) bewirkt zudem eine vermehrte Futteraufnahme. Bei ausgewachsenen Rindern kann es durch den Rübeneinsatz zu Mehraufnahmen von bis zu 4 kg Trockenmasse kommen.
Da die Rüben einen hohen Wassergehalt und kaum Rohfaser aufweisen, ist ihre Nährstoffkonzentration sehr hoch. Sie ist mit der von Kraftfutter vergleichbar. Man kann Rüben fast wie Kraftfutter einsetzen, muß die Ration aber durch rohfaserreiches, strukturiertes Grundfutter mit entsprechendem Rohproteingehalt ausgleichen. Gut geeignet sind dazu Rationen mit Heu, Stroh und Silagen.

In der **Milchviehfütterung** eignen sich die Futterrüben hervorragend zur Aufwertung der Grundfutterration. Durch den hohen Energiegehalt und die vermehrte Futteraufnahme wird der Milcherzeugungswert der Grundfutterration beträchtlich erhöht. Eine Kraftfuttereinsparung ist dann möglich.
Empfohlen werden Rationen mit etwa 20 bis 30 kg (max. 40 kg) Rüben, die durch entsprechende rohfaser- und rohproteinhaltige Futtermittel ergänzt werden. Um eine gute Futteraufnahme durch die Tiere zu ermöglichen, sind die Rüben vor der Verfütterung zu zerkleinern. Bei Rationen mit Futterrüben muß ein vitaminiertes Mineralfutter eingesetzt werden, da Rüben kein Carotin (siehe Vitamin A) und Vitamin D enthalten.
In der **Rinderaufzucht** sind Futterrüben ebenfalls gut einsetzbar. Es muß aber darauf geachtet werden, daß die Nährstoffkonzentration in der Gesamtration nicht zu hoch wird und es dadurch zur Verfettung der Tiere kommt.
In der **Rindermast** ist der Einsatz von Futterrüben weniger sinnvoll, da für einen optimalen Mastverlauf die Ration eine möglichst gleichbleibende Zusammensetzung haben sollte und die Futterrüben eher ein saisonales Futtermittel darstellen.
Ein wichtiger Faktor für den Einsatz von Futterrüben in der Rinderhaltung ist mit Sicherheit die hohe Arbeitsintensität. Die Lagerung der Rüben ist verhältnismäßig einfach in Kellern oder Mieten möglich, aber der hohe Pflegeaufwand während der Vegetationszeit und die vermehrte Arbeit beim Verfüttern führten vor allem in größeren Beständen zum Verschwinden der Rübe. Futterrüben sollten nicht zu lange gelagert werden, da die Gefahr der Fäulnis bei höheren Temperaturen zunimmt.

Naß-, Preßschnitzel

Bei der Zuckerherstellung bleiben als Rückstand die ausgelaugten Rübenschnit-

zel übrig. Frisch haben sie einen Wassergehalt von fast 90 %. Dieses Futtermittel wird als **Naßschnitzel** bezeichnet. Naßschnitzel sind leicht verderblich und müssen rasch verfüttert oder siliert werden.
Durch Preßen der Naßschnitzel wird der Trockensubstanzgehalt auf etwa 20 % erhöht. Auch diese **Preßschnitzel** sind noch leicht verderblich und müssen rasch verfüttert oder siliert werden. Preßschnitzel eignen sich sehr gut zum Silieren. Sie müssen jedoch schnell, noch heiß einsiliert und sorgfältig abgedeckt werden. Die Temperatur im Silo nimmt dann je Tag um ca. 1°C ab. Mit der Verfütterung kann nach 4–5 Wochen begonnen werden.

Biertreber, Bierhefe, Malzkeime

Biertreber

Bei der Bierherstellung werden am Ende des Maischeprozesses die festen und flüssigen Stoffe getrennt. Die festen Bestandteile enthalten Spelzen, Schalen, Stärkereste, mineralische Verbindungen und sehr viel Eiweiß. Diese Rückstände werden als Biertreber gehandelt.
Biertreber sind ein sehr rohproteinreiches Futtermittel mit mittelhohem Energiegehalt. Der Rohfasergehalt liegt bei ca. 20 % in der T.
Biertreber können sowohl frisch als auch siliert eingesetzt werden. Frische Biertreber sind je nach Jahreszeit 2 – 3 Tage ohne Qualitätsverlust lagerbar. Bei der Silierung ist auf eine exakte Durchführung zu achten. Um keine Geschmacks- und Qualitätseinbußen zu erleiden, sind Silogröße und die Anschnittfläche der täglichen Entnahmemenge anzupassen.
Bei der Silierung hat sich die Beimischung von 3–5 % Melasseschnitzel bewährt. Dadurch kann der Trockensubstanzgehalt erhöht und der Wasseraustritt reduziert werden.

Biertreber werden von den Tieren gerne gefressen und sind wegen ihres hohen Rohproteingehaltes vor allem in rohproteinarmen Rationen, z. B. in Kombination mit Maissilage, sehr gut einsetzbar. Von Vorteil ist außerdem die reduzierte Proteinabbaubarkeit der Treber.
In der **Milchviehfütterung** können Mengen von 5–8 kg Treber, frisch oder siliert, verfüttert werden. Höhere Gaben bewirken einen Abfall des Milchfettgehaltes.
Aufgrund des hohen Rohproteingehaltes und des reduzierten Energiegehaltes sollen auch in der **Bullenmast** keine größeren Mengen als 1 – 1,5 kg/100 kg LG eingesetzt werden.
Ob Biertreber eingesetzt werden, ist für den einzelnen Betrieb vor allem eine wirtschaftliche Entscheidung. Bei mittleren Preisen und guter Belieferungsmöglichkeit sind Biertreber durchaus ein konkurrenzfähiges Futtermittel und zur Ergänzung rohproteinarmer Rationen wertvoll.

Bierhefe

Bei der Bierherstellung fallen neben den Biertrebern auch Bierhefe und Malzkeime an. **Bierhefe** bleibt nach der Gärung als Bodensatz übrig.
Sie kommt sowohl frisch als auch getrocknet in den Handel. Da die Trocknungskosten relativ hoch sind, empfiehlt sich der Einsatz von flüssiger Bierhefe für Betriebe, die in der Nähe einer Brauerei sind. Die Haltbarkeit von frischer Bierhefe mit einem T-Gehalt von ca. 15 % ist relativ gering und beträgt je nach Lagervoraussetzungen 3 – 5 Tage.
In der **Milchviehfütterung** kann flüssige Bierhefe als Eiweißträger zu energiereichen Rationen, z.B. mit Maissilage oder Rüben, eingesetzt werden. Kühe erhalten bis zu 10 l täglich, bei Hochleistungstieren sind auch bis zu 15 l einsetzbar. Wichtig ist, stets auf die Eiweißversorgung zu achten, da es beim Einsatz von Bierhefe leicht zu einer Überversorgung kommen kann, die auf Dauer Gesundheit und Fruchtbarkeit der Tiere beeinträchtigt.

In der **Rindermast** können bis zu 2 l/100 kg Lebendgewicht und Tag verfüttert werden. Auf einen entsprechenden Energieausgleich der Ration durch Getreideschrot oder anderer Energieträger ist dabei zu achten.
Beobachtungen, daß die Verfütterung übergroßer Hefemengen den Geschlechtstrieb der Tiere anregt und zu vermehrter Unruhe in Laufställen führt, kann durch reduzierte Fütterung entgegengewirkt werden.
Die Trockenhefe scheidet für die Rinderfütterung aus Kostengründen aus. Ihr Einsatz beschränkt sich auf Betriebe, die Probleme mit der Fruchtbarkeit haben. Es wird berichtet, daß der Einsatz von täglich 100 g Trockenhefe ab der 6. Woche vor bis zur 2. Woche nach dem Abkalben günstige Wirkung bei Fruchtbarkeitsstörungen zeigt.
Genauere Untersuchungen über die Wirkung der Bierhefe müssen noch vorgenommen werden.

Malzkeime
Malzkeime fallen beim Mälzen des Getreides an. Sie werden von den Tieren gerne gefressen und wirken als Zusatz in Futtermischungen appetitanregend. Der Normtyp bei der Handelsware verlangt als Richtwerte mindestens 23 % Rohprotein und höchstens 15 % Rohfaser.

Kartoffeln

In der Rinderfütterung können rohe Kartoffeln in begrenzten Mengen eingesetzt werden. Der Futterwert beruht im wesentlichen auf dem hohen Stärkegehalt. Rohe Kartoffeln können etwa bis 10 kg/Tier und Tag verfüttert werden.
Wenn die Lagerung der rohen Kartoffeln etwas unsicher ist (Keimung-Solanin!), empfiehlt sich die Trocknung zu Kartoffelflocken, -schnitzel oder ähnlichem oder das Dämpfen und Silieren bzw. der Einsatz derartiger Produkte.

Zuckerrüben

Zuckerrüben sind in der Regel nicht für die Fütterung bestimmt und kommen höchstens bei Absatzschwierigkeiten in den Trog. Zuckerrüben sind gegenüber den Futterrüben noch nährstoffreicher und haben vor allem einen höheren Zuckergehalt bei geringerem Masseertrag.
Auf eine rationierte Verfütterung ist besonders bei Rindern zu achten, da der hohe Zuckergehalt die Pansengärung und damit Gesundheit und Fruchtbarkeit der Tiere negativ beeinflussen kann. Der Rationsanteil der Zuckerrüben sollte 15 kg für eine Milchkuh nicht übersteigen, ansonsten gelten die gleichen Empfehlungen wie für die Futterrübe.

Lieschkolbensilage (LKS)

Lieschkolbensilage wird aus den Maiskolben gewonnen. Die Kolben werden mit den Lieschblättern gepflückt, gehäckselt und einsiliert. Die Restpflanze verbleibt auf dem Acker. Geerntet wird bei einem Trockensubstanzgehalt der Gesamtpflanze von etwa 45 %. In diesem Reifestadium ist zwar der größte Anteil der Nährstoffe in den Kolben eingelagert, es verbleibt aber ein nicht unwesentlicher Teil mit der Restpflanze auf dem Acker.
Entscheidend für die Wirtschaftlichkeit der LKS ist daher eine genaue betriebsspezifische Berechnung der Grundfutterversorgung und Grundfuttererzeugungskosten.
Lieschkolbensilage ist ein sehr energiereiches, rohfaserarmes Futtermittel mit geringem Rohproteinanteil. In der Ration ist sie wie Kraftfutter einzusetzen und jedem Tier gezielt zu verfüttern. Da die Stärke des Maiskornes im Gegensatz zur Getreidestärke verstärkt im Dünndarm abgebaut wird, kann durch den Einsatz von LKS anstatt Getreide das Absinken des pH-Wertes im Pansen reduziert werden.

Milch und Milchprodukte

Milch ist ein hochwertiges Futtermittel, ebenso die Produkte, die bei der Verarbeitung der Milch anfallen. Ihr Einsatz in der Fütterung ist eine Kostenfrage.

Vollmilch ist die frische, unbearbeitete Kuhmilch. Ihre Gehalte an Fett und Eiweiß sind je nach Fütterung, Rasse, Tier und Laktationsstadium sehr unterschiedlich. Ihr Einsatz beschränkt sich hauptsächlich auf die Kälberaufzucht und -mast, vor allem bei sog. *Übermilch* (Kontingentierung).

Eine Sonderform der Vollmilch ist die **Kolostral-** oder **Biestmilch**, die zu Beginn der Laktation gebildet wird. Sie enthält etwa doppelt soviel Trockensubstanz wie die Vollmilch (25–30 %), vor allem mehr Rohprotein, Mineralstoffe, Spurenelemente und Vitamine.

Kolostralmilch ist das optimale Futtermittel für die neugeborenen Kälber und versorgt diese mit allen wichtigen Schutz- und Wirkstoffen für die ersten Lebenstage. Etwa nach 5 Tagen hat sich die Zusammensetzung der normalen Milch angepaßt und sie darf (wieder) an die Molkerei geliefert werden.

Beim Zentrifugieren wird der Milch das meiste Fett entzogen. Zurück bleibt die **Magermilch**. Sie enthält deutlich weniger Fett als die Vollmilch und damit auch weniger Energie. Der Rohproteingehalt und der Gehalt an Mineralstoffen und Spurenelementen ist höher.

Kann Magermilch nicht gleich frisch verwertet werden, wird sie zu **Magermilchpulver** getrocknet. Frisch oder getrocknet ist die Magermilch ein wertvolles, rohproteinreiches Futtermittel für die Kälberfütterung.

Buttermilch verbleibt bei der Herstellung von Butter aus Rahm. Sie enthält kaum noch Fett, aber ihr Rohproteingehalt ist ähnlich dem der Magermilch. Damit hat sie auch den gleichen Einsatzbereich wie Magermilch. Sie kommt wie diese frisch oder getrocknet in den Handel.

Ein weiteres Futtermittel, das bei der Milchverarbeitung anfällt, ist die **Molke**. Sie entsteht, wenn der Milch zur Herstellung von Käse Kasein und Fett entzogen wird. Wird das Kasein dabei durch das Labferment zur Gerinnung gebracht, entsteht **Süßmolke**; wird Säure verwendet, entsteht **Sauermolke**. Beide enthalten noch den Milchzucker, die Mineralstoffe sowie Albumin und Globulin. Im Mineralstoffgehalt unterscheiden sie sich beim Calcium erheblich, da bei der Säuregerinnung dieses in der Milch verbleibt.

Die genauen Futterwerte der Molken schwanken erheblich, da ihr Trockensubstanzgehalt je nach Art der Käseherstellung zwischen 4,5 und 6,5 % liegen kann. Süßmolken müssen sofort verfüttert oder ausreichend durchgesäuert werden, da die Tiere sonst Durchfall bekommen.

Bei allen frischen Verarbeitungsprodukten der Milch kommt nur eine Verwertung in molkereinahen Betrieben in Frage. Durch die hohen Trocknungskosten sind die »Pulverformen«. gegenüber anderen hochwertigen Futtermitteln nicht konkurrenzfähig und ihr Einsatzbereich beschränkt sich auf die Kälberfütterung.

Schlempen

Schlempen sind »Abfallprodukte« der Brennereien. Man unterscheidet dabei hauptsächlich zwischen Getreideschlempen aus Gerste, Weizen oder Mais und Kartoffelschlempe.

Getreideschlempen haben etwa doppelt so hohe Nährstoffgehalte wie Kartoffelschlempe und können von den Tieren auch in höheren Mengen aufgenommen werden. Schlempen sind sehr wasserreich (über 90 %) und rohfaserarm, haben aber einen hohen Rohproteingehalt in der Trockensubstanz. Sie gehören zu den rohproteinreichen Futtermitteln.

Wegen ihrer leichten Verderblichkeit sollen Schlempen stets frisch, noch warm ver-

füttert werden. Angesäuerte Schlempen oder zu hohe Gaben können zu Gesundheitsstörungen und Hauterkrankungen der Tiere führen.
Sowohl in der **Milchviehfütterung** als auch in der **Rindermast** sollten Mengen von 50 kg Schlempe/Tier und Tag (bei Kartoffelschlempe bis zu 40 kg) nicht überschritten werden. In der Ration müssen sie durch rohfaser- und energiereiche Futtermittel wie gute Silagen, Heu oder Stroh und entsprechenden Kraftfutterausgleich ergänzt werden.
Bei der Verfütterung ist außerdem auf die Mineralstoffergänzung zu achten. Man kann dazu spezielle Mineralfutter für Schlemperationen einsetzen, oder ein Ca-reiches, vitaminiertes Mineralfutter und Viehsalz verwenden.

Grünmehl, Cobs

Die Heißlufttrocknung von Grünfutter ist eine weitere Möglichkeit der Futterkonservierung. Sie bringt einige Vorteile.
Die Ernte ist zu einem früheren Zeitpunkt möglich, da die Konservierung weitgehend witterungsunabhängig ist; es kann also junges, eiweißreiches Grünfutter geschnitten werden. Ein weiterer Vorteil sind die geringeren Nährstoffverluste gegenüber Heuwerbung oder Silierung. Durch die witterungsunabhängige Trocknung ist noch eine Nutzung des Herbstaufwuchses möglich.
Lagerung und Fütterungstechnik sind billig und einfach. Demgegenüber stehen die hohen Trocknungskosten. Der Einsatz heißluftgetrockneten Grünfutters ist dann sinnvoll, wenn diese Zusatzkosten nicht zu hoch sind.
Je nach Herstellung kann man unterscheiden zwischen Grünmehl, Pellets und Cobs.
In der **Rinderfütterung** werden vor allem **Cobs** eingesetzt. Die maximale Einsatzmenge darf nicht über 4–5 kg liegen, da es sonst zu Pansenstörungen kommt.
Der Nährstoffgehalt des Futtermittels ist abhängig von dem des Grünfutters. Es wird in der Regel sehr rohprotein- und energiereich, aber rohfaserarm sein. Da die Cobs sehr nährstoffreich sind, ist eine Steigerung der Trockensubstanzaufnahme der Tiere zu beobachten.
Cobs steigern somit die Grundfutterleistung und führen zu einer Kraftfuttereinsparung. In der Ration sollen sie leistungsbezogen wie Kraftfutter eingesetzt und mit Heu oder Grassilage kombiniert verfüttert werden.
In der Hochleistungsphase kann die notwendige Kraftfuttermenge durch den Einsatz von hochwertigen Cobs reduziert werden. Dies kann zu einer Stabilisierung des pH-Wertes im Pansen beitragen.

Nebenprodukte der Stärkeherstellung

Bei der Stärkeherstellung aus Getreide wird die Stärke aus dem Getreide ausgewaschen. Zurück bleibt das Kleberfutter mit einem relativ hohen Rohfasergehalt. Werden dem Kleberfutter Schalenteile und Gerüstsubstanzen entzogen, erhält man ein hochverdauliches, eiweißreiches Futtermittel: den Kleber.
Bei Mais unterscheidet man 2 Typen von Kleberfutter. Je nach Gehalt an Schalenteilen und Mehlkörperresten ist der Rohproteingehalt verschieden. **Maiskleberfutter** enthält mindestens 20 % Rohprotein; Maiskleberfutter, eiweißreich, mindestens 35 %.
Wird Kartoffelstärke hergestellt, bleibt die sog. Pülpe zurück. **Kartoffelpülpe** wird dann meist abgepreßt und siliert.
Bei der Verfütterung muß auf eine ausreichende Ergänzung des Eiweiß-, Mineralstoff- und Vitamingehaltes sowie auf einen genügenden Rohfaseranteil der Ration geachtet werden.

Kraftfutter

Getreide und Mühlennachprodukte

Getreide

Getreide wird sowohl für die menschliche als auch für die tierische Ernährung angebaut. Die Sortenzüchtung bietet je nach Verwertungsrichtung geeignete Getreidesorten an. Die angebaute Fläche und die Verwertung des Getreides hängt vom zu erlösenden Preis und der einzelbetrieblichen Struktur ab.

In der **Rinderfütterung** läßt sich Getreide sehr gut als *Kraftfutter* verwerten. Durch seinen hohen Energiegehalt bei relativ niedrigem Rohproteinanteil eignet es sich gut zum Ausgleichen von Grundfutterrationen mit Eiweißüberhang. Es kann aber auch für hofeigene Mischungen mit rohproteinreichen Komponenten wie z. B. Sojaextraktionsschrot oder Ackerbohnen verwendet werden.

Im Futtergetreidebau wird der Rohproteingehalt durch gezielte N-Düngung, speziell als Spätdüngung, noch erhöht. Versuche haben gezeigt, daß die N-Spätdüngung sowohl den Kornertrag als auch den Rohproteingehalt verbessert. Allerdings steigt die Eiweißqualität nicht im gleichen Maße (Tabelle 10).

Zu den Getreidearten, die verfüttert werden, gehören Gerste, Weizen und Körnermais, aber auch Hafer, Roggen, Triticale und Milo. Die heimischen Arten werden häufig in hofeigenen Mischungen eingesetzt.

Weizen soll wegen seines niedrigen Rohfasergehaltes (ca. 2,5 %) stets mit Gerste oder Hafer gemischt werden.

Hafer ist durch seinen hohen Spelzengehalt energieärmer, aber rohfaserreicher als die anderen Getreidearten. In der Kornschale des Hafers sind Schleimstoffe enthalten, die auf Magen- und Darmschleimhäute eine positive Wirkung haben. Vor allem in Futter für die Kälberaufzucht sollte deshalb immer Hafer enthalten sein.

Triticale, eine Kreuzung aus Weizen und Roggen, kann in der Fütterung wie Weizen eingesetzt werden. Triticale zeichnet sich dadurch aus, daß es auf Standorten angebaut werden kann, die für Weizen weniger geeignet sind. Dort bringt diese Kreuzung aber höhere und qualitativ bessere Erträge als Roggen.

Körnermais ist ein sehr energiereiches und rohfaserarmes Futtergetreide mit einem Rohfettgehalt von etwa 4 %. Er hat positive pansenphysiologische Eigenschaften und kann gut zusammen mit einer Soja/Getreidemischung in der Bullenmast, aber auch in der Milchviehfütterung, als Kraftfutter eingesetzt werden. Vorteilhaft ist der Körnermais wegen des verlangsamten Stärkeabbaus, was zu einer Stabiliserung der Pansenverhältnisse beiträgt.

Milo ist eine amerikanische Hirseart, die in ihrer Nährstoffzusammensetzung etwa der von Körnermais entspricht. Bei uns hat Milo nur eine geringe Bedeutung.

Tabelle 10: Einfluß der Stickstoffspätdüngung auf den Rohproteingehalt bei Weizen und Gerste

Düngungsmaßnahme		Rohproteingehalt g	relativ
Winterweizen	ohne Spätdüngung	120	100
	mit Spätdüngung	134,8	112,3
Wintergerste	ohne Spätdüngung	100	100
	mit Spätdüngung	128,0	128,0

Mühlennachprodukte
Neben den Getreiden selbst werden auch die Mühlennachprodukte, die bei den Mahlprozessen anfallen, als Futtermittel eingesetzt. Bei der Mehlherstellung fallen, je nach Ausmahlungsgrad, verschiedene »Abfallprodukte« an.
Der Reihenfolge nach sind dies *Nachmehl, Futtermehl, Grießkleie* (früher *Bollmehl*), *Kleie* und *Schälkleie*. Je stärker der Ausmahlungsgrad, desto weniger Mehlanteil verbleibt im Nachprodukt, der Rohfaseranteil steigt und die übrigen Nährstoffe nehmen ab. Der Futterwert der Mühlennachprodukte nimmt mit steigendem Ausmahlungsgrad des Getreides ab.
Von allen Nachprodukten hat im wesentlichen nur **Kleie** eine Bedeutung in der Rinderfütterung. Aufgrund ihres hohen Rohfaser- und Mineralstoffanteils wird es ins hofeigene Kraftfutter eingemischt. Die Freßlust und die Pansentätigkeit kann durch Kleie angeregt werden. Wie die Getreidearten selbst werden auch die Nachprodukte zur Herstellung von Industriekraftfutter eingesetzt.

Trockenschnitzel, Melasseschnitzel

Werden die Rübenschnitzel in der Zuckerfabrik getrocknet, entstehen die **Trockenschnitzel**. Ihnen können noch unterschiedliche Anteile Melasse beigemischt sein. Der Gesamtzuckergehalt dieser **Melasseschnitzel** muß jeweils angegeben werden. Je dunkler die Farbe dieser Schnitzel ist, desto mehr Melasse ist in der Regel beigemischt.
Alle Futtermittel aus der Zuckerherstellung sind sehr energiereich und rohproteinarm. Ihr Rohfasergehalt ist niedrig. Sie sind in der Rinderfütterung bestens zum Ausgleich rohproteinreicher Grundfutterrationen geeignet. In der Rindermast können sie einen Teil des Silomaises ersetzen und somit z.B. die Futtergrundlage in futterknappen Jahren erweitern.

Sojaextraktionsschrot

Aus Sojabohnen wird mittels eines Extraktionsverfahrens Öl gewonnen. Der ausgelaugte feuchte Sojaschrot wird dann dampferhitzt (getoastet) und so haltbar gemacht. Sojaextraktionsschrot ist eiweiß- und energiereich. Zudem wird dieses Futtermittel wegen des angenehmen Röstgeruches gerne gefressen.
Je nach Rohfasergehalt bzw. Behandlung sind unterschiedliche Produkte im Handel:

- Sojaextraktionsschrot aus ungeschälter Saat,
- Sojaextraktionsschrot aus geschälter Saat,
- Sojaextraktionsschrot mit Formaldehyd behandelt.

Sojaextraktionsschrot aus ungeschälter Saat muß mindestens 43 % Rohprotein enthalten. Der Rohfasergehalt darf höchstens 8 %, der Wassergehalt maximal 13 % betragen. Diese Ware mit vorgegebenem Qualitätsstandard heißt »Normtyp«.
Sojaextraktionsschrot aus geschälter Saat ist ein besonders hochwertiges Nachprodukt. Hierbei sind mindestens 48 % Rohprotein und höchstens 3 % Rohfaser in der Trockensubstanz enthalten.
Wird das *Sojaextraktionsschrot nach dem Dampferhitzen* zusätzlich noch mit Formaldehyd behandelt, wird das Eiweiß so geschützt, daß nur etwa 30 % im Pansen abgebaut wird und der Rest im Dünndarm verwertet werden kann. Von hier aus gelangt es dann direkt in den Stoffwechsel.
In der **Milchviehfütterung** wird Sojaextraktionsschrot im Kraftfutter als Ausgleich bei rohproteinarmen Grundfutterrationen und in der Leistungsfütterung vor allem in hofeigenen Mischungen verwendet.
In der **Rindermast** bringt Sojaextraktionsschrot den Rohproteinausgleich zu energiereichen Mastrationen, vor allem

mit Mais und Getreide, und erhöht zudem die Energieversorgung.

Rapsextraktionsschrot

Hierbei handelt es sich, wie beim Sojaextraktionsschrot, um die Rückstände aus der Ölgewinnung.

Rapsextraktionsschrot ist ebenfalls ein rohproteinreiches Kraftfuttermittel mit etwa 35 % Rohproteinanteil. In der Rinderfütterung wird es vor allem in hofeigenen Mischungen oder in Ergänzungsfuttermitteln für Milchvieh bzw. Mastrinder verwendet.

Ältere Rapssorten weisen noch hohe Gehalte an Glucosinolaten auf. Diese können sich beim Feuchtwerden des Futters (z.B. durch Stalluft bei längerer Lagerung im Stall) in stechend riechende und bitter schmeckende Stoffe aufspalten. Senföl in größeren Mengen wirkt giftig und beeinträchtigt Futteraufnahme und Gesundheit der Tiere. Die heutigen Neuzüchtungen von sog. 00-Rapssorten (glucosinolatarm und erucasäurefrei) bereiten bezüglich des Senfölgehaltes keine Probleme mehr.

Im **Milchleistungsfutter** sollen aber aus geschmacklichen Gründen höchstens 20 – 25 % und im Ergänzungsfutter für **Mastrinder** maximal 25 % Rapsextraktionsschrot enthalten sein.

Rapssamen

Durch stark gesunkene Marktpreise für 00-Rapssorten kann die Verwertung im eigenen Betrieb sinnvoll sein. Der Proteingehalt von 00-Raps liegt etwa halb so hoch als der von Sojaschrot. Wegen seines hohen Fettgehaltes von ca. 44 % in der T ist Rapssamen sehr energiereich.

Wird die Lagerfeuchtigkeit von maximal 9 % beachtet und eine entsprechende Reinigung des Erntegutes durchgeführt, kann Rapssamen auch über einen längeren Zeitraum gelagert werden. Um Rapssamen mit der eigenen Mahl- und Mischanlage verarbeiten zu können, muß die Siebgröße ca. 2,5 mm betragen. Durch vorheriges Vermischen mit Getreide kann das Verschmieren des Siebes und der übrigen Schrotanlage minimiert und die Akzeptanz durch die Tiere verbessert werden.

Durch den Einsatz von max. 1 kg Rapssamen/Kuh und Tag in der **Milchviehfütterung**, eingemischt in das Leistungskraftfutter, können 1,2 kg Getreide und 200 g Sojaextraktionsschrot ersetzt werden. Die Einsatzmenge von 00-Raps wird durch den Fettgehalt der Gesamtration begrenzt, der beim ausgewachsenen Rind ca. 800 g am Tag nicht überschreiten soll.

Außerdem führen Geschmacksstoffe im Rapssamen zu einer verzögerten Futteraufnahme; deshalb sollten die Tiere langsam an dieses Futtermittel gewöhnt werden. Überhöhte Mengen führen zu niedrigerem Michfettgehalt. Allerdings besteht kein Einfluß auf Milchmenge und Milcheiweißgehalt.

In der **Bullenmast** sollte bei einer silomaisbetonten Ration die maximale Einsatzmenge etwa bei 500 g/Tier und Tag liegen. Bei größeren Mengen ist die Gefahr von Verdauungsstörungen bei der an sich schon strukturarmen Gesamtration gegeben.

Ackerbohnen und Futtererbsen

Der Anbau von Ackerbohnen und Erbsen für Futterzwecke konkurriert mit dem Getreideanbau und den Kosten für importierte Eiweißfuttermittel. Ohne öffentliche Förderung ist der Anbau zur Zeit nicht ökonomisch.

In der **Milchviehfütterung** können bis zu 3 kg Ackerbohnen im Kraftfutter nach einer Angewöhnungsfrist eingesetzt werden. Zur besseren Aufnahme sollten sie gut vermischt mit dem übrigen Kraftfutter angeboten werden. In Versuchen wurde ein leichter Anstieg des Fettgehaltes bei etwas geringerer Milchmenge festgestellt.

Ackerbohnen und Erbsen sind sehr rohproteinreiche und energiereiche Futtermittel mit geringem Rohfaseranteil. Sie sind gut zur Herstellung von Mischfuttermitteln geeignet.

Leinsaatprodukte

In der Fütterung können **Leinsamen, Leinexpeller** oder **Leinextraktionsschrot** eingesetzt werden. Leinsamen und die Nachprodukte sind sehr wertvolle, rohproteinreiche Futtermittel, die von den Tieren gerne gefressen werden. Von den Kosten her können sie aber mit den anderen rohproteinreichen Kraftfuttermitteln nicht konkurrieren.

Der große Vorteil der Leinsaatprodukte liegt in der positiven Beeinflussung der *Tiergesundheit*. In den Leinsaatprodukten sind etwa 5 % Schleimstoffe enthalten, die sich günstig auf die Magen- und Darmschleimhäute auswirken. Außerdem enthalten sie einen hohen Anteil ungesättigter Fettsäuren, die bei der Entwicklung der Jungtiere wertvoll sind. Das Leinöl wirkt auf den Stoffwechsel der Talgdrüsen und die Tiere zeigen ein glänzendes, gesundes Fell.

Mischfuttermittel für Rinder

Einen großen Anteil in der Rinderfütterung nehmen die industriell hergestellten Mischfuttermittel ein. Aus einer leistungsgerechten Fütterung sind sie heute nicht mehr wegzudenken.

Der Vorteil der Mischfuttermittel liegt in ihrer gleichbleibenden Qualität und dem großen Angebot, aus dem sich der Tierhalter das geeignete für seinen Bedarf auswählen kann.

Bei den Mischfuttermitteln unterscheidet man:

- Alleinfutter
- Ergänzungsfutter
- Mineralfutter

Alleinfuttermittel

Sie enthalten außer Wasser alle Nähr-, Wirk- und Mineralstoffe, die die Tiere täglich benötigen. Eine Zusatzfütterung ist nicht nötig.

In der Rinderfütterung gibt es Alleinfutter eigentlich nur als Milchaustauschfutter für Kälber (Mastkälber).

Ergänzungsfuttermittel

Sie sollen die Grundfutterration (sinnvoll) ergänzen, um eine einseitige Über- oder Unterversorgung mit einzelnen Nährstoffen zu vermeiden.

Ergänzungsfuttermittel spielen in der Leistungsfütterung der Rinder eine große Rolle. Um die Mischfuttermittel richtig bewerten und einsetzen zu können, wurden Richtlinien über Herstellung, Zusammensetzung, Kennzeichnung und Kontrolle erlassen, die im Futtermittelgesetz festgeschrieben sind. Unter anderem werden dabei für Mischfuttermittel, die in der Rinderfütterung einsetzbar sind, folgende Anforderungen gestellt: Es müssen Angaben gemacht werden über den Gehalt an Rohprotein, Rohfett, Rohfaser usw. Auch die notwendige Angabe über enthaltene Komponenten ist darin geregelt. Ferner muß angegeben werden, ob es sich um ein Allein- oder Ergänzungsfuttermittel handelt und für welche Tierart es wie einzusetzen ist, sowie Datum der Herstellung und Angaben über den Hersteller.

Da der richtige Einsatz der Mischfuttermittel und die Qualität in einer wirtschaftlichen Fütterung eine große Bedeutung haben, wurden von der DLG eigene Qualitätsanforderungen erarbeitet, die die gesetzlichen Vorschriften für Mischfutter in der Regel übertreffen. Ein wichtiges Kriterium ist dabei die Wertung des Energiegehaltes, da dieser auch bei Mischfuttermitteln gleicher Zusammensetzung unterschiedlich sein kann.

Sowohl für die **Kälberaufzucht** als auch für **Mastrinder** und **Milchvieh** gibt es zu den unterschiedlichen Fütterungsmethoden und Rationen das passende Ergänzungsfuttermittel.

Ergänzungsfuttermittel für **Milchvieh** werden eingeteilt in 4 Typen von *Milchleistungsfuttern*, die nach ihrem Rohproteingehalt unterschieden werden:

Typ I 12–16 %: als alleiniges Ausgleichsfutter

Typ II über 16–22 %: Leistungskraftfutter zu Grundfutter einsetzbar

Typ III über 21–28 %: soll im Verhältnis 1:1 mit energiereichen Einzelfuttermitteln wie Getreide oder Trockenschnitzel gemischt werden

Typ IV mind. 28 %: soll im Verhältnis 1:2 mit energiereichen Einzelfuttermitteln gemischt werden

Für die **Rindermast** gibt es 2 Mastfuttertypen, ebenfalls unterschieden nach dem Rohproteingehalt:

Typ I mind. 15 %

Typ II mind. 30 % : speziell für proteinarme Rationen

Mineralfuttermittel

Sie stellen einen sehr wichtigen Teil der Ration dar. Um die gewünschten Leistungen zu erzielen, müssen nicht nur die Nährstoffe in genügender Menge zur Verfügung stehen, sondern auch die Mineralstoffe in ausreichendem Maße und passendem Verhältnis. Da der Mineralstoffgehalt der meisten Grundfuttermittel für eine bedarfsgerechte Versorgung der Tiere nicht ausreicht, wurden zu den typischen Grundfutterrationen passende Mineralfuttertypen entwickelt.

In der **Rinderfütterung** sind dabei die Elemente Calcium und Phosphor und ihr Verhältnis zueinander der wichtigste Maßstab. Das optimale *Ca:P-Verhältnis* der Gesamtration sollte 1,5–2,5 :1 betragen. Neben Calcium und Phosphor enthalten die Mineralfutter für Rinder noch *Natrium* und *Magnesium* sowie die Spurenelemente *Kupfer, Kobalt, Zink* und *Vitamine*.

Daneben bietet die Industrie spezielle Mineralstoffmischungen für den Einsatz zu bestimmten Rationstypen (z. B. nur Grünfutter, nur Rübenblatt) an. Eine ausreichende Versorgung der Tiere mit allen Mineralstoffen und Spurenelementen ist für Gesundheit und Leistung der Tiere von großer Bedeutung. Einseitiger Mangel oder Überschuß führt zu Leistungseinbußen und gesundheitlichen Problemen.

Abb. 16: Mischfutter, das das DLG-Gütezeichen besitzt, unterliegt besonderen Qualitätsanforderungen und wird laufend überwacht.

Fütterung der Milchkühe

Steigende Leistungen machen eine bedarfsgerechte Versorgung der Tiere in allen Laktationsstadien notwendig, um die Leistungsfähigkeit, die Gesundheit und Fruchtbarkeit zu erhalten.
Durch entsprechende Futterartenauswahl, Rationszusammenstellung und Fütterungstechnik muß versucht werden, die Anforderungen des Tieres möglichst zu erfüllen. In den folgenden Abschnitten werden Einzelheiten der Milchviehfütterung beschrieben.

Bedarfsangaben

Durch eine bedarfsgerechte Fütterung können die individuellen Leistungsanlagen der Milchkühe wirtschaftlich genutzt werden. Voraussetzung hierfür ist die Kenntnis über die Funktion des Pansens und über die erforderliche Menge an Nähr-, Mineral- und Wirkstoffen für Erhaltung und Leistung.
Zusätzlich ist es notwendig, die Inhaltsstoffe der zur Verfügung stehenden Futtermittel zu kennen.
Erst mit diesem Wissen ist es möglich, eine bedarfsgerechte Versorgung der Milchkühe zu berechnen und über die Futtervorlage zu praktizieren.

Tabelle 11: Richtwerte für den Erhaltungsbedarf der Milchkühe

Lebend gewicht kg	Roh protein g	NEL MJ	Mg g	Na g
550	425	33,3	11	8
600	450	35,5	12	8
650	475	37,7	13	9
700	500	39,9	14	9
$\frac{\text{MJ NEL}}{\text{g RP}} \times 100 = 1:7{,}9$ »weit«				

Tabelle 12: Mittlere Kosten des Erhaltungsfutters bei unterschiedlichen Milchleistungen (Gesamtkosten des Grundfutters z. B. 0,56 DM/10 MJ NEL)

Jahresmilch-leistung kg/Kuh	1 kg Milch wird durch das Erhaltungsfutter belastet mit ... Dpf
4000	19,2
5000	15,4
6000	12,8
7000	11,0

Erhaltungsbedarf
Die Mengen an Nähr-, Mineral- und Wirkstoffen, die zur Aufrechterhaltung der Lebensfunktionen einer ausgewachsenen, nicht trächtigen, nicht laktierenden Milchkuh notwendig sind, werden als **Erhaltungsbedarf** definiert (Tabelle 11).
Das Körpergewicht des Tieres ist der wichtigste Faktor bei der Ermittlung dieses Bedarfes. Wegen der größeren Aktivität kann sich bei Kühen im Laufstall oder bei Weidegang der Energiebedarf für die Erhaltung um bis zu 10 % erhöhen.
Für die Erhaltung benötigt eine 650 kg schwere Milchkuh im Jahr ca. 13760 MJ NEL. Aus dieser Energiemenge wäre die Produktion von 4340 kg Milch möglich.
Beim Erhaltungsbedarf ist das Verhältnis zwischen dem *Energie-* und dem *Rohproteinbedarf* relativ weit. Für die Aufrechterhaltung der Lebensfunktionen wird hauptsächlich Energie und weniger Protein gebraucht. Beim Leistungsbedarf ist der Proteinbedarf dagegen deutlich höher. Zur Milchproduktion ist dieser Nährstoff verstärkt notwendig.
Mit der Verbesserung der Milchleistung reduziert sich der Anteil des Erhaltungsbedarfs/kg erzeugter Milch. Dadurch wird die Milch kostengünstiger produziert. Allerdings bedarf es einer entsprechenden Fütterung, um das Leistungsvermögen der Kühe voll auszuschöpfen.
Zusätzlich ist es notwendig, durch *schärfe-*

Tabelle 13: Richtwerte für den Leistungsbedarf von 1 kg Milch bei unterschiedlichen Gehalten an Inhaltsstoffen

Inhaltsstoffe Fett %	Eiweiß %	Rohprotein %	NEL MJ	Ca [1]) g	P [1]) g	Mg g	Na g
3,50 4,00 4,50	3,30 3,60 3,80	82 85 88	2,97 3,17 3,37	2,5	1,43	0,6	0,6
$\frac{\text{MJ NEL}}{\text{RP}} \times 100 = 1:3{,}73$ »eng«							

[1]) Der Ca- und P-Bedarf muß mit der erhöhten Futteraufnahme beurteilt werden (Tabelle 11).

re Selektion leistungsschwache Kühe auszumerzen bzw. durch bessere zu ersetzen, um dadurch die Nährstoffmenge für die Erhaltung der Herde zu senken und Kosten einzusparen.

Leistungsbedarf

Die Nährstoffmengen, die zur Bildung von 1 kg Milch erforderlich sind, werden als **Leistungsbedarf** bezeichnet.

Die Richtzahlen für den *Energie*- (MJ NEL) und den *Rohproteinbedarf* orientieren sich an den Milchinhaltsstoffen. Etwa die Hälfte der Energiemenge wird für die Bildung des Fettes in der Milch gebraucht.

Calcium- und Phosphorbedarf der Milchkühe

Grundlegende Versuche führten zu neuen Empfehlungen zur Versorgung der Milchkühe mit Calcium und Phosphor. Die Zufuhr an Calcium und Phosphor kann demnach ohne Beeinträchtigung von Leistung, Fruchtbarkeit und Gesundheit gesenkt werden. Das spart Kosten und reduziert die Phosphorausscheidung der Milchkühe, was aus Umweltgründen ebenfalls positiv bewertet werden kann.

Auch künftig errechnet sich die erforderliche Versorgung der Milchkuh mit Calcium und Phosphor an zwei Größen: Der erste Wert bezieht sich auf die Aufnahme an Trockenmasse. Der Hintergrund dafür ist, daß eine notwendige Erhöhung der Futteraufnahme bei höherer Leistung zu einer Steigerung der »unvermeidlichen Verluste« führt. Einer Menge, die ausgeschieden wird und an der die Bedarfsmenge abgeleitet werden kann. Dieser Wert steht sozusagen für den früheren Erhaltungsbedarf.

Der Bedarf hängt als zweites von der Ausscheidung mit der Milch ab. Der Wert »unvermeidliche Verluste« und Gehalt bzw. Konzentration in 1 kg Milch sind »Nettozahlen«.

Um den Bedarf zu ermitteln, muß noch die Verwertung berücksichtigt werden, die beim Calcium mit 50 % und beim Phosphor mit 70 % angesetzt wird (Tabelle 14). Für eine Kuh in der hohen Leistungsphase mit etwa 30 kg Milch täglich errechnet sich der in Tabelle 15 angegebene Bedarf.

Die erwartete Trockenmasseaufnahme liegt bei 19,5 kg. Bei dieser Futteraufnahme kommt es beim Calcium zu unvermeidlichen Verlusten von 19,5 g, der Gehalt in 30 kg Milch liegt bei 37,5 g.

Beide Werte sind *Nettobedarfszahlen*, bei denen die Verwertung noch berücksichtigt werden muß. Aus dem Nettobedarf von 19,5 + 37,5 = 57 g errechnete sich demnach als **Versorgungsempfehlung** der *Bruttobe-*

Tabelle 14: Empfehlungen zur Ca- und P-Versorgung von Milchkühen

Bedarf		Calcium	Phospor
Nettobedarf:			
je kg Milch	g	1,25	1,0
unvermeidliche Verluste je kg aufgenommene Trockenmasse	g	1,0	1,0
Verwertbarkeit von Ca und P	%	50	70
daraus resultierender Bruttobedarf:			
je kg Milch	g	2,5	1,43
unvermeidliche Verluste je kg aufgenommene Trockenmasse	g	2,0	1,43

darf von 114 g. In 1 kg Futter muß dann 5,9 g Calcium/kg T enthalten sein, um den Bedarf abzudecken.

Die Empfehlung für die Phosphorversorgung errechnen sich ebenfalls nach den in Tabelle 14 und 15 enthaltenen Empfehlungen. Hier ist eine Verwertung von 70 % angesetzt.

Bei der Bedarfsberechnung muß künftig die Gesamtfutteraufnahme berücksichtigt werden. Für den Tierhalter ist es allerdings schwierig, die Aufnahme bei der einzelnen Kuh zu ermitteln. Zudem schwankt der Trockenmasseverzehr oft innerhalb, kurzer Zeit. Empfehlenswert ist es deshalb, zur Bedarfsermittlung eine hohe Futteraufnahme anzusetzen. Dann ist die notwendige Versorgung am ehesten gewährleistet.

Bei den künftigen Rationsberechnungen wird von den Bedarfszahlen der Tabelle 15 ausgegangen. Die Versorgungsempfehlungen gelten für Kühe mit einem Lebendgewicht von 600 kg. Da leichtere bzw. schwerere Tiere ein unterschiedliches Futteraufnahmevermögen haben, sind die notwendigen Zu- und Abschläge nur relativ gering. Für jeweils 50 kg mehr oder weniger Körpergewicht werden 0,6 g Calcium und 0,4 g Phosphor pro Tier und Tag abgezogen oder dazuaddiert.

Diese Empfehlungen werden künftig die Grundlage für die Rationsberechnungen sein. Bei der Berechnung des Bedarfes ist weiterhin von der dreigeteilten Milchviehfütterung auszugehen. Dabei wird als erstes die Grundfutterleistung ermittelt,

Tabelle 15: Empfehlungen zur Ca- und P-Versorgung von Milchkühen (600 kg LG)

Milchmenge kg/Tag	Futteraufnahme kg/Tag	Calcium		Phospor	
		g/Tag	g/kg T	g/Tag	g/kg T
10	12,0	49	4,1	31	2,6
15	14,0	66	4,7	41	2,9
20	15,5	82	5,2	51	3,3
25	17,5	98	5,6	61	3,5
30	19,5	114	5,9	71	3,6
35	21,0	130	6,2	80	3,8
40	22,0	144	6,5	89	4,0

Tabelle 16: Notwendige Ca- und P-Gehalte im Grundfutter in Abhängigkeit von der Energiekonzentration des Grundfutters (Milchkühe mit 600 kg LG)

Energiegehalt MJ NEL/kg T	Futter-aufnahme kg T/Tag	Milch nach Energie kg /Tag	erforderliche Gehalte Calcium g/kg T	Phosphor g/kg T
5,4	10,9	7,4	3,7	2,4
5,8	12,1	10,9	4,3	2,7
6,2	13,4	15,0	4,8	3,0
6,6	14,8	19,6	5,3	3,3

dann die notwendige Ausgleichsfütterung mit Kraftfutter und Mineralfutter vorgenommen und zuletzt mit einem Leistungskraftfutter die Nährstoffmenge für höhere Leistungen zugeführt.

In welchem Maße künftig zum Grundfutterausgleich eine Calcium- und Phosphorzufuhr notwendig ist, hängt von der Energiekonzentration bzw. von der Grundfutterleistung ab.

In Tabelle 16 sind die erforderlichen Calcium- und Phosphorgehalte im Grundfutter unterschiedlicher Konzentration aufgeführt.

Diese Tabelle ist folgendermaßen zu lesen:

Eine Energiekonzentration von z. B. 5,8 MJ NEL/kg T, die dann zu einer Futteraufnahme von ca. 12 kg Trockenmasse führt, liefert nach der Energie etwa 11 kg Milch. Wenn dabei im kg Futter 4,3 g Calcium bzw. 2,7 g Phosphor/kg Trockenmasse enthalten sind, ist der Bedarf an Calcium und Phosphor für eine Kuh, die 11 kg Milch gibt, durch das Grundfutter abgedeckt.

Eine hohe Energiekonzentration von 6,2 MJ reicht bei einer Futteraufnahme von etwa 13,5 kg nach der Energie für etwa 15 kg Milch aus. In diesem Futter müssen bereits 4,8 g Calcium und 3,0 g Phosphor/kg Trockenmasse enthalten sein, um den Bedarf an diesen Elementen aus dem Grundfutter abzudecken.

Daraus ist erkennbar, daß der erforderliche Gehalt an Mineralstoffen im Grundfutter mit dem Energiegehalt des Grundfutters ansteigt.

Für trockenstehende Tiere ist eine Konzentration an den mengenelementen Calcium und Phosphor. Von etwa 4,5 g bei Clacium und 2,8 g bei Phosphor notwendig. Zur Vorbeuge gegen Milchfieber sollte bei gefährdeten Tieren der Calciumgehalt des Grundfutters nicht höher als 4 g/kg Trockenmasse liegen.

Neben diesen Richtwerten sollte man in der Ration das Verhältnis der Elemente zueinander beachten. Als Orientierung kann gelten: Ca:P nicht unter 1,5:1 und nicht mehr als 3 :1. Werden die Mengenelemente Mg und Na mit eingebunden, ist die folgende Relation bedarfsgerecht: Ca:P:Mg:Na wie 4:2:1:1.

Weicht die tägliche Versorgung der Milchkühe mit Mineralstoffen von dieser Relation weit ab, wird ein Teil der zugeführten Mineralstoffe ungenutzt ausgeschieden.

Bei zu hoher P-Versorgung verbindet sich das überschüssige Phosphor mit dem Calcium. Das meist schon zu geringe Angebot an Calcium kann dann kaum noch verwertet werden; es wird ausgeschieden und fehlt für wichtige Körperfunktionen. So kann es zu einer *Entmineralisierung* der Knochen kommen.

Mengen- und Spurenelemente, Vitamine

Mengenelemente (Mineralstoffe)

Mineralstoffe sind lebensnotwendige Grundstoffe und dienen dem Körper als Bau- und Betriebsmaterial. In Wechselbeziehung mit Vitaminen sind sie Bestandteil von Fermenten und Hormonen. Als Katalysator wirken sie in Stoffwechselprozessen, regeln den osmotischen Druck der Zellen und greifen in den Geschlechtszyklus ein.
Die Mineralstoffe werden über das Futter dem Tier zugeführt. Von Bedeutung für das Rind sind:

- Die **Mengenelemente** Calcium, Phosphor, Kalium, Natrium und Magnesium.
- die **Spurenelemente** Eisen, Mangan, Zink, Kupfer, Kobalt, Jod, Molybdän und Selen.

Im folgenden wird auf einzelne Mineralstoffe, deren Vorkommen und Bedeutung für das Rind eingegangen.

CALCIUM (Ca)

Vorkommen:

- *In der Natur:* Als Calciumcarbonat (Kalk, Kreide, Marmor);
- *Im Tierkörper:* 99 % des Körpercalciums sind im Knochensystem eingelagert. Der Ca-Gehalt/kg Körpergewicht bei einer Kuh beträgt ca. 17 g. Das ergibt bei einem 650 kg schweren Tier etwa 11 kg Ca. Davon kann aber nur ein geringer Teil mobilisiert werden.
- *In Futtermitteln:* Ca-reich sind Luzerne, Klee, klee- und kräuterreiches Wiesengras, Rübenblatt, Trockenschnitzel.
  Ca-arm sind Maissilage, Biertreber, Schlempe, Extraktionsschrote, Getreide und Kleie.

Aufgabe: Calcium ist mit Phophor zusammen der Baustoff für die Knochen. Es ist in Gewebe- und Körperflüssigkeiten enthalten und beeinflußt den Ablauf des Stoffwechselgeschehens.
Bei ***Mangel*** kommt es zur Störung des Stoffwechsels. Bei ungenügender Zufuhr kann es zur Entmineralisierung des Knochensystems und vor allem beim wachsenden Rind zur Knochenweiche kommen.
Eine ***Überversorgung*** führt in Verbindung mit Phosphormangel zur Lecksucht, Knochenbrüchigkeit und Wachstumsstörungen.

PHOSPHOR (P)

Vorkommen:

- *In der Natur:* In Form von Salzen (Phosphate).
- *Im Tierkörper:* 80–85 % des Körperphosphates lagern im Knochensystem. Bei einer Kuh sind es 9 g P/kg Gewicht bzw. 5,8 kg bei einem Tier mit 650 kg Lebendgewicht.
- *In Futtermitteln:* Phosphorreich sind junggeschnittenes Wiesengras, Biertreber, Getreideprodukte und alle tierischen Futtermittel.
  Phosphorarm sind Melasseschnitzel, Rübenblatt, Stroh, Maissilage.

Aufgabe: Phosphor ist neben Calcium ein wichtiger Baustoff der Knochen. Die P-Verbindungen üben Funktionen für Stoffumwandlungen im Körper aus, unterstützen die Speicherung und Verwertung der Energie.
Mangel führt zur Knochenweiche, Knochenbrüchigkeit und zu Stoffwechselstörungen.
Überversorgung kann die Regulation der Ca- und P-Einlagerung im Knochensystem stören und den Brunstzyklus schädigen.

KALIUM (K)

Vorkommen:

- *In der Natur:* Als Kalifeldspat, Kaliglimmer und Kalisalz.
- *Im Tierkörper:* Ca. 2,3 g K/kg Körpergewicht beim Rind, in 1 kg Milch etwa 1,5 g.

- *In Futtermitteln:* Kaliumreich sind tierische Futtermittel wie Heringsmehl und Milchprodukte. Von den pflanzlichen Futtermitteln enthalten Rüben, Kleie und Extraktionsschrote, sowie Futter vom Dauergrünland und Ackerbau bei hoher Gülledüngung viel Kalium.

Aufgabe: Kalium ist vorwiegend in den Zellen enthalten, bestimmt den osmotischen Druck des Zellsaftes und beeinflußt den Zustand der Zellproteine. Es ist an der Aktivierung verschiedener Enzymsysteme beteiligt und fördert die Speicherung von Glykogen in der Leber.

Mangel kommt fast nicht vor, da die Futterrationen mehr Kalium als notwendig enthalten. Ein zu weites K:Na-Verhältnis (größer als 15:1) kann zur Bildung von Eierstockzysten führen. Dieses zu weite Verhältnis beruht häufig auf Na-Mangel.

NATRIUM (Na)

Vorkommen:

- *In der Natur:* Als Koch- oder Steinsalz.
- *Im Tierkörper:* 1,2 g Na/kg Körpergewicht bei der Milchkuh.
- *In Futtermitteln:* Reich an Natrium sind alle tierischen Futtermittel.
  Pflanzliche Futtermittel sind Na-arm, außer Rüben und Rübennebenprodukten.

Aufgabe: Natrium reguliert zusammen mit Chlor den osmotischen Druck der extrazellulären Flüssigkeit im Organismus. Es schafft Pufferung für ein nötiges Gleichgewicht von Säuren und Basen. Natrium ist für den Wasserhaushalt des Körpers unentbehrlich, sowie für die Speichelsekretion, Funktion der Muskeln und Nerven.

Mangel führt zu Leistungsminderung, Stoffwechselstörungen, Muskelkrämpfen, Appetitlosigkeit, Lecksucht.

MAGNESIUM (Mg)

Vorkommen:

- *In der Natur:* Als Magnesit, Dolomit u.a.
- *Im Tierkörper:* 0,5 g Mg/kg Körpergewicht der Milchkuh.
- *In Futtermitteln:* Magnesiumreich sind Fischmehle, Extraktionsschrote, Mühlennachprodukte.

Aufgabe: Magnesium dient als Baustoff für Knochen, Knorpel und Zähne. Es ist in Muskel- und Körperflüssigkeiten enthalten und Bestandteil verschiedener Fermente. Für die Funktionen der Muskeln und Nerven ist es notwendig.

Mangel führt zu Appetitlosigkeit, Muskelkrämpfen, -erschlaffung, Schwächen in der Hinterhand, Brunstlosigkeit.

Beim plötzlichen Übergang vom Winterfutter auf sehr junge Weide kommt es als Folge einer sehr schlechten Verwertung des Futtermagnesiums zur Weide- oder Grastetanie (Festliegen). Hohe Rohprotein- und Kaliumgehalte bei geringen Rohfaser- und Natriumgehalten vermindern die Magnesiumabsorption.

Spurenelemente

Diese Stoffe sind in wesentlich geringeren Mengen im Tierkörper vorhanden als die Mineralstoffe. Im Tier haben sie aber ebenfalls wichtige Funktionen zu erfüllen. Folgende Spurenelemente sind für das Rind wichtig:

EISEN (Fe)

Vorkommen:

- *In der Natur:* Als Magnet-, Rot-, Spat- und Brauneisenstein.
- *Im Tierkörper:* 60–70 mg Fe/kg Körpergewicht.
- *In Futtermitteln:* Einen hohen Schwankungsbereich von 60–630 mg/kg T haben Grasprodukte, so daß die Milchkuh über das Futter genügend Eisen aufnehmen kann.
  Eisenarm sind Hackfrüchte und Milch.

Aufgabe: als Bestandteil des Blutfarbstoffes Hämoglobin ist Eisen wichtig für den Sauerstofftransport im Blut und wirkt in wichtigen Fermenten als Katalysator.

Mangel führt zu schlechter Freßlust, Kümmerern, blasser Haut (Anämie).

MANGAN (Mn)

Vorkommen:

- *In der Natur:* als Manganroherze.
- *Im Tierkörper:* 0,2–0,3 mg Mn/kg Körpergewicht.
- *Futtermittel* aus tierischer Herkunft sind arm an Mangan.
  Hohe Gehalte an Mangan haben Extraktionsschrote und Grasprodukte. Ausnahmen sind die Futterpflanzen, die auf Moor- und Sandböden wachsen.

Aufgabe: Mangan ist beim Aufbau des Blutfarbstoffes und der Pigmentierung der Haut beteiligt. Weiterhin ist es Bestandteil von Stoffwechselenzymen und auch für die Entgiftung von Stoffwechselprodukten verantwortlich.

Mangelerscheinungen äußern sich in der Verschlechterung der Fruchtbarkeit, bei männlichen Tieren insbesondere durch Störungen in der Samenbildung.

ZINK (Zn)

Vorkommen:

- *In der Natur:* Als Zinkblende, Zinkspat.
- *Im Tierkörper:* 20–30 mg Zn/kg Körpergewicht.
- *In Futtermitteln:* Rauh- und Saftfuttermittel sowie Getreide enthalten wenig Zink (20 – 40 mg/kg T).
  Höhere Gehalte haben Handelsfuttermittel und Hefe.

Aufgabe: Zink hat eine »Schutzfunktion« für die Haut, unterstützt die Klauenfestigkeit, ist Teil von Hormonen und Fermenten.

Mangelerscheinungen zeigen sich durch Hautschäden (Parakeratose), Haarausfall, Wachstumshemmungen und auch in der Fruchtbarkeit.

KUPFER (Cu)

Vorkommen:

- *In der Natur:* Als Kupfererz.
- *Im Tierkörper:* 1,5–2,5 mg Cu/kg Körpergewicht, wird in der Leber, Herz und Niere gespeichert.
- *In Futtermitteln:* Reich an Kupfer sind Bierhefe, Extraktionsschrot, Malzkeime.
  Wenig Kupfer enthalten Rüben, Getreide und Milchprodukte.
  Mittlere Gehalte sind in Grasprodukten enthalten.

Aufgabe: In Verbindung mit Eisen unterstützt Kupfer den Aufbau der roten Blutkörperchen (Hämoglobin). Kupfer ist auch bei der Ausbildung des Skeletts, der Haare und Wolle beteiligt.

Mangel führt zu schlechter Freßlust, Fruchtbarkeitsstörungen, abfallenden Milchfettgehalten, Anämie, Störungen im Nervensystem und bei der Knochenbildung.

KOBALT (Co)

Vorkommen:

- *Im Tierkörper:* 0,1–0,3 mg Co/kg Leber- bzw. Nierentrockensubstanz.
- *In Futtermitteln:* Wenig Kobalt ist in den Maissilagen und Milchprodukten enthalten.
  Reich sind Hefen, Trockenschnitzel, Melasse.

Aufgabe: Als Bestandteil des Vitamin B_{12} ist Kobalt für den Aufbau des Blutfarbstoffes notwendig.

Mangelerscheinungen sind Nachlassen der Freßlust, Kümmern, Anämie, Lecksucht.

JOD (J)

Vorkommen:

- *In der Natur:* Als Bestandteil vom Natron-Salpeter und in Meeresalgen.
- *Im Tierkörper:* 0,3–0,4 mg J/kg Körpergewicht, vorwiegend in der Schilddrüse.
- *In Futtermitteln:* Reich an Jod sind Trockenschnitzel und tierische Futtermittel außer Milch.
  Jodarm ist Getreide; große Schwankungen kommen bei pflanzlichen Futtermitteln vor.

Aufgabe: Bestandteil des Schilddrüsenhormons Thyroxin (enthält ca. 66 % Jod), welches den ganzen Stoffwechsel reguliert.
Mangel ruft eine Schilddrüsen*unter*funktion hervor. Dadurch kommt es zu einem verminderten Geschlechtstrieb, zum Nachlassen der Samenqualität, zu lebensschwachen Tieren und zu Totgeburten.

MOLYBDÄN (Mo)

Vorkommen:

- *Im Tierkörper:* 1,5 mg Mo/kg Körpergewicht, vorwiegend im Skelett.
- *In Futtermitteln:* Der Gehalt in Pflanzen hängt von einer alkalischen Bodenreaktion ab. Pflanzen von sauren Böden enthalten wenig Molybdän.
  Hohe Gehalte haben Getreide und die Extraktionsschrote.

Aufgabe: Molybdän ist in Enzymen enthalten, die für den Aufbau von Harnsäure und für den Abbau von Nitrat wichtig sind.
Mangel führt zu Anämie, Durchfall und Lähmungen.

SELEN (Se)

Vorkommen:

- *In der Natur:* Im Kupferkies, Zinkblende, Eisensulfiden.
- *Im Tierkörper:* In allen Geweben, verstärkt in Leber und Niere. Es kann rasch in Proteine eingebaut werden und ist so an Stelle von Schwefel in den schwefelhaltigen Aminosäuren gebunden.

Tabelle 17: Richtzahlen zum Spurenelementbedarf für Milchkühe (in mg/kg T des Futters [GEH])

Element	mg/kg Futter-T
Mangan (Mn)	50
Eisen (Fe)	50
Kupfer (Cu)	10
Zink (Zn)	50
Jod (J)	0,4
Kobalt (Co)	0,1
Selen (Se)	0,1

- *In Futtermitteln:* Der Gehalt der Pflanzen ist abhängig vom Selenangebot des Bodens. Niedrige Gehalte sind in Weizen- und Maiskörnern, hohe Gehalte in Kleie und Fischmehl enthalten.

Aufgabe: Bestandteil eines Schlüsselenzyms, welches vor peroxidativer Zellschädigung schützt. Es ergänzt damit die antioxidative Aufgabe von Vitamin E.
Mangel kann bei allen Landwirtschaftlichen Nutztieren auftreten. Es besteht eine enge Wechselwirkung zur Vitamin E-Versorgung. Störungen können zum Teil mit Selen oder nur in Verbindung mit Vitamin E behoben werden. Mangel kann sich in Fruchtbarkeitsstörungen äußern.
Die Spurenelemente werden in der Regel ins Mineralfutter eingemischt. Die Gehalte im Grundfutter werden dadurch ergänzt und eine Unterversorgung verhindert.

Notwendige Gehalte an Spurenelementen in 1 kg Mineralfutter:

4000 – 6000 mg	Zink (Zn)
2000 – 3000 mg	Mangan (Mn)
600 – 1200 mg	Kupfer (Cu)
20 – 30 mg	Jod (J)
20 – 30 mg	Kobalt (Co)
15 – 20 mg	Selen (Se)

Bei täglicher Zufütterung von ca. 50–100 g Mineralfutter werden dadurch die Bedarfswerte der Tiere ausreichend abgedeckt.
Rechenbeispiel für den Spurenelementgehalt (Beispiel Zink, Zn) in 1 kg Futtertrockenmasse einer grasproduktbetonten Ration.
Gesamtration einer Milchkuh: ca. 18 kg Trockenmasse/Tag.

Im Futter enthalten:	ca. 30 mg Zn/kg T
im Mineralfutter:	6000 mg Zn/kg
im Futter (18 kg T × 30 mg)	= 540 mg Zn
aus 100 g Mineralfutter	= 600 mg Zn
insgesamt	1140 mg Zn : 18
	= 60 mg Zn/kg T

Der Zinkbedarf kann demnach durch den zusätzlichen Einsatz von 100 g Mineralfutter/Kuh und Tag voll abgedeckt werden.

Vitamine

Vitamine gehören zu den organischen Wirkstoffen. Für die Körperfunktionen sind sie lebensnotwendig, bei Unterversorgung kann es zu typischen Mangelerscheinungen kommen.
Die Vitamine werden entsprechend ihrer Löslichkeit unterteilt in die Gruppen der fett- bzw. wasserlöslichen Vitamine.
Für den Wiederkäuer ist vor allem die (große) Gruppe der fettlöslichen Vitamine (A, D, E) von Bedeutung. Die wasserlöslichen Vitamine werden größtenteils im Pansen selbst gebildet.
Das **Vitamin A** kommt in den Pflanzen nur in Form einer Vorstufe (Provitamin), dem Carotin vor. Zum Vitamin A wird es in der Darmschleimhaut und der Leber umgebaut und kurzfristig in der Leber gespeichert. Das Vitamin A muß deshalb über das Provitamin aus dem Futter ständig für das Tier zur Verfügung stehen.
Die Funktionen von Vitamin A sind vielseitig. Es hat Bedeutung für den Sehvorgang, das Wachstum und den Knochenaufbau, hat Schutzfunktionen für die Außenhaut und für die Schleimhäute der Atmungswege, der Verdauungs- und Geschlechtsorgane.
Durch *Mangel* sind Störungen des Stoffwechsels, der Fruchtbarkeit sowie der gesunden Entwicklung des Fötus möglich.
Außerdem hat das Provitamin A, das **ß-Carotin**, noch eine zusätzliche eigenständige Bedeutung bei der Eierstockfunktion. Geringe Versorgung ist häufig Ursache von stiller Brunst, verzögertem Eisprung sowie Eierstockzysten.
Der spezielle Carotinbedarf für die Nutztiere ist sehr schwierig zu ermitteln. Wegen der Bedeutung für die störungsfreie Eierstocksfunktion wird bei der *Bedarfsempfehlung* unterschieden zwischen der trächtigen und der nicht trächtigen Kuh. Bei der trächtigen reichen täglich 100 mg aus, während das nichtträchtige Tier 200

Tabelle 18: Carotingehalte im Frischfutter

Futtermittel		Carotingehalt in der Frischsubstanz (FS)	
		nach der Ernte	Ende des Winters
frisches Grünfutter		60	–
Wiesenheu	sehr gut	15	6
	gut	8	2
	mäßig	4	1
	geringwertig	2	–
Kleegras-Heu	sehr gut	30	12
	gut	20	5
	mäßig	10	1
	geringwertig	5	1
Wiesenheu, unterdachgetrocknet		45	22
Gras-Cobs		170	94
Gras-Silage		30	25
Mais-Silage		4	3
Rübenblattsilage		9	8
Zwischenfrüchte (Silage)		17	14
Futterrüben		1	–

Tabelle 19: Carotingehalte sowie Werbungs- und Lagerungsverluste verschiedener Grasprodukte (Handbuch der Futtermittel)

Grasprodukt	Carotin-gehalt mg/kg T	Werbungs-verluste %	Carotin-gehalt am Ende des Winters mg/kg T	Lagerungs-verluste %
frisches Gras	198			
heißluftgetrocknet Gras/Cobs	198	0	110	45
Reuterheu	53	74	21	60
Bodenheu	39	84	3	90

mg Carotin am Tag benötigt. Für die Umwandlung in Vitamin A sind bei den Rindern zur Bildung von 1 mg Vitamin A mindestens 8 mg Carotin notwendig.
Der Bedarf an Vitamin A wird allgemein nach Internationalen Einheiten (I.E.) berechnet.
1 mg Vitamin A entspricht 3334 I.E. Vitamin A. Umgekehrt sind 0,3 Mikrogramm (μg) Vitamin A gleich 1 I.E.
Eine 650 kg schwere Kuh braucht täglich 60 000–120 000 I.E. Vitamin A. Der letztere Wert gilt für die hochtragende und frischlaktierende Kuh.
Frisches Grünfutter enthält reichlich Carotin, der Bedarf der frischlaktierenden Kuh wird damit abgedeckt (Tabelle 18).
Verluste entstehen bei der Werbung, Konservierung und Lagerung der Grasprodukte. Vor allem durch länger andauernden Luftzutritt während der Lagerzeit wird der Abbau gefördert. Mit Verlängerung der Werbungsdauer (hohes Anwelken der Grassilage) werden deutlich niedrigere Carotingehalte in Silagen festgestellt.
Die Größenordnung dieser Verluste an Carotin im Gras- bzw. seinen Futterprodukten ist in der Tabelle 19 aufgeführt und kann als Orientierung gelten.
Damit eine ausreichende Versorgung mit Vitamin A bzw. Carotin gewährleistet ist, muß beachtet werden, daß ständig genügend Provitamin in Form von Carotin über das Grundfutter oder zusätzlich durch Zukauf vom Handel verfüttert wird.
Bei alleiniger Heufütterung kann es gegen Ende des Winters zu Mangel kommen. Unterversorgungen können auch entstehen, wenn maissilagereiche Rationen verfüttert werden, ebenfalls beim Einsatz von GPS. Wird gute Grassilage eingesetzt, reicht die Carotin-Versorgung bei entsprechender Menge für das Tier aus.
Vitamin D als antirachitisches Vitamin steht mit dem Calcium-Phosphor-Stoffwechsel in Verbindung. Es regelt die Einlagerung dieser Elemente in das Knochengewebe. Es kann aber auch bei Überdosierung Calcium aus dem Knochen herauslösen.
Um dem *Milchfieber* vorzubeugen, wird diese Maßnahme bewußt durch eine Vitamin D-Injektion vom Tierarzt 3–5 Tage vor der Kalbung praktiziert. Unter den vielfältigen Vitamin D-Verbindungen sind die Vitamine D_2 und D_3 für das Rind von Bedeutung.
Das Provitamin vom D_2 das Ergosterin, kommt in den Pflanzen vor. Es wird durch die Einwirkung von Sonneneinstrahlung bei gemähtem Futter verstärkt in Vitamin D_2 umgewandelt. Die Einstrahldauer erhöht dabei die Umwandlung. Der Anteil nimmt deshalb in der Reihenfolge vom Heu, unterdachgetrocknetem Heu, Anwelksilage, Silage ab.

Auch die im Tierkörper gebildete Vorstufe wird durch Sonnenbestrahlung in der Haut zu Vitamin D_3 umgewandelt. Bei Tieren mit ganzjähriger Stallhaltung kann der zusätzliche Bedarf über das Mineralfutter abgedeckt werden.

Der *Bedarf* liegt bei 10 I.E. Vitamin D/kg Körpergewicht, das sind bei einer 600 kg Kuh 6000 I.E. Vitamin D.

Vitamin E hat vielfältige Aufgaben. Ursprünglich hat man es in erster Linie zur Förderung der Fruchtbarkeit eingesetzt.

Aber auch für den Zellstoffwechsel ist Vitamin E notwendig. Es verhindert die Oxidation von ungesättigten Fettsäuren, wodurch der Verderb von fetthaltigen Futtermitteln gebremst wird.

Der Bedarf ist in erster Linie von der Rationszusammensetzung abhängig. Der *Normbedarf* liegt bei 10 mg Vitamin E/kg Futter-T. Er kann jedoch z.B. bei hohem Gehalt an ungesättigten Fettsäuren in der Ration deutlich höher liegen.

Eine ausreichende Selenversorgung wirkt unterstützend, da ein selenhaltiges Enzym ähnlich wirkt.

Die **B-Vitamine** gehören (wie Vitamin C) zur Gruppe der wasserlöslichen Vitamine. Es werden laufend weitere Vitamin B-Verbindungen gefunden, die durch Numerierung geordnet werden. Wasserlösliche Vitamine können im Körper nicht gespeichert werden. Deshalb bedarf es einer ständigen Zufuhr, vor allem bei Kälbern vor dem Einsetzen der Pansenfunktion.

Bei einer wiederkäuergerechten Fütterung (aus dem Grundfutter) bilden die Mikroorganismen des Pansens genügend Vitamin B.

Ein Vitamin B-Mangel kann daher nur bei einseitigen Rationen entstehen; dann ist eine Zufuhr dieser Wirkstoffe notwendig. Das kann der Fall sein, wenn:

- zu wenig Grundfutter gefüttert wird,
- zu hohe Mengen an strukturarmem Grundfutter, z. B. Maissilage oder auch Grascobs, eingesetzt werden,
- hohe Mengen Kraftfutter, vor allem in der Laktationsspitze gefüttert werden. Dadurch wird die tatsächlich aufgenommene Grundfuttermenge zu gering (Verhältnis ca. 40 % Grundfutter, 60 % Kraftfutter). Die Pansenverhältnisse verschlechtern sich und es wird zu wenig Bakterienmasse und damit zuwenig Vitamin B gebildet.
- Jungkühe, wegen der noch nicht abgeschlossenen Pansenentwicklung, zu wenig Futter aufnehmen. Dies geschieht, wenn diese Tiere eine hohe Einsatzleistung aufweisen und deshalb hohe Kraftfuttermengen benötigen. Dadurch wird Grundfutter verdrängt und die Aufnahme ist geringer. Wegen der ungünstigen Pansenverhältnisse ist dann ebenfalls ein Mangel an Vitamin B möglich.

Hohe Vitamin B-Gehalte haben Hefen, Grünmehle, Mühlennachprodukte, Rückstände der Ölgewinnung.

Arm an Vitamin B sind Hackfrüchte und die Getreidearten.

Einflüsse auf die Qualität von Grundfutter

Die Nähr- und Mineralstoffgehalte in den Grundfuttermitteln unterliegen großen Schwankungen. Einflußfaktoren sind u. a.:

- **Botanische Zusammensetzung:** Gräser, Kräuter und Leguminosen weisen unterschiedliche Inhaltsstoffe auf. Der Energie-, Rohprotein-, Mineralstoff- und Spurenelementgehalt von Wiesengras wird dadurch stark beeinflußt.
- **Düngung:** Durch die Stickstoffdüngung wird u. a. der Protein- und Rohfasergehalt des Aufwuchses deutlich beeinflußt. Durch das beschleunigte Wachstum wird schneller Rohfaser eingelagert. In einer kürzeren Zeitdauer werden die vegetativen Reifestufen erreicht, die »Umformung« des Stickstoffes in Reineiweiß (Protein) bleibt zurück. Dieses Futter weist dann höhere Nitratgehalte auf.

Außerdem wird durch intensive Düngung die botanische Zusammensetzung verändert. Der Kleeanteil geht zurück, der Gräseranteil steigt.

- **Schnittzeit:** Der Rohfasergehalt, die Verdaulichkeit und damit auch der Energiegehalt hängen stark vom Schnittzeitpunkt ab.
- **Nutzungshäufigkeit:** Die Häufigkeit der Nutzung beeinflußt die botanische Zusammensetzung und setzt den Rahmen für eine notwendige Düngung.
- **Konservierung:** Die einzelnen Konservierungsarten führen zu unterschiedlichen Nährstoffverlusten und damit auch zu verschiedenen Nährstoffgehalten in den Futterkonserven bei gleichem Ausgangsprodukt.

Begriffe in den Futterwerttabellen

Die Gehaltswerte der Futtermittel sind in Futterwerttabellen (z.B. der DLG) zusammengefaßt und beruhen auf flächendeckenden Untersuchungsergebnissen. In der Broschüre »Grundlagen zur Futterberechnung für Milchkühe, Zucht- und Mastrinder, Schafe« der BLT Grub sind es die Ermittlungen aus der »Schwerpunktberatung wirtschaftliche Rinderfütterung« in Bayern. Die Untersuchungen werden in jedem Futterjahr durchgeführt, Mittelwerte neu errechnet und fortgeschrieben. In den Tabellen werden die wichtigsten Inhaltsstoffe der einzelnen Futtermittel zu deren Charakterisierung aufgeführt. Dies sind:

Trockenmasse (T): Dies ist der wasserfreie Anteil in 1 kg Frischfutter. Dieser ist entscheidend für die Sättigung der Tiere. In der Trockenmasse sind die Nähr-, Mineral- und Wirkstoffe des Futters enthalten. Auf der Basis 1000 g Trockenmasse ist der Qualitätsvergleich zwischen einzelnen Futtermitteln möglich.

Rohfaser (RF): Nach Art und Vegetationsstand des Futtermittels ist der Anteil und die Zusammensetzung der Rohfaser verschieden.

Zu dieser Gruppe gehören: Zellulose, Pentosane, Hemizellulosen und Lignine.

Letztere sind fast unverdaulich und haben keinen Nährwert. Zellulose und Hemizellulose werden vom Wiederkäuer sehr gut verwertet. Beim Aufwuchs nimmt der Rohfasergehalt (Lignin) von Gras laufend zu, die Verdaulichkeit aber ab. Für die Pansenmotorik beim Wiederkäuer ist ein gewisser Anteil von strukturierter Rohfaser notwendig. Ein Zuviel an lignierter Rohfaser im Grundfutter reduziert die Verdaulichkeit, verringert die verfügbare Nährstoffmenge und führt zu einem Leistungsabfall.

Rohprotein (RP): Im Futtermittel wird der Stickstoff (N) analytisch bestimmt und mit dem Faktor 6,25 multipliziert. Das so errechnete Rohprotein setzt sich aus Protein (Reineiweiß) und den *NPN-Verbindungen* (Nicht-Protein-Stickstoff) zusammen.

Zu der Gruppe der NPN-Verbindungen gehört auch das *Nitrat*. Besonders bei hoher N-Düngung und reduzierter Tagesassimilationsdauer (Herbst) steigt der Nitratgehalt des Futters an. Durch Lagerung mit Erwärmung des Futters geschieht eine Umwandlung von *Nitrat* in das noch giftigere *Nitrit*. Es kann zu Lähmungserscheinungen kommen, in schweren Fällen sogar zum Tod der Tiere führen, wenn zu hohe Mengen von diesem Futter verfüttert werden.

Rohfett (RFe): Der chemischen Struktur nach sind Fette die Ester des Glycerins, eines dreiwertigen Alkohols. Fette haben einen hohen Energiegehalt. In den Grundfuttermitteln sind zwischen 20 und 40 g/kg T enthalten und in dieser Menge für den Wiederkäuer nutzbar. Ein zu hohes Auffetten der Futtermittel (Kraftfutter) hat für den Zelluloseaufschluß im Pansen negative Folgen.

Nettoenergie-Laktation (NEL): Dies ist das Energiebewertungssystem für Milchkühe und weibliche Zuchtrinder. Nettoenergie ist der Energieanteil im Futter, den das Tier in Milch oder Wachstum umwandeln kann. Die Energie wird in Megajoule Nettoenergie-Laktation (MJ NEL) angegeben.

Stärkeeinheit (StE): Sie ist der Energiebewertungsmaßstab für Mastrinder. Die Stärkeeinheit wird aus allen verdaulichen Nährstoffen des Futtermittels errechnet. Die energetische Leistung des Futters wurde an dem Fettbildungsvermögen bei Ochsen gemessen. Eine Stärkeeinheit entspricht dem Fettbildungsvermögen aus 1 g verdaulicher Stärke.

Fütterungstechnik und Rationsgestaltung

Ausgehend von einer guten Qualität des Futters ist die Rationszusammensetzung und die Futtervorlage von entscheidender Bedeutung für die Futteraufnahme der Kuh. Mit hoher Futteraufnahme wird eine bedarfsgerechte Versorgung und letztendlich eine gute Milchleistung der Tiere ermöglicht. Um dies zu erreichen, müssen verschiedene Gesichtspunkte betrachtet werden.

Aufbereitung des Grundfutters

Eine Kuh nimmt auf der Weide mit einem Zungenschlag nur 4–6 g Futter auf. Dieses wird im Flotzmaul gesammelt und in Portionen von 30–40 g abgeschluckt. Für die Aufnahme von 70 kg Weidegras sind demnach pro Tag 17500 Zungenschläge zum Abreißen und Sammeln des Grases notwendig.

Auch Silage wird nur in kleinsten Mengen aufgenommen. Deshalb kann die Kuh mit »festen Platten« vom Siloblock nichts anfangen. Das Auflockern fester Silage ist daher wichtig. Kurzgeschnittene Silage, mit Dosiergeräten zugeteilt, erleichtert den Tieren die Futteraufnahme. Diese wird deshalb gut gefressen.

»Langfutter« benötigt eine längere Zeit zur Futteraufnahme, sowie zum Wiederkauen (zerkleinern) des Futters. Dadurch ist die Verweildauer des Futters im Pansen länger und der Futterdurchsatz geringer.

Das **Häckseln des Grundfutters** führt deshalb zu einer höheren Futteraufnahme. Zahlreiche Versuche bestätigen diesen Einfluß der Häcksellänge auf die T-Aufnahme (Tabelle 20, Seite 64).

Das Kurzhäckseln verbessert die Silierbedingungen. Die Silage ist leichter zu verdichten. Zudem tritt mehr Zellsaft aus, was die Gärbedingungen besonders für die Milchsäurebakterien verbessert. Die Qualität der Silage wird dadurch verbessert und die Trockenmasseaufnahme des Rindes steigt. Dadurch wird eine Erhöhung der Milchleistung und des Fettgehaltes erreicht (Tabelle 21, Seite 64).

Die Stabilität der Silage wird durch das Häckseln ebenfalls erhöht. Wertvoll ist dies vor allem bei der Ganzjahressilagefütterung. Wird das Futter vom Siloblock gefüttert, läßt sich kurzgeschnittenes Futter leichter verteilen und auflockern.

Um bei einer *begrenzten Futteraufnahmekapazität* möglichst viel Nährstoffe ins Tier hineinzubringen, ist ein hoher **Trockensubstanzgehalt (T) im Futter** anzustreben. Bei trockenem Futter sind zudem die Verluste geringer als bei der Silierung von nassem Futter. Daraus ergibt sich eine höhere Energiekonzentration

Abb. 17: Futteraufnahme bei unterschiedlichem Gehalt der Silage an Trockenmasse

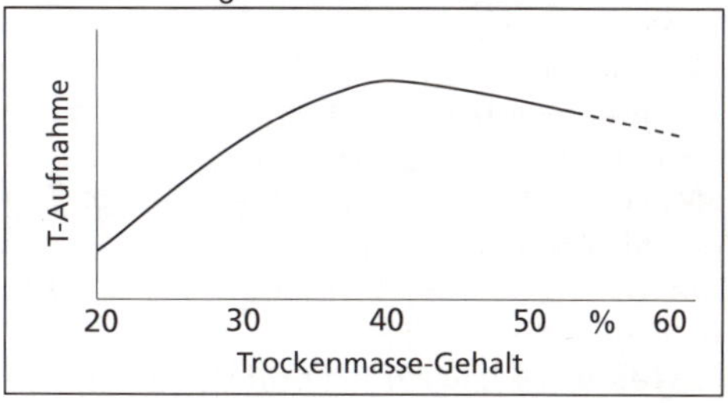

Tabelle 20: Einfluß der Häcksellänge auf die Trockenmasseaufnahme (kg Silage-T/Kuh und Tag) von Milchkühen

Silageart	Häcksellänge kurz (4–7 mm)	mittel (14–22 mm)	lang (Ladewagen)
Naßsilage, früher Schnitt (21 % T)[4]	11,9	10,7	–
Naßsilage, später Schnitt (20 % T)[4]	9,7	9,6	8,5[1]
Anwelksilage, früher Schnitt (57 % T)[4]	10,3	–	9,5[1]
Anwelksilage, früher Schnitt (47 % T)[5]	12,4	11,7	9,4[2]
Anwelksilage, früher Schnitt (35 % T)[5]	11,2	10,2	9,2[3]

[1]) 125 mm. [2]) 3 Messer. [3]) 21 Messer. [4]) ROHR und Mitarbeiter. [5]) DE BRABANDER und Mitarbeiter.

je kg/T bei stärker angewelktem, getrocknetem Futter.
Der T-Gehalt soll aber nicht zu hoch sein. Sehr trockenes Futter bereitet Schwierigkeiten beim Verdichten im Silo; die Gefahr der Nachgärung bei der Entnahme vergrößert sich. Auch die Bröckelverluste auf dem Feld sind deutlich höher. Bei Grassilage ist ein T-Gehalt von 35–40 % optimal. In diesem Bereich ist die Futter- und damit auch Energieaufnahme am höchsten. Bei der Maissilage liegt der Optimalbereich zwischen 30 und 34 %.
Neben der Futteraufnahme hat auch die **Verwertung der zugeführten Nährstoffe** einen Einfluß auf die Versorgung der Kuh. Bei der Verfütterung von körnerreichem Futter gibt es große Unterschiede. Die Samen- und Fruchtschale schützen die Nährstoffe im Korn und müssen daher zerstört oder stark geschädigt werden, um den Verdauungsenzymen den Zugriff zu den Nährstoffen zu ermöglichen. Daher müssen Getreide, Mais und Rapssamen gequetscht oder geschrotet werden.
Bei GPS und Maissilage ist dieses ebenfalls zu beachten. Durch Ausstattung der Häcksler mit entsprechender Technik

Tabelle 21: Einfluß der Häcksellänge auf Milchleistung und Milchfettgehalt [1])

		Häcksellänge 4 mm	85 mm
T-Aufnahme			
aus Silage	kg/Tag	13,0	10,6
Gesamtration	kg/Tag	15,4	13,0
Leistung:			
Milchmenge	kg/Tag	17,6	16,9
Milchfett	%	4,12	3,64
FCM[2])	kg/Tag	19,0	16,1

[1]) DULPHY und DEMARQUILLY. [2]) Fettkorrigierte Milch (4 % Fett).

(Quetschwalzen) können alle Körner angeschlagen werden. Erfolgt dies nicht, so sind im Kot ganze Körner, nicht nur leere Schalen, zu finden. Im Kot erscheinende Körner oder Kornbruchstücke wurden nicht verwertet und stellen deshalb einen Energieverlust dar.

Beim Häckseln muß deshalb auf die Kornzerkleinerung unbedingt geachtet werden.

Tauchen Körner im Kot auf, sollte die Rauhfuttergabe erhöht werden, um die Wiederkauaktivität zu verbessern und dadurch die Wahrscheinlichkeit der mechanischen Zerkleinerung zu erhöhen.

Fütterungstechnik

Neben den Futterarten und der Futterqualität hat auch die **Reihenfolge der Vorlage** einen Einfluß auf die Nährstoffaufnahme der Tiere.

Das Anfüttern in der Reihenfolge Rauhfutter, Saftfutter und dann Kraftfutter hat hohe pansenphysiologische Bedeutung, denn bei der Aufnahme von trockenem Rauhfutter nimmt die Kauaktivität und damit auch die Speichelbildung zu (Tabelle 22). Nach der Kraftfuttergabe sinkt der pH-Wert unter 6,0 und wird durch den Speichelfluß (pH 8,2) wieder angehoben. Dadurch verbessert sich im Pansen das Milieu für die Mikroorganismen, die zur optimalen Vermehrung einen pH-Wert von ca. 6,2 brauchen.

Eine Rauhfuttergabe regt die Freßlust und damit die Futteraufnahme für die nachfolgend zugeteilten Futtermittel an. Ein gutes Grundfutterpolster fördert deshalb die Kraftfutteraufnahme und führt insgesamt zu einer besseren Futterverwertung.

Neben der Reihenfolge ist die **Häufigkeit der Futtervorlage** von Bedeutung. Das Futter im Trog verliert im Laufe des Tages an Schmackhaftigkeit, zumal es sich mit

Tabelle 22: Speichelbildung bei Milchkühen

	Speichelmenge
beim Fressen	3 – 6 l/h
beim Wiederkauen	5 – 10 l/h
je kg T Aufnahme	13 l
je Tag	100 – 180 l

Speichel oder Tränkewasser anfeuchtet. Ein deutlich höherer Futterrest ist unvermeidlich.

Eine einmalige Vorlage pro Tag reduziert die Futteraufnahme. Die Futtervorlage erfolgt vorteilhafter zweimal täglich, unabhängig von der Haltungsform Anbinde- oder Laufstall.

Bei den meisten Aufstallungsformen haben die Kühe ganztägig Zugang zum Futter. Bei genügender Vorlage ist das zweimalige Einfüttern mit nochmals späterem »Zuräumen« ausreichend. Durch ständiges Futtervorlegen in kleinen Mengen entsteht eine dauernde Unruhe im Stall.

Eine Kuh braucht bis zur Sättigung am Tag ca. 7 Stunden zum Fressen und ca. 10–13 Stunden zum Wiederkauen. Für diese Zeit ist Ruhe im Stall wichtig. Laufende Unterbrechungen stören das Wiederkauen und damit die optimale Verwertung des Futters.

Vor Beginn der Fütterung ist immer der Trog zu reinigen. Erst dann wird frisches Futter vorgelegt.

Zwei **verschiedene Silagen** in der Ration erhöhen die Futteraufnahme. Diese Silagen sind zu jeder Mahlzeit vorzulegen. Maissilage z. B. ist rohproteinarm, aber energiereich und ergänzt sich sehr gut mit der rohproteinreichen Grassilage. Die Pansenmikroben werden so während des ganzen Tages gleichmäßig versorgt.

Werden verschiedene Silagen und auch Rauhfutter gleichzeitig angeboten, wird das Futter abwechselnd aufgenommen. Nach einem Maul voll Grassilage wird Heu und Maissilage verzehrt oder umgekehrt.

Die Grundfutteraufnahme steigt dadurch an. Diese Art der Futteraufnahme kommt den physiologischen Abläufen im Pansen entgegen.
Dem Tier sollte pro Mahlzeit die **Futtermenge** vorgelegt werden, die es in etwa aufnimmt. Ist vor der neuen Mahlzeit noch viel Futterrest im Trog, fehlt der Appetit für das frisch vorgelegte Futter.
Bei hochwertigem Grundfutter ist eine selektive Aufnahme nicht notwendig. Um den Appetit anzuregen, ist es vorteilhaft, wenn der Trog ca. 2 Stunden vor der nächsten Fütterung in etwa leergefressen ist. Wenn die Kühe bis etwa 2 Stunden vor der Mahlzeit Grundfutter aufnehmen konnten, ist die Fütterungsreihenfolge von untergeordneter Bedeutung, da der pH-Wert im Pansen relativ stabil ist. In diesem Fall ist es unproblematisch, die Mahlzeit mit Kraftfutter zu beginnen und eventuell anschließend Saftfutter und Rauhfutter einzusetzen.

Zuteilung des Grundfutters

Im **Anbindestall** hat jedes Tier seinen eigenen Platz. Hier erfolgt eine Zuteilung der Futtermenge (individuell) für jedes Einzeltier. Die Futtermengen können einigermaßen gut zugeteilt werden.
Wenn Tiere, die sich in verschiedenen Laktationsabschnitten befinden, nebeneinander stehen, kann es Probleme geben. Während die Kraftfuttermenge pro Einzeltier leistungsbezogen zugeteilt werden kann, ist eine individuelle Grundfutterzuteilung nicht möglich. Oft fressen dann die trockenstehenden Tiere die Maissilage, die für die hochleistende Nachbarin gedacht ist, und verfetten. Auch im Anbindestall ist deshalb eine Gruppenbildung nach Laktationsstadien unbedingt notwendig.
Im **Laufstall** ist die individuelle Grundfutteraufnahme nicht kontrollierbar. Durch das mögliche Wechseln des Freßplatzes besteht die Gefahr, daß altlaktierende Kühe, die kein Kraftfutter bekommen, z.B. eine höhere Maissilagemenge aufnehmen als die frischlaktierende Kuh. Für diese Kühe im unteren Leistungsbereich wird

Tabelle 23: Verdrängung der Maissilage – Grassilageaufnahme durch Kraftfutter bei Einzelfütterung von Kühen und der Einfluß auf Futteraufnahme und Milchleistung
Futterration: Maissilage ad libitum, Zuteilung 6 kg Grassilage plus 2 kg Heu
Trockenmasseaufnahme und Milchleistung

Kuh Nr.	Maissilage kg	Grundfutter kg/T	Kraftfutter kg	Gesamtration kg/T	reicht für ...Milch kg	Milchleistung kg
1	29,3	14,6	3	17,2	18	15
2	30,5	14,4	4	17,8	20	18
3	28,9	14,0	5	18,3	22	20
4	24,5	12,5	6	17,7	19	21
5	19,9	11,0	7	17,0	21	21
6	19,1	9,8	8	16,7	22	23
7	19,4	9,9	9	17,6	24	24
8	18,4	8,8	11	18,3	26	27
9	13,0	7,8	12	18,2	27	32

der Anteil an Energiefutter zu hoch und sie verfetten.
In einem Fütterungsversuch wurde den Tieren unabhängig vom Laktationsstand Maissilage zur freien Aufnahme zur Verfügung gestellt, Grassilage und Heu wurden rationiert und Kraftfutter nach Leistung angeboten. Aus Tabelle 23 ist erkennbar, daß z. B. die Maissilageaufnahme zwischen den einzelnen Kühen sehr unterschiedlich ist. Je mehr Kraftfutter eingesetzt wurde, desto niedriger lag die Maissilageaufnahme.
Auffallend war die hohe Maissilageaufnahme von Milchkühen mit geringer Milchleistung und Kraftfutterzuteilung. Die unnötig hohe Aufnahme von Grundfutter mit hoher Konzentration kann bei niederleistenden Kühen die Ursache der Verfettung vor dem Trockenstellen bzw. Abkalben sein.
Eine **Gruppeneinteilung** je nach Leistung und der dadurch möglichen, differenzierten Fütterung (mit Grundfutter unterschiedlicher Nährstoffkonzentration) ist deshalb unbedingt notwendig.
Wenn möglich, sollten dabei im Laufstall drei Gruppen gebildet werden.
Die Nährstoffkonzentration der Ration muß auf die jeweilige Leistungsgruppe abgestimmt werden. Bei niederleistenden Tieren bedeutet dies eine Verdünnung der Ration.
Kühe in der ersten Laktationshälfte erhalten dabei hochkonzentriertes Grundfutter, in der zweiten Laktationshälfte wird der Maissilageanteil reduziert. Die dritte Gruppe mit den trockenstehenden Tieren kommt nicht mehr in den Melkstand und kann getrennt gehalten und gefüttert werden.

Futterverteilsysteme

In alten Ställen ohne befahrbaren Futtertisch wird das Futter per Schubkarre transportiert und von Hand zugeteilt. Betriebe mit einem Siloblockschneider können sich behelfen, indem die Blöcke z. B. auf Paletten gesetzt und dann in den Stall geschoben werden. Auch hier ist die Zuteilung von Hand nötig.
Die Betreibung stationärer Verteilgeräte wie z.B. Förderbänder im Stall ist kaum verbreitet und meistens mit Hochsilos und einer entsprechenden Entnahmetechnik kombiniert.
In neueren Ställen ist der Futtertisch befahrbar. Hier kann Silage sowie anderes Futter mit dem Traktor bis zum Tier gebracht werden. Die Vorratsfütterung mit einmal wöchentlicher Futterentnahme und Lagerung der Blöcke im Stall ist eine Möglichkeit. Sie hat viele Nachteile, ist aber noch verbreitet. Neben der reduzierten Schmackhaftigkeit bei längerer Lagerung im Stall und der Gefahr von Nachgärungen und Futterverderb ist die zweimal tägliche Fütterung immer noch Handarbeit.
Daher geht man verstärkt dazu über, das Futter (täglich oder pro Mahlzeit) in den Stall zu fahren und maschinell zu verteilen. Dies ist möglich durch Blockschneider mit Verteilereinrichtung oder Futterverteilwagen.
Mit dem *Blockschneider* müssen unterschiedliche Futter nacheinander zugeteilt werden. Die *Futterverteilwagen* haben ein größeres Fassungsvermögen und sind oft flexibler, was den ziehenden Traktor betrifft. Sie können schichtweise mit verschiedenen Komponenten beladen werden, wobei die Zuteilung aller Grundfutterkomponenten gleichzeitig erfolgt. Jedoch sind hier eventuell zusätzliche Geräte zur Silageentnahme und zum Befüllen des Verteilwagens notwendig. Eine gleichmäßige Verteilung verschiedener Komponenten ist nicht möglich.
Ein weiterer Schritt bei der Mechanisierung der Futterzuteilung ist der *Futtermischwagen*. Dieses Gerät kann verschiedene Komponenten vermischen und anschließend das Futter zuteilen. Deswegen sollte es mit einer Wiegeeinrichtung ausgestattet sein.

Futtermischwagen

In Betrieben mit größeren Tierbeständen kommt aus Gründen der Arbeitserleichterung, von Zeitersparnis und aus Gründen einer gleichmäßigen Versorgung vermehrt der Futtermischwagen zum Einsatz. Nachteilig ist der relativ hohe Preis für die Technik.

Die Ziele einer »biologischen« Fütterung werden dabei durch eine Mischung von Grund- und Kraftfutter voll erreicht. Die Kuh nimmt mit jedem Bissen in der Mischung Heu, Silage und Kraftfutter auf.

Ein Aussondern eines bestimmten Futters durch die Tiere ist nicht möglich. Die Nährstoffkonzentration der Mischung bleibt homogen. Diese ausgeglichene Fütterung schafft günstige Pansenverhältnisse. Dies wirkt sich vorteilhaft auf die Milchleistung und -inhaltsstoffe aus.

Wenn die gesamte Ration in die Mischung eingeht, gibt es keine Rangkämpfe am Freßplatz und kein Anstehen an der Kraftfutterstation.

Bei der niederleistenden Gruppe könnte man das Kuh:Freßplatz-Verhältnis auf 2:1 reduzieren, jedoch nicht bei den Hochleistungskühen.

Wie sich der Einsatz des Futtermischwagens im Vergleich zur separaten Vorlage der Futtermittel hinsichtlich Grundfutteraufnahme, Milchmenge und Milchinhaltsstoffe auswirkt, wurde in einigen Versuchen von SCHWARZ und KIRCHGESSNER erarbeitet.

Dabei wurde Grassilage, Maissilage und Heu an eine Versuchsgruppe in Einzelvorlage, an eine zweite Gruppe von Kühen in einer Futtermischung angeboten.

Hier zeigte sich folgendes Ergebnis:

Wenn Grassilage und Heu mit hohen Rohfasergehalten, Rüben und gute Maissilage in einer Mischung verfüttert werden, ist die Futteraufnahme deutlich höher, als wenn diese Komponenten separat zur Verfütterung kommen.

In den Versuchsfuttermitteln Heu und Grassilage betrug der Rohfasergehalt über 30 %. Die Futteraufnahme lag bei der Einzelvorlage um ca. 2 kg T unter der bei einer Vorlage als Mischung.

Beim Einsatz von Grassilage mit 27 % Rohfaser und gutem Heu mit 30 % Rohfaser konnten keine Unterschiede in der T-Aufnahme bei den verschiedenen Verfahren festgestellt werden.

Bei Futtermischungen werden also Komponenten von geringerer Qualität vom Tier in größeren Mengen aufgenommen, als bei Einzelvorlage. Dies gilt aber nur, wenn sie mit hochwertigen Futtermitteln in einem bestimmten Mischungsverhältnis angeboten werden.

Stehen aber hochwertige, schmackhafte Grundfuttermittel zur Verfügung, wird bereits bei einer Einzelvorlage eine hohe Futteraufnahme erreicht und ein Vermischen bewirkt keine Steigerung der T-Aufnahme aus dem Grundfutter.

Beim Einsatz einer Futtermischung bietet es sich an, zumindest auch einen Teil des Kraftfutters einzumischen. Dazu müssen Leistungsgruppen gebildet werden. Der Vorteil dabei ist, daß Energie- bzw. auch Rohproteindefizite im Grundfutter gezielt ausgeglichen werden können.

Gerade bei hohem Grasanteil in der Mischung kann durch das Einmischen von Trockenschnitzeln, Getreide o.ä. energiereichen Futtermitteln eine ausgeglichene Grundration konstruiert werden. Aber auch ohne Beimischung von Kraftfutter ist mit den entsprechenden Mengenverhältnissen von Gras-:Maissilage in der Mischung zumindest ein teilweiser Ausgleich möglich.

Im angesprochenen Versuch wurde auch überprüft, wie sich die Grundfutteraufnahme bei einer Kraftfutterbeimischung verändert. Das Ergebnis zeigt, daß bei einer Verfütterung von rohfaserreichem, schlechter verdaulichem Grundfutter in Mischung mit geringen Kraftfutteranteilen der Futterverzehr leicht ansteigt. Der Grund dafür liegt wohl zum einen in einer schlechteren Selektionsmöglichkeit und

eventuell in einer Verbesserung der Gesamtverdaulichkeit.
Im selben Versuch wurde deutlich, daß bei qualitativ hochwertigem Grundfutter in der Mischung, das zu einer hohen Futteraufnahme führt, durch eine zusätzliche Einmischung von geringen Mengen Kraftfutter die Grundfutteraufnahme nicht beeinflußt wurde.
Anders war die Situation, wenn größere Mengen an Kraftfutter eingemischt wurden. Bei Anteilen von über 20 % Kraftfutter in dieser Mischung lag der Grundfutterverzehr niedriger, als wenn Grundfutter in Mischung und das Kraftfutter getrennt verabreicht wurde. Die Autoren deuten dies so, daß möglicherweise diese Kraftfuttereinmischung unter den vorliegenden Fütterungsbedingungen zwar zu einem insgesamt gleichmäßigeren, aber über einen längeren Zeitabschnitt doch nach unten verschobenen Niveau des pH-Wertes im Pansen führt. Die Abbaubedingungen für das rohfaserreiche Grundfutter verschlechtern sich dann.
Für den spezialisierten Milchviehbetrieb wird der **Futtermischwagen** mit einer Wiegevorrichtung an Bedeutung gewinnen. Die hohen Anschaffungskosten des Futtermischwagens verteilen sich, wenn er als Mehrzweckgerät verwendet wird. Beim entsprechenden Einsatz übernimmt er den Transport zum Kuhstall und die Zuteilung der Futtermittel auf dem Futtertisch. Die Handarbeit entfällt ganz.
Wird eine Totalmischung, d.h. Grund-,

Tabelle 24: Rationsbeispiele (Angaben in kg) beim Einsatz des Futtermischwagens sowie Kennwerte dieser Futterrationen

Bestandteil der Futterration	Futterrationen für Kühe .... trocken- stehend	in der zweiten Laktationshälfte	in der ersten Laktationshälfte
Grassilage, angewelkt	15	16	18
Maissilage, wachsreif	8	8	9
Wiesenheu	2	2	3
Grascobs, jung	–	2	4
Biertreber, siliert	–	5	5
Gerste, vierzeilig	–	2	4
Sojaschrot	–	–	1
Melasseschnitzel	–	–	2
Mineralfutter	–	0,05	0,11
Kohlensaurer Kalk	–	–	0,03
Viehsalz	0,03	0,03	0,03
T-Aufnahme	10,3	15,5	22,6
Kennwerte der Futterration (in der T)	trocken- stehend	in der zweiten Laktationshälfte	in der ersten Laktationshälfte
Rohfaser %	25,2	22,0	18,5
Rohfaser kg	2,6	3,5	4,2
Rohprotein %	13,3	14,5	15,6
NEL MJ	5,7	6,0	6,5
Stärke %	13,0	17,2	23,6
Mineralstoffe Ca:P	1,7:1	1,6:1	1,7:1

Kraft-, Mineralfuttermischung bereitet, kann die Anschaffung einer automatischen Fütterungsanlage mit Tiererkennung (Responder) unterbleiben. Die Voraussetzung dafür ist die Bildung von Leistungsgruppen. Um die Tiere nach Laktationsstand und Leistungsniveau zu füttern, sollten zumindest drei Gruppen zusammengestellt werden.

Zur **Erstellung der Ration** gibt es zwei Möglichkeiten:

- Es werden separate Mischungen für die jeweilige Gruppe erstellt. Die Rationszusammenstellung kann bei jeder Leistungsgruppe anders sein. Dies gilt besonders für Grundfutter, aber auch für Kraftfutter. Bei den einzelnen Gruppen erfolgt eine unterschiedliche Zuteilung nach Menge und Konzentration.
- Es wird eine Grundmischung für alle Kühe erstellt, die für höherleistende Tiere durch Grund- bzw. Kraftfutterzulagen entsprechend aufgewertet wird.

Bei diesem Verfahren ist folgende *Gruppeneinteilung* sinnvoll:

- Trockenstehende Kühe (Gruppe I),
- Tiere in der zweiten Laktationshälfte (Gruppe II),
- Kühe in der Hochleistungsphase (Gruppe III).

Die Berechnung der Mischungen ist auf die Tagesration ausgerichtet. Bei einwandfreien Silagen ist es möglich, pro Tag einmal zu mischen und das Futter in ausreichender Menge vorzulegen. Im Laufe des Tages ist ein Nachschieben des Futters ausreichend.

Es ist bekannt, daß sich Kühe durch individuelles Futteraufnahmevermögen unterscheiden. Auch bei der Totalmischung ist die absolute Futteraufnahme der einzelnen Kühe entscheidend für die Erhaltung der Leistungsbereitschaft.

Durch die Futtermischung ist die Notwendigkeit, das Tier wiederkäuergerecht zu ernähren, leichter zu erfüllen als bei Einzelvorlage der Komponenten. Dies gilt besonders in der Hochleistungsphase.

An einem Beispiel eines praktischen Betriebes wird der Ablauf der Fütterung mit einem Mischwagen dargestellt.

Erster Arbeitsgang:

Die Grundfuttermenge wird zum ersten Mischvorgang für alle Tiere der 3 Gruppen gemeinsam berechnet. Färsen und Trockenkühe bekommen davon als Gruppe I eine bestimmte Menge. Wegen der noch guten Nährstoffkonzentration von 5,6 MJ NEL werden 20 kg Tier/Tag (dies sind 10,3 kg Trockenmasse) zugeteilt. Zur Sättigung der Gruppe I wird am Stallplatz noch etwas Stroh/Altheu zugefüttert. Ebenso wird das notwendige Mineralfutter für diese Gruppe von Hand zugeteilt.

Zweiter Arbeitsgang:

Die Rest-Grundmischung wird mit den angegebenen Futtermitteln aufgewertet und der Gruppe II zur vollen Sättigung vorgelegt.

Der Rest der Mischung II wird nochmals aufgewertet. Dazu ist eine weitere Kraftfutterzulage notwendig.

Die frischlaktierende Gruppe III wird mit einer Mischung versorgt, die eine Energiekonzentration von 6,6–6,8 MJ NEL/kg T aufweist.

Diese Obergrenze sollte eingehalten werden. Überhöhte Konzentrationen sind nachteilig. Die Folge wäre ein zu hoher Anteil an Stärke/Zucker und ein Mangel an strukturierter Rohfaser. Bei Nichtbeachtung kommt es zur Übersäuerung des Pansens. Die Futteraufnahme geht zurück.

Aber nur bei einer entsprechenden Futteraufnahme kann der volle Nährstoffbedarf für ca. 30 kg Milch abgedeckt werden. Auch mit der Kraftfuttereinmischung hat diese Ration immer den notwendigen Strukturanteil.

Bei allen Fütterungsformen (Einzelvorlage oder Vermischen der Komponenten), ist eine Versorgung für Leistungen über 30 kg Milch kaum möglich. Die Hochleistungskuh wird immer Körperreserven zusetzen müssen. Bei intakten Pansenverhältnissen ist dies in gewissen Grenzen auch möglich, ohne zu größeren Problemen zu führen. Denn bei zurückgehender

Milchleistung werden später diese Körperreserven wieder aufgefüllt.
Eine hohe Futteraufnahme ist Voraussetzung für die notwendige Nährstoffversorgung und das Ausschöpfen des Leistungsvermögens der Einzeltiere.
In Beständen von über 100 Kühen könnten vier Mischungen verschiedener Qualität eingesetzt werden. Um hochlaktierende Kühe gezielter zu versorgen, lohnt es sich dann, eine zusätzliche Mischung mit dem besten Grundfutter des Betriebes anzulegen.

Das Einmischen von höheren Mengen an Kraftfutter ist nur mit hochverdaulichem Grundfutter möglich.

Kraftfutter senkt den pH-Wert im Pansen. Durch die gemeinsame Aufnahme mit hochverdaulichem Grundfutter sind die Lebensbedingungen für die Mikroben noch recht gut, auch wenn der Rohfasergehalt des Grundfutters nur ca. 22 % beträgt. Die Futteraufnahme ist hoch, der Abbau im Pansen zügig und die Nährstoffversorgung sehr gut.
Eine rohfaserreiche Grundration dagegen wird auch bei hohen Kraftfutterbeimengungen im Pansen nur langsam abgebaut. Die Futteraufnahme verzögert sich dann, die Nährstoffversorgung wird schlechter und die Leistung fällt ab.
So ist zu erklären, daß Kühe, die mit Stroh oder rohfaserreicher, überständiger Silage und Kraftfutter gefüttert werden, nur ein niedriges Leistungsniveau erreichen.

Einfluß auf die Milchinhaltsstoffe
Bei hochwertigem Futter besteht kein Unterschied in der T-Aufnahme, unabhängig davon, ob die Komponenten einzeln oder in Mischung vorgelegt werden. Somit werden in diesem Fall weder die Milchmenge noch die Milchinhaltsstoffe beeinflußt.
Wird aber bei *minderwertigem Futter* aufgrund der Vermischung mit hochwertigen, schmackhaften Silagen eine höhere Grundfutteraufnahme erreicht als bei Einzelvorlage, führt dies zur Verbesserung sowohl der Nährstoffversorgung als auch der Milchleistungsparameter.
Bei extremen Rationsgestaltungen, z. B. ⅓ Heu, ⅔ Kraftfutter, kann durch die Vermischung von beiden Komponenten der Milchfettgehalt und die fettkorrigierte Milchmenge positiv beeinflußt werden.
Ein zu intensives Vermischen mit der Folge, daß das Futter »breiig« wird und somit seine Struktur verliert, ist zu vermeiden, da die Futteraufnahme und dann auch die Milchleistung deutlich zurückgehen.

Rationsgestaltung

Die Fütterung der Kühe sollte zwei Gesichtspunkte berücksichtigen:
- ▶ Zum einen die Sättigung der Tiere,
- ▶ zum anderen die Deckung des Bedarfs.

Zu unterschiedlichen Laktationsstadien ergeben sich somit verschiedene Ansprüche der Tiere an die Ration/das Futter.
Maßstab der Sättigung ist die aufgenommene Futtertrockenmasse. Abhängig von der Verdaulichkeit des Futters sowie dem Aufnahmevolumen und dem Laktationsstand der Kühe sind 1,8–2,2 kg Trockenmasseaufnahme je 100 kg Lebendgewicht aus dem Grundfutter anzusetzen. Das entspricht einer mittleren T-Aufnahme aus dem Grundfutter von 10–12 kg bei der Winterfütterung, sowie 13–15 kg in der Sommerfütterung.
In der Gesamtration mit Kraftfutter liegt das Aufnahmevermögen bei 3 kg T/100 kg LG, das entspricht bei einer 650 kg schweren Kuh einer Futteraufnahme von insgesamt ca. 20 kg T/Tag.
Um den **Bedarf zu decken**, muß die Ration jeweils für eine Kuh bzw. Gruppe von Kühen mit bestimmter Leistung erstellt werden. Eine Dreiteilung der Rationsgestaltung hat sich dabei bewährt:
- ▶ Grundfutter,
- ▶ Ausgleichsfutter,
- ▶ Leistungsfutter.

Das **Grundfutter** kann dabei mehrere

Komponenten enthalten, die sich eventuell sogar ergänzen.
Das **Ausgleichsfutter** erfüllt zwei Funktionen: Zum einen wird dabei ein Nährstoffausgleich bei einseitigem Protein- oder Energieüberschuß angestrebt, und zum anderen eine Mineralstoffergänzung durchgeführt.
Die **Leistungsfuttergabe** ist für das Erfüttern höherer Leistungen notwendig, die über das mit Grund- und Ausgleichsfutter mögliche hinausgehen.
Die Kraftfutterzuteilung erfolgt entweder von Hand (Anbindestall) oder in einer Kraftfutterstation (Laufstall) mit PC-gestützter Zuteilung für das Einzeltier. Die Durchführung der Kraftfutterfütterung ist auf Seite 25 (Leistungsfütterung) dargestellt.
Bei der Gestaltung der Ration ist auf wichtige Vorgaben (z. B. Grenzen des Fett-, Stärke- und Zuckereinsatzes) sowie auf ausreichende Rohfasergehalte und Struktur zu achten, die zu Beginn des Abschnitts angesprochen wurden.
Die Rationsberechnung wird heute hauptsächlich mit Fütterungsprogrammen erstellt (siehe dazu Seite 24, Berechnen einer Grundfutterration, und Abb. 10).

Grundfutterverdrängung

Höhere Milchleistungen werden mit Kraftfutter abgedeckt. Für je 2 kg Milch wird dabei 1 kg Kraftfutter mit einem Energiegehalt von 6,4–6,9 MJ NEL angesetzt.
Wenn durch den Einsatz von Kraftfutter weniger Grundfutter aufgenommen wird, spricht man von der **»Grundfutterverdrängung«**. Nicht nur die Füllung des Pansens beeinflußt die Grundfutteraufnahme, sondern auch das Pansenmilieu. Das Kraftfutter ist gemahlen und ohne Strukturwirksamkeit. Dies führt zu rückläufiger Wiederkautätigkeit, vermindertem Speichelfluß und damit zu einer Übersäuerung, d. h. Abfall des pH-Wertes im Pansen.
Dieser Abfall wird noch verstärkt durch die hohe Nährstoffkonzentration und die schnelle Fermentierung der leicht löslichen Kohlenhydrate des Kraftfutters im Pansen. Der pH-Wert kann dabei unter 6,0 absinken, das Essig-:Propionsäure-Verhältnis verengt sich unter den erwünschten Wert von 3:1. In diesem Milieu haben die zelluloseabbauenden Bakterien schlechtere Lebensbedingungen für den Rohfaseraufschluß. Der Futterbrei verweilt länger im Pansen und hemmt die weitere Futteraufnahme.
Es ist nicht möglich, eine feste Größe für die Grundfutterverdrängung zu nennen. Eine Reihe von Faktoren beeinflussen mehr oder minder stark die Grundfutteraufnahme.
Dies sind:

- Höhe der Kraftfuttermenge,
- Verdaulichkeit des Grundfutters,
- Trockenmassegehalt des Grundfutters,
- Fütterungstechnik,
- Laktationsstand der Kuh,
- Lebendgewicht der Kühe.

Von den angeführten Einflußgrößen ist die **Kraftfuttermenge** die wichtigste. Als Orientierung kann dabei folgendes gelten:
Die ersten 3 kg Kraftfutter verdrängen kaum Grundfutter. Ungefähr ab dem 4. kg muß mit einer mittleren Verdrängung gerechnet werden, dies sind ca. 0,3–0,5 kg Grundfutter/1 kg Kraftfutter. Die Verdrängung steigt dann aber deutlich an. Mit dem 10. kg dürften bereits 0,8 kg–1 kg Grundfutter-Trockenmasse weniger gefressen werden.
Die **Verdaulichkeit des Grundfutters** hat ebenfalls Einfluß auf die Grundfutterverdrängung. Bei Futter mit hohen Energiegehalten und einer damit erhöhten Verdaulichkeit wird zwar mehr Grundfutter aufgenommen als bei geringerwertigem Futter. Mit steigender Kraftfuttergabe fällt aber die Grundfutteraufnahme beim Einsatz von hochverdaulichem, energiereichem Futter relativ stärker ab, als bei minderwertigem Grundfutter.

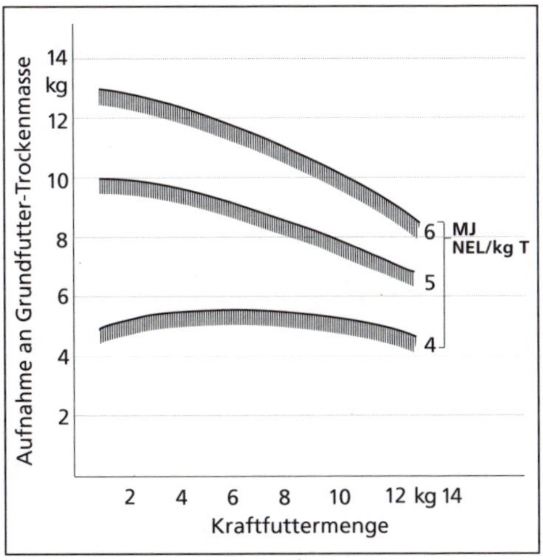

Abb. 18: Grundfutteraufnahme bei unterschiedlicher Grundfutterqualität und steigenden Kraftfuttergaben (nach HELLER, POTTHAST, 1987).

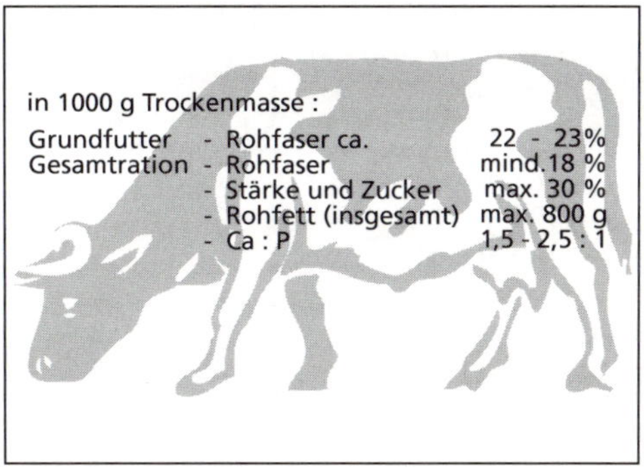

Abb. 19: Anforderung an eine wiederkäuergerechte Fütterung.

Trotz der größeren Verdrängung ist allerdings die Gesamtfutteraufnahme beim Einsatz hochverdaulicher Grundfuttermittel höher.

In Abb. 18 ist die Grundfutteraufnahme bei verschiedenen Futterqualitäten dargestellt. Dabei ist erkennbar, daß vom besten Grundfutter bei steigender Kraftfuttermenge am meisten verdrängt wird, allerdings die T-Aufnahme am höchsten bleibt. Zusätzlich ist ersichtlich, wie bei geringerwertigem Futter die Futteraufnahme bei steigendem Kraftfuttereinsatz zu Beginn ansteigt und später erst abfällt.

Fütterung im Laktationsverlauf

Der Nährstoffbedarf des Tieres ist vom jeweiligen Leistungsstand abhängig. Die Versorgung innerhalb der Laktation muß darauf abgestimmt werden. Die Stoffwechselbelastung ist dabei umso geringer, je mehr es gelingt, in den einzelnen Phasen den Bedarf möglichst abzudecken.

Zur Beachtung sind in Tabelle 25 einige Orientierungswerte aufgeführt. Daraus ist erkennbar, welche Anforderungen an das Futter bei unterschiedlicher Laktationsleistung erreicht werden sollten.

Die Rohfaserversorgung ist ausreichend, wenn mindestens 18 % Rohfaser in der T enthalten sind. Bei hoher Futteraufnahme kann auch bei geringeren Gehalten im Futter aufgrund der hohen Fasermenge der Bedarf gedeckt sein (Tabelle 26). Neben dem prozentualen Rohfasergehalt stellt die mengenmäßige Rohfaserversorgung eine zusätzliche Information über die Versorgungslage dar, die besonders im Hochleistungsbereich von Bedeutung ist.

Trockenstehende Milchkuh

Die Fütterung der Kühe während der Trockenstehzeit bedarf besonderer Beachtung.

Der Bedarf einer trockenstehenden Milchkuh richtet sich nach dem Erhaltungsbedarf und dem Bedarf für das wachsende Kalb. Bei abgemolkenen Kühen muß zusätzlich noch das Auffüllen von Körperreserven bedacht werden.

Die Versorgungsempfehlungen werden bei trockenstehenden Kühen immer in Anlehnung an die Milchleistung gegeben. Als

Tabelle 25: Von der Milchleistung abhängige Forderungen an das Futter

		tägliche Milchleistung in kg			
		10	20	30	35
T-Aufnahme	kg	13,0	16,5	20,0	21,5
in 1000 g Trockenmasse:					
Rohprotein	%	13,0	14,0	15,5	16,0
RP-Abbaubarkeit	%	88	84	79	76
NEL	MJ	5,4	6,3	6,7	6,9
Ca:P-Verhältnis		1,5:1	1,6:1	1,7:1	1,8:1

Orientierung kann dabei gelten, diese Tiere etwa so zu versorgen, als gäben sie ca. 5–6 kg Milch.

Der Bedarf für diese Leistung liegt bei etwa 53 MJ NEL und 900 g Rohprotein. Bei einer unterstellten T-Aufnahme von 10–11 kg beträgt die notwendige Energiekonzentration etwa 5–5,3 MJ NEL. Dabei muß beachtet werden, daß die T-Aufnahme durch die Ausdehnung des Fötus etwas vermindert wird.

Der Nährstoffbedarf in der Trockenstehzeit kann, wegen der geringen Ansprüche, durch **Grundfutter** abgedeckt werden. Nur wenn bei Futterknappheit Stroh eingesetzt werden muß, oder eine Ration hauptsächlich aus »Extensiv-Heu« (Heu von Flächen, die einem Extensivierungsprogramm angeschlossen sind) besteht, ist eventuell eine Kraftfutter-Beifütterung notwendig.

Das Grundfutter hat sich heute generell durch eine Reihe von Einflüssen in der Qualität stark verbessert. Die Energiekonzentration ist höher, der Proteingehalt angepaßt. Durch die Ausweitung der Silomaisfläche steht in vielen Betrieben auch ein sehr energiereiches Grundfuttermittel in großer Menge zur Verfügung.

Tabelle 26: Trockenmasseaufnahme und Rohfaserversorgung

Trockenmasse kg	Rohfaser in der T %	Rohfaser insgesamt kg
21	16	3,36
19	17	3,23
17	18	3,06

Daher tritt häufig der Fall ein, daß die Grundfutterration zu energiereich ist und verdünnt werden muß. Dies ist dann gegeben, wenn im Betrieb gute Maissilage (über 6 MJ NEL/kg T) oder auch hochwertige Grassilage (ebenfalls etwa 5,8 MJ NEL) eingesetzt wird. Die gleiche Situation ist in der Sommerfütterung gegeben, wenn Gras verfüttert wird.

Am einfachsten ist es, diese zu energiereichen Komponenten mit einer Heu- oder Strohgabe zu ergänzen, um dadurch eine Verdünnung zu erreichen.

Milchkühe dürfen während der Laktation und vor allem zum Abkalbetermin hin **keine Mastkondition** aufweisen. Eine zu hohe Einlagerung von Depotfett ist problematisch. Denn wenn die Geburtswege verfetten, kommt es dadurch zu mechanischen Verletzungen und die Infektionsgefahr ist sehr groß.

Auch werden durch Quetschungen der Nerven im Kreuzbeinbereich die Funktionen des Bewegungsapparates zeitweise gelähmt und die Kühe können nicht mehr aufstehen. Die Leistungsfähigkeit der Tiere leidet dann sehr stark.

Durch eine Schwergeburt sinkt auch die Vitalität des Kalbes, dies führt zur Trinkschwäche. Daneben sind Probleme mit dem Abgang der Nachgeburt und Entzündungen des Genitalbereiches zu befürchten. Vor allem zeigen verfettete Kühe nach der Kalbung eine verminderte Freßbereitschaft.

Die Abb. 20 zeigt den Verlauf der Futteraufnahme zu Laktationsbeginn in Abhängigkeit von der Energieversorgung am Ende der Trächtigkeit. Auffallend dabei ist der verzögerte Verlauf der Futteraufnahme bei Tieren, die vor der Kalbung sehr energiereich versorgt wurden, d.h. Fett ansetzten.

Bei knapp versorgten Kühen dagegen ist der Anstieg der Futteraufnahme sehr viel schneller. Die niedrige Futteraufnahme bei fetten Kühen führt zu einem immer größer werdenden Defizit der Energieversorgung. Dieses *Energiedefizit* bewirkt anfangs noch keine Reduzierung der Milchleistung, das Tier versucht durch den Abbau von Depotfett einen Ausgleich zu erreichen.

Der vollständige Fettabbau ist jedoch nur möglich, wenn genügend Glukose im Blut vorhanden ist. Bei reduzierter Futteraufnahme ist dies aber nicht der Fall. Es kommt dann zu mehr oder minder erkennbaren Stoffwechselstörungen.

Bei unzureichender Energiezufuhr und Glukosebildung werden die Zwischenprodukte des Fettabbaus (Ketonkörper) nicht weiter verarbeitet und gelangen ins Blut. Dies vermindert die Futteraufnahme, wodurch sich die Situation weiter verschärft. Eine starke Abmagerung der Tiere ist die Folge, wodurch auch die Fruchtbarkeit nachteilig beeinflußt wird.

Aussagefähige Parameter für diesen Körperfettabbau und die zu geringe Energieversorgung bzw. die Stoffwechselbelastung sind die Milchinhaltsstoffe: Überhöhte Milchfettgehalte beim ersten Probemelken nach der Kalbung, gepaart mit sehr niedrigen Milcheiweißgehalten, deuten auf diesen Zustand hin.

In der Regel liegt dabei der Milchfettgehalt bei Tieren, die im Durchschnitt ca. 4 % Milchfett aufweisen, über 5 %. Der Milcheiweißgehalt liegt bei 3 % oder sogar noch darunter. Der hohe Fettgehalt der Milch ist ein Zeichen für starken Körperfettabbau, der wegen der ungenügenden Energiezufuhr erfolgt. Der niedrigere Eiweißgehalt der Milch läßt die Mängel bei der Energiezufuhr erkennen.

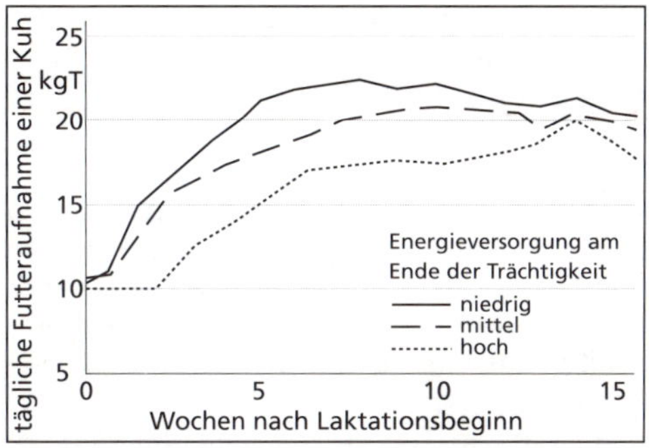

Abb. 20: Verlauf der Futteraufnahme zu Laktationsbeginn bei unterschiedlicher Energieversorgung am Ende der Trächtigkeit (nach GARNWORTHY und TOPPS, 1982).

Vorbereitungsfütterung der Milchkühe

In Abhängigkeit von den eingesetzten Futtermitteln ändern sich die Verhältnisse im Pansen und damit die Zusammensetzung der Mikrobenpopulation. Um für das Tier die Belastung nach der Kalbung gering zu halten, wird die *Futterumstellung* vorgezogen. Vor der Kalbung werden deshalb bereits die Futtermittel eingesetzt, die nachher verfüttert werden sollen.

Zwei Wochen vor dem voraussichtlichen Abkalbetermin wird mit der **Kraftfutterbeifütterung** in kleinen Gaben begonnen. Anfangs werden dabei 0,5 kg gegeben und bis zum Kalbetermin wird die Menge auf max. 3 kg gesteigert. Die hohe Menge soll den Pansen auf die Leistungsfütterung nach der Kalbung vorbereiten.

Durch die alleinige Grundfuttergabe bilden sich die Pansenzotten zurück. Das stärkereiche Kraftfutter gibt Anreiz zur erneuten vollen Ausbildung der Zotten mit guter Durchblutung der Pansenschleimhaut. Die Vergrößerung der Pansenoberfläche und die aktivierte Schleimhaut sind die Basis für einen optimalen Austausch von Stoffwechselprodukten in der Hochleistungsphase.

Eine Gefahr der Verfettung besteht durch die zusätzliche Energiezufuhr bei der Vorbereitungsfütterung nicht. Der Zeitraum dieser Phase ist relativ kurz und zudem steigt der Energiebedarf der Kuh wegen der Gewichtszunahme des noch wachsenden Fötus in der letzten Zeit vor dem Abkalben stark an. Dies bewirkt einen höheren Energiebedarf.

Wenn in der Trockenstehzeit die **Maissilagefütterung** unterbrochen wurde, sollte diese in den letzten Tagen vor der Kalbung wieder begonnen werden. Die Zufütterung von Maissilage muß in kleinen Mengen erfolgen.

Ebenso ist der Einsatz von **Rauhfutter** während der Trockenstehzeit und auch in den ersten Tagen nach der Kalbung von Vorteil. Die Nährstoffkonzentration im Heu ist gegenüber den Silagen zwar geringer, das Rauhfutter hält im Pansen aber den pH-Wert stabil, weil es die Bereitschaft zum Wiederkauen fördert. Zudem ist die Pansentätigkeit während des Geburtszeitraumes stark herabgesetzt. Es ist notwendig, diese nach der Kalbung wieder zu aktivieren. Rauhfutter ist dazu sehr gut geeignet.

Ein aktiver Pansen ist die Voraussetzung für eine problemlose Leistungsfütterung nach der Kalbung.

Besondere Aufmerksamkeit erfordert die Mineralstoffversorgung in der Trockenphase.

Um der Gebärparese (Milchfieber) vorzubeugen, sollte die **Calcium-Versorgung** knapp gehalten werden. Dies ist nicht nur über die Zufütterung von ca. 50–80 g calciumarmem, aber phosphorreichem (8 % Ca, 13 % P) Mineralfutter zu regeln. Bei gefährdeten Tieren muß *calciumreiches Grundfutter rationiert* werden. Dazu gehören Futtermittel wie Zuckerrübenblattsilage, Zwischenfrüchte, Luzerne und Klee.

Sind in einem Grundfuttermittel z.B. 9 g Ca und 4 g P in der T enthalten, so nimmt eine Milchkuh mit 8 kg T-Aufnahme schon 72 g Ca und 36 g P auf (Verhältnis von 2,0 :1) und liegt mit der Ca-Menge deutlich über dem Bedarf.

Um die hormonelle Steuerung der Ca-Mobilisierung zur Kalbung wieder in Gang zu setzen, ist während der Vorbereitungsfütterung eine knappe Ca-Versorgung notwendig. Das Ca : P-Verhältnis aus dem Grundfutter soll dabei etwa 1,2 : 1 betragen.

Hochleistungsphase

Steigende Jahresmilchleistungen führen zu höheren Einsatzleistungen. Das Risiko der Unterfütterung steigt dadurch immer mehr an. Durch gezielte Maßnahmen muß versucht werden, die Hochleistungskühe auch in dieser Phase gesund und fruchtbar zu halten.

Mit dem Tag der Kalbung ändert sich der Nährstoffbedarf des Tieres. Nur durch einen erhöhten Kraftfuttereinsatz kann dieser abgedeckt werden. Die Ration verändert sich dadurch sehr stark.

Ziel der Fütterung muß es sein, durch eine maximale Futteraufnahme das Defizit zwischen Nährstoffbedarf und Zufuhr mög-

Abb. 21: Schematischer Laktationsverlauf und Fütterungsmöglichkeiten.

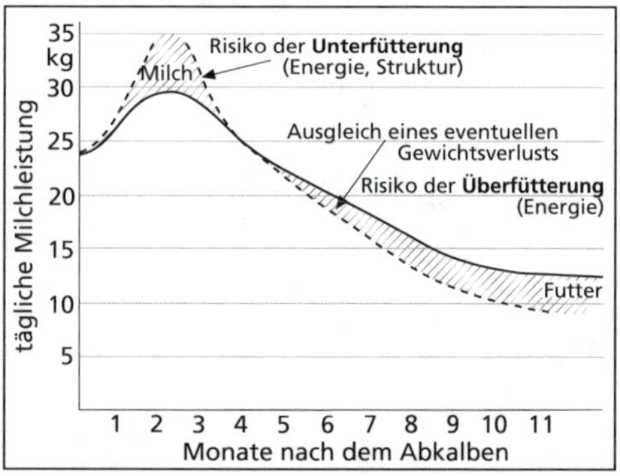

Tabelle 27: Mineralstoffbedarf [1]) für Erhaltung und Trockenperiode

Lebendgewicht kg	Magnesium 550	650	Natrium 550	650
Erhaltung g	11	13	7	9
Trockenperiode 8. und 9. Trächtigkeitsmonat g	14	16	10	12

[1]) Calcium- und Phosphorbedarf siehe Seite 52ff.

lichst gering zu halten. Die Stoffwechselbelastung wird dadurch geringer und die Gesundheit und Fruchtbarkeit gefördert. Die »Problemphasen« möglicher Über- und Unterversorgungen sind in Abb. 21 dargestellt.

Anfüttern mit Kraftfutter

In den ersten Wochen nach der Kalbung steigt die Futteraufnahme langsam an. Das Maximum der Futteraufnahme und Milchleistung wird etwa nach 5–7 Wochen erreicht. Die höchste Futteraufnahme hinkt der Leistung einige Wochen hinterher.

Zur langsamen Umstellung ist es empfehlenswert, die Kraftfuttermengen nach der Kalbung nur langsam zu steigern. Unmittelbar nach der Kalbung wird die Menge auf der Basis der Vorbereitungsfütterung weitergeführt und dann entsprechend erhöht. Als Maßzahl kann dabei eine Erhöhung von 0,5 kg/Tag in der 1. Woche gelten.

Diese langsame Steigerung bewirkt eine gleitende Anpassung der Pansenmikroben an die höhere Energieversorgung in der Ration. Da sich die Gesamtfutteraufnahme langsam steigert, bleibt bei dieser Vorgehensweise der Strukturanteil in der Ration in etwa gleich.

In der 2. und 3. Woche nach der Kalbung erfolgt die Steigerung langsamer. Hochleistungskühe sollten pro Woche etwa 2 kg mehr Kraftfutter bekommen, bis die maximale Gabe erreicht wird. Mit einem solch gleitenden Übergang ist die beste Voraussetzung für eine langsame Anpassung der Pansenmikroben in der Hochleistungsphase gegeben.

Ausfüttern in der Hochleistungsphase

Eine hohe Futteraufnahme ist die beste Möglichkeit, um das Energiedefizit möglichst gering zuhalten. Um dies zu erreichen, müssen einige Voraussetzungen erfüllt sein.

- **Körperzustand:** Die Tiere dürfen nicht zu fett zur Kalbung kommen. Die Gründe dafür wurden bereits angeführt.
- **Futterqualität:** Hochwertiges Grundfutter führt zu hoher Futteraufnahme. Jung geschnittene Grassilage, körnerreiche Maissilage, weidereifes Gras usw. erfüllen diese Bedingungen am besten. Auch Futterrüben oder Grascobs werden gerne aufgenommen und führen deshalb zu höherer Aufnahme.
  Empfehlenswert ist eine Rauhfuttergabe. Junges Heu vom 1. oder 2. Schnitt wird gut angenommen, da es relativ hoch verdaulich ist. Das trockene Futter regt zum Wiederkauen an und führt zu stabilen Pansenverhältnissen. Dies ist die beste Voraussetzung für die notwendige hohe Kraftfutteraufnahme.
  Wird Stroh eingesetzt, muß auf die Menge geachtet werden. Eine tatsächlich aufgenommene Menge von 200–300 g bewirkt nur eine geringe Stabilisierung des pH-Wertes im Pansen. Höhere Mengen können meist nur in Futtermischungen verabreicht werden.
- **Rationsgestaltung:** Alle Rationskomponenten sollen zu jeder Mahlzeit verfüttert werden. Bei einer Ration, mor-

gens Grassilage, Heu und abends Maissilage und Heu, ist die Futteraufnahme aus dem Grundfutter etwa um 1 kg niedriger, als wenn morgens und abends beide Silagen und Heu eingesetzt werden.

Eine vielseitige Ration ist immer vorteilhaft. Die Futteraufnahme wird dadurch gesteigert.

Einseitige Futtermittel z. B. Schlempe, Zwischenfrüchte usw. müssen rationiert werden. Die Nährstoffversorgung ist sonst nicht optimal.

In der Hochleistungsphase ist eine Abbaubarkeit des Proteins von unter 80 % notwendig (siehe Seite 74). Das kann über die Zusammenstellung der Grundfutterration wie auch über die Auswahl des Kraftfutters erreicht werden.

- **Fütterungstechnik:** Es hat sich bewährt, zweimal täglich den Trog auszuräumen und dann immer frisches Futter vorzulegen. Die Mengen sollen dabei so ausgelegt sein, daß sie in etwa den Bedarf für eine Mahlzeit abdecken. Die Vorteile des Einsatzes eines Futtermischwagens wurden bereits angesprochen.
- **Kraftfuttergabe:** Aufbauend auf hohen Grundfutteraufnahmen wird das Kraftfutter eingesetzt. Es darf dabei aber erst gesteigert werden, wenn die Grundfutteraufnahme langsam höher wird. Bei der Menge muß die Grundfutterverdrängung beachtet werden.
  Hohe Verdrängungen führen wegen der dann geringen Grundfutteraufnahme zu Problemen im Pansen (Acidose). Der *Kot der Tiere* ist dabei der Gradmesser für die Stabilität der Verdauung. Wird er zu weich, ist es ein Zeichen für eine zu kraftfutterreiche und damit strukturarme Ration. Die Kraftfuttergabe muß dann unbedingt zurückgenommen werden, auch wenn die Kuh die Menge rein rechnerisch bräuchte.

Eine *monatliche Anpassung* der Kraftfuttergabe führt zu einem gewissen Vorhalten, da die Laktationskurve langsam abfällt. Im ersten Laktationsabschnitt ist dies aber unproblematisch, da der Abfall gering ist.

Die maximale vom Tier »verkraftbare« Kraftfuttermenge ist nicht so einfach feststellbar. Sie hängt vom Einzeltier ab. Die Grenze wird dabei von der Grundfutteraufnahme gesetzt und diese schwankt zwischen 10 und 16 kg Trockenmasse, wie in zahlreichen Versuchen nachgewiesen werden konnte.

Höhere Kraftfuttermengen müssen auf mehrere Gaben verteilt werden. Pro Einzelgabe ist eine Menge von ca. 3 kg als obere Grenze anzusehen, d.h. einer Hochleistungskuh, die z.B. 12 kg am Tag braucht, muß das Kraftfutter auf 4 Tagesgaben verteilt verfüttert werden. Optimal ist dabei die bereits angesprochene Kraftfutterstation im Laufstall, bei der über den Tag verteilt nur kleine Mengen abgerufen werden können.

Kraftfutterzusammensetzung

Steigende Kraftfuttermengen stellen veränderte Ansprüche an die Zusammensetzung. Im Hochleistungsbereich kann dies bei strukturschwachen Rationen Vorteile bringen. Der bereits angesprochene, langsamere Abbau der Maisstärke gegenüber der von Weizen kann hier ausgenutzt werden.

Ebenfalls von Vorteil ist es, wenn beim Einsatz von hohen Getreidemengen ein Teil durch Trockenschnitzel ersetzt wird. Der Grund dafür ist folgender:

Stärke und *Zucker* sind leicht lösliche Kohlenhydrate, sie werden im Pansen schnell abgebaut. Dadurch entstehen große Mengen von Säure. In der Folge fällt der pH-Wert in kurzer Zeit ab. Besonders die zelluloseabbauenden Mikroben werden dabei in ihrer Entwicklung und Tätigkeit gehindert. Die Futteraufnahme sinkt dann ab.

Dieser Effekt ist umso größer, je mehr Stärke (z. B. Getreidestärke) in kurzer Zeit verfüttert wird. Der Einfluß ist deutlich geringer, wenn in der Ration der notwendige Strukturanteil enthalten ist.

Stärkereiches Futtermittel sind alle Getreidearten, besonders Weizen, Gerste, aber auch Maniok. Auch Körnermais ist stärkereich, diese wird allerdings zu höheren Anteilen erst im Dünndarm abgebaut und verändert dadurch den pH-Wert im Pansen in geringerem Maße.
Andere Nährstoffe unterliegen anderen Abbauvorgängen. *Hemizellulosen* z. B. sind ebenfalls hoch verdaulich und energiereich, werden allerdings im Pansen langsamer abgebaut als Stärke. Bei »Grenzrationen« ist dies von Bedeutung, weil der pH-Wert weniger reduziert wird. Hohe Hemizelluloseanteile sind in Trockenschnitzeln und Preßschnitzeln enthalten.
In der Hochleistungsphase tritt immer ein Nährstoffdefizit auf. Dies sollte möglichst gering gehalten werden. Gerade in dieser Zeit der hohen Stoffwechselanspannung muß aber die Ration wiederkäuergerecht gestaltet werden, um den Pansen und damit auch das Tier nicht unnötig zu belasten.

Nährstoffversorgung bei »Übermilch«

Seit der Milchquotenregelung besteht das Problem der Übermilch. Gerade am Ende eines Milchwirtschaftsjahres taucht immer wieder die Frage auf, ob Kraftfutter bei Herden mit hoher Leistung eingespart werden kann. Oder anders formuliert, in welcher Phase kann Kraftfutter ohne Schaden reduziert werden, und in welchem Abschnitt ist das unter keinen Umständen ratsam?
Zu Beginn der Laktation bestehen hohe Energieansprüche. Ist die Versorgung nicht entsprechend energiereich, hält das Tier die Leistung trotzdem eine Zeit lang. Die dafür notwendige Energiemenge wird über einen verstärkten Körperfettabbau gewonnen. Im weiteren Verlauf fällt die Leistung schneller ab. Der geschilderte Abbau aber bringt eine zunehmende Stoffwechselbelastung und gesundheitliche Probleme mit sich.
Ein reduzierter Kraftfuttereinsatz zu Beginn der Laktation ist deshalb nachteilig, auch wenn dadurch die Übermilch vermindert wird.
Im mittleren und letzten Laktationsdrittel kann deutlich eingespart werden. Eine Reduzierung des Kraftfuttereinsatzes führt dann zwar ebenfalls zu einem Energiedefizit, das aber deutlich geringer ist, als bei Einsparungen zu Beginn der Laktation. Da zudem die Leistung schneller abfällt, ist in diesem Abschnitt eine Kraftfuttereinsparung unproblematisch.
Der Abfall der Leistung kann in der gleichen Laktation aber nicht mehr ausgeglichen werden. Wenn z.B. eine Kuh, die 22 kg Milch gibt, kein Kraftfutter mehr erhält, fällt sie auf vielleicht 18 kg Milch/Tag ab. Wird diese Versorgung einige Wochen beibehalten, bleibt die Leistung in dieser Laktation unter dem möglichen Niveau, auch wenn später wieder höhere Kraftfuttermengen eingesetzt werden.
Dies muß bedacht werden, wenn am Ende des Milchwirtschaftsjahres Milch »heruntergehungert« wird, die vielleicht am Anfang des neuen gebraucht würde.
Grundsätzlich ist dazu anzumerken, daß die Regulierung der erzeugten Milchmenge durch reduzierten Kraftfuttereinsatz immer nur eine *Notlösung* sein und das Problem der Übermilch nur unzureichend lösen kann.

Fütterung im weiteren Laktationsverlauf

Im Gegensatz zum 1. Laktationsdrittel ist im 2. Drittel ein Ausfüttern möglich, und im letzten Abschnitt sogar die angesprochene Gefahr der Überversorgung und damit Verfettung gegeben.
Um den jeweiligen Anforderungen gerecht zu werden, ist im Laufstall eine Gruppenbildung sinnvoll.
Im Anbindestall sollten die Kühe auch in Leistungsgruppen stehen, um etwa gleich

versorgt zu werden. Bei gleichbleibender Zwischenkalbezeit der Kühe ist es nicht nötig, die Tiere immer wieder umzustellen. Die Gruppe befindet sich immer im gleichen Laktationsstadium. Es muß nur umgestellt werden, wenn es »Nachzügler« in der Fruchtbarkeit gibt, oder wenn junge oder zugekaufte Tiere hinzugenommen werden.

Im mittleren Laktationsdrittel (die Leistung liegt bei milchbetonten Tieren etwa zwischen 22 und 26 kg) ist eine gezielte Ausfütterung problemlos. Aber auch in diesem Abschnitt ist es notwendig, den Milcherzeugungswert des **Grundfutters** in etwa zu kennen. Neben der Kenntnis der Inhaltsstoffe (Analyse, Schätzung) sollte die Ration auch hin und wieder gewogen werden, um einen Überblick über die Futteraufnahme zu bekommen.

Schwieriger ist die Fütterung im letzten Drittel. Die Laktationskurve fällt kontinuierlich ab, d.h. der Nährstoffbedarf sinkt langsam. Die Futteraufnahme dagegen bleibt über längere Zeit relativ konstant.

Bei der Rationsgestaltung muß dies beachtet werden. Futtermittel mit hoher Energiekonzentration, z. B. Maissilage oder Preßschnitzel, sind nur noch bedingt einsatzfähig. Grasprodukte dagegen entsprechen in etwa den Ansprüchen der Tiere. Bei der Grundfuttergabe muß die große Streuung bei der Aufnahme bedacht werden. Tiere, die viel fressen, können in diesem Abschnitt allein durch die Grundfuttergabe fett werden.

Die **Kraftfuttergabe** soll in dieser Phase verhalten sein. Die mögliche hohe Grundfutteraufnahme wird dabei voll genutzt. Der Milcherzeugungswert kann dabei allein aus dem Grundfutter, je nach der Qualität der Ration, zwischen 8 und 16 kg liegen.

Bei der Kraftfuttergabe ist die abfallende Laktationskurve zu bedenken. Ein Vorhalten ist bei Kühen, die zum Ansatz neigen, falsch. Tiere, die dafür weniger anfällig sind, können dagegen entsprechend ausgefüttert werden.

Der Milcheiweißgehalt wird dabei mit als Parameter für die Energieversorgung herangezogen. Ein deutliches Hochschnellen auf 4 % und darüber (bei Tieren mit einem Jahresdurchschnitt von etwa 3,4–3,5 %) deutet auf eine überhöhte Energieversorgung hin. Um ein Verfetten zu verhindern, muß die Ration dann korrigiert werden.

Bei Rationen, die aus hohen Anteilen von Grasprodukten bestehen, ist ein Ausgleich des Proteinüberschusses im letzten Laktationsdrittel nicht mehr möglich, da sonst zuviel Energie zugeführt wird. Besonders bei Weidehaltung ist dies gegeben. Dieser Überschuß ist aber nicht schädlich. Wichtig ist nur, daß die Tiere nicht gleichzeitig einen anhaltenden Durchfall haben und damit eine zusätzliche Pansenstörung einhergeht.

Auf die **Mineralstoffversorgung** muß während der gesamten Laktation geachtet werden. Die Beifütterung von ca. 50 g Mineralfutter ist zum Ausgleich der Grundration notwendig. Dabei ist der Mineralfuttertyp von der Grundfutterzusammensetzung abhängig.

Fütterung und Milchinhaltsstoffe

Ziel der Fütterung ist es, das genetisch vorgegebene Leistungsniveau, das auch innerhalb einer Rasse sehr unterschiedlich sein kann, sinnvoll auszuschöpfen.

Die Inhaltsstoffe bei der Milch dürfen nicht separat gesehen werden. Eine spezielle Fütterung nach Inhaltsstoffen in der Milch muß sich immer an den physiologischen Anforderungen der Milchkuh orientieren. Wenn dies gelingt, liegen die Milchinhaltsstoffe im optimalen Bereich. Gleichzeitig wird die Stoffwechselbelastung reduziert und somit die Tiergesundheit positiv beeinflußt.

Tabelle 28 zeigt die Eiweiß- und Fettmenge, die vom Tier bei unterschiedlicher Leistungshöhe täglich produziert wird.

Tabelle 28: Milchleistung und Produktion der Milcheiweiß- und Milchfettmenge pro Tag

Milch kg	bei 3,4 % Milcheiweiß g	bei 4,0 % Milchfett g
35	1190	1400
30	1020	1200
25	850	1000
20	680	800
15	510	600
10	340	400

Milcheiweißgehalt

Der Milcheiweißgehalt (u.a. Kasein) hat gegenüber dem Milchfettgehalt an Bedeutung zugenommen. Der Milchpreis verbessert sich mit steigendem Milcheiweißgehalt. Eine Verbesserung des Einkommens aus dem Milchverkauf ist wegen begrenzter Milch- und Fettmenge nur noch über den Eiweißgehalt der Milch möglich.
Das Milcheiweiß wird aus den Aminosäuren aufgebaut, die vom Dünndarm ins Blut gelangen. Die Aminosäuren kommen nur zum Teil aus dem Futtereiweiß. Der größte Teil (im Mittel 70 %) stammt von Bakterien. Damit diese Protein produzieren können (sich vermehren können), ist eine ausreichende Energieversorgung notwendig.
Die Bildung des Milcheiweißes ist daher hauptsächlich von der Energiezufuhr abhängig. Bei entsprechender Rationsgestaltung wirkt sich z. B. die Stärke aus Maissilage und Getreide positiv auf die Milcheiweißsynthese aus.

Milchharnstoffgehalt

Beim Abbau von Futterprotein entsteht im Pansen des Wiederkäuers Ammoniak. Dieser wird dann entweder zu Mikrobeneiweiß auf- oder in der Leber zu Harnstoff umgebaut. Der *Harnstoff* gelangt über den Speichel wieder in den Pansen, wo er den Mikroben erneut als Stickstoffquelle dienen kann.
In welchem Umfang diese beiden Umsetzungen erfolgen, hängt von der Energieversorgung der Tiere ab. Eine hohe Versorgung führt zu einer verstärkten Bildung von Mikrobeneiweiß und damit einer Reduzierung der Harnstoffbildung. Rohproteinüberschüsse in der Ration führen dagegen zu einem Ansteigen der Harnstoffbildung und letztlich der Ausscheidung mit dem Harn.
Der Harnstoff verteilt sich sehr gleichmäßig in den Körperflüssigkeiten, es wird deshalb ein enger Zusammenhang zwischen dem Harnstoffgehalt im Blut und in der Milch von Rindern festgestellt.
Bei einer bedarfsgerechten Versorgung mit Eiweiß und Energie sind **Harnstoffgehalte** von etwa 15–30 mg/100 ml Milch zu erwarten. Nimmt die Kuh zu wenig Eiweiß auf, liegt der Harnstoffgehalt darunter, ein zuviel an Protein bzw. ein Energiemangel führt zu Werten, die über 30 mg liegen.
In welchem Maße ein Energiemangel zu überhöhten Harnstoffgehalten führt, kann zusätzlich am *Milcheiweißgehalt* »abgelesen« werden. Werte von unter 3,2 % zeigen einen Energiemangel auf, Gehalte von über 3,6 % eine Überversorgung.
Unter praktischen Verhältnissen kommt es selten zu einem Mangel bzw. Überschuß von einem Nährstoff allein. Meist treten Kombinationen auf, etwa ein Energiemangel und gleichzeitig eine Eiweißüberversorgung.
In Tabelle 29, Seite 82, ist die Beurteilung der Versorgung mit Energie und Rohprotein an Hand der Milcheiweiß- und Harnstoffgehalte in der Milch von laktierenden Kühen dargestellt.
Der Milchharnstoffgehalt wird entweder exakt im Labor bestimmt oder mit Hilfe von Teststäbchen geschätzt.

Tabelle 29: Beurteilung der Eiweiß- und Harnstoffgehalte

Eiweiß %	Harnstoff mg/100 ml	Beurteilung
niedrig, unter 3,20	unter 15	Energiemangel und Rohproteinmangel
	15–30	Energiemangel
	über 30	Energiemangel und Rohproteinüberschuß
mittel, 3,30–3,60	unter 15	Rohproteinmangel
	15–30	ausgeglichene Fütterung
	über 30	Rohproteinüberschuß
hoch, über 3,60	unter 15	Energieüberschuß und Rohproteinmangel
	15–30	Energieüberschuß
	über 30	Energieüberschuß und Rohproteinüberschuß

Milchfettgehalt

Die Bildung des Milchfettes erfolgt auf drei Arten. Ein Teil des Milchfettes wird aus den Fettsäuren des Futterfettes aufgebaut, ein kleiner Teil aus dem Körperfett der Kuh (bei energetischer Unterversorgung). Der größte Anteil wird aus Essigsäure aufgebaut, die von den Pansenbakterien freigesetzt wird. Die Essigsäure entsteht bei der Fermentation von Zellulose, Hemizellulose usw. im Pansen. Diese Substanzen sind in der Rohfaser enthalten.

Obwohl sich eine Erhöhung des Milchfettgehaltes reduzierend auf die Milchquoten auswirkt, muß er doch auf einer gewissen Höhe bleiben. Er ist ein Parameter für eine ausreichende Versorgung mit strukturierter Rohfaser, d.h. indirekt der Pansengesundheit. Ein niedriger Milchfettgehalt deutet auf eine fehlerhafte Ration hin.

Rohfaserversorgung

Über das Grundfutter soll die Rohfaser in noch gut aufschließbarer Form angeboten werden. Ein optimaler Schnittzeitpunkt ist dafür Voraussetzung. Die gute Verdaulichkeit der Grundfutterration führt dann zu einer höheren Futteraufnahme.

Nicht nur ca. 22 % Rohfaser in der T der Grundfutterration oder 18 % Rohfaser in der Gesamtration sind wichtig, sondern auch die aufgenommene Rohfasermenge. Für 30 kg Milch sind ca. 3,3 kg Rohfaser in der Gesamtration optimal, davon 2,0 kg aus dem Grundfutter in »strukturierter« Form. Diese Versorgung aus dem Grundfutter ist notwendig, damit bei hohen Kraftfuttergaben der Anteil Rohfaser in der Gesamtration nicht unter 18 % abfällt. Wenn es gelingt, die Menge an strukturierter Rohfaser durch eine hohe Grundfutteraufnahme zu erhöhen, kann ein Rohfaseranteil von 16–17 % in der T der Gesamtration noch für die erforderliche Milchfettbildung bei der frischmelkenden Kuh ausreichen.

Um bei Tagesmilchmengen von 30 kg und

darüber den optimalen Milchfettgehalt zu erreichen, bedarf es einer raschen und hohen Produktion von Essigsäure. Diese wird über den Rohfaseraufschluß aus leicht verdaulichen Grundfuttermitteln im Pansen gebildet.
Überständige Grasprodukte oder Stroh sind schlechter verdaulich und haben deshalb eine zu lange Verweildauer im Pansen. Die daraus produzierte Essigsäuremenge reicht für einen optimalen Milchfettgehalt nicht aus.
Über die Blutbahn gelangt die Essigsäure in die Milchdrüse. Aus der Essigsäure werden etwa 50–70 % des Milchfettes aufgebaut.
Zusätzlich ist auch die Energieversorgung schlechter, was ebenfalls den Fettgehalt reduziert. Es wurde in Praxisbetrieben schon mehrmals festgestellt, daß in der Hochleistungsphase bei Strohzufütterung der Milchfettgehalt abfällt.

Fütterung in verschiedenen Wirtschaftsgebieten

Grünlandgebiete

Nicht ackerfähige Standorte, z. B. Flächen mit hohem Grundwasserstand, Hanglagen, Böden mit flacher Krume und Flächen in Regionen mit hohen Niederschlägen, werden überwiegend als Grünland genutzt. In reinen Grünlandgebieten nimmt die Rinderhaltung, in der Hauptsache Milchvieh mit Nachzucht, eine vorherrschende Stellung ein.
Als Futtergrundlage stehen Grasprodukte in frischer oder konservierter Form zur Verfügung. Die Grasprodukte – frisch oder konserviert – können vom Wiederkäuer sehr gut verwertet werden. Wegen der geringen Nährstoffkonzentration sind sie für die Mast nur bedingt geeignet.
Standort, Bodenverhältnisse und Klima beeinflussen die Vegetation. Die Bodennutzung ist oft nur über Dauergrünland möglich. Das Futter wird vom Rind zum Wachstum und zur Milchproduktion genutzt.

Nutzung des Grünlandes

Die **Beweidung** hat an Bedeutung verloren. Dafür gibt es mehrere Gründe:

- Verbesserte Mechanisierung bei der Stallfütterung,
- Arbeitseinsparung durch Stallhaltung,
- überfahrbare Futtertische,
- zunehmende Verkehrsdichte auf den Straßen.

Die Intensität der Grünlandnutzung kann stark variieren und reicht von der Zweischnittwiese bis zu 4–5maliger **Schnittnutzung** im Jahr.
Der Anteil an Wiesen mit zweimaliger Schnittnutzung ist in jüngster Vergangenheit stark zurückgegangen, wird aber künftig aufgrund staatlicher Extensivierungsprogramme sicherlich wieder an Bedeutung gewinnen.
Die am weitesten verbreitete Form der Grünlandnutzung sind je nach Standort und Pflanzenbestand Wiesen mit 3–5maliger Schnittnutzung.
Während bei der extensiven Bewirtschaftungsform mit Bruttoerträgen von 70–85 dt Trockenmasse/ha gerechnet werden kann, werden bei gesteigerter Intensität Erträge von 95–130 dt Trockenmasse/ha erreicht.
Die Anpassung der aus pflanzenbaulicher Sicht notwendigen Düngeraufwandsmenge und ökologische Gesichtspunkte stellen an den Landwirt bei der Grünlandnutzung zunehmend höhere Anforderungen.
Es ist z. B. notwendig, die N-Dünger möglichst am Entzug zu orientieren, um eine Nitratanreicherung der Futterpflanzen und eine Gefährdung des Grundwassers zu vermeiden.

Einflüsse auf die Futterqualität

Die Erzeugung eines hochverdaulichen, energiereichen Futters ist Voraussetzung für eine hohe Milchleistung und eine wirtschaftliche Fütterung.
Eine leistungsgerechte Versorgung der Milchkuh, vor allem im ersten Laktationsdrittel, setzt eine hohe Grundfutterqualität voraus. Nur wenn im Grundfutter Energiekonzentrationen von ca. 6 MJ NEL/kg Trockenmasse erreicht werden, ist der Nährstoffbedarf bei hoher Milchleistung einigermaßen abzudecken.
Für eine gute Grundfuttererzeugung sind folgende Punkte von Bedeutung:

- Grünlandpflege,
- Düngung,
- Schnittzeitpunkt,
- Ernteverfahren,
- Konservierungserfolg.

Grünlandpflege – Eine dichte, geschlossene Grasnarbe ist Voraussetzung für eine intensive Grünlandnutzung. Sie ermöglicht gute Futtererträge mit den notwendigen Nährstoffgehalten.
Die Grasnarbe kann durch zu schwere Fahrzeuge, zu tiefen Schnitt oder zu hohe Güllegaben bei ungenauer Verteilung geschädigt werden. Aber auch Trittschäden und zu intensive Beweidung führen zu einer Verschlechterung der Bestandszusammensetzung, sowie zu lückenhaftem Grasbestand. Die Folge ist eine rasche Vermehrung von Unkraut (Ampfer) und damit eine Verschlechterung der Futterqualität.
Düngung – Die Düngung beeinflußt die botanische Zusammensetzung sehr stark. Durch zu hohe Gülle- und Mineraldüngergaben verändert sich der Aufwuchs. Die »Platzräuber« Bärenklau, Wiesenkerbel und Ampfer werden gefördert, Klee und wertvolle Gräserarten verschwinden. Gräser minderer Qualität werden so zu den Hauptbestandsbildern.
Überhöhte Rohproteingehalte, die durch zu reichliche N-Düngung entstehen, sind ebenfalls problematisch. Eine überhöhte Intensität führt zu einem raschen Wachstum der Gräser. Parallel dazu nimmt der Rohfasergehalt zu und die Verdaulichkeit und Futterqualität deshalb ab.
Als Ziel muß angestrebt werden: Optimales Futter sollte einen Rohproteingehalt von 150–180 g und einen Rohfasergehalt von 220–240 g/kg T aufweisen. Mit diesem gut verdaulichen und damit energiereichen Grundfutter ohne überhöhte Rohproteingehalte ist die beste Voraussetzung für eine bedarfsgerechte und wirtschaftliche Milchviehfütterung geschaffen.
Schnittzeitpunkt – Der Energiegehalt (MJ NEL) des Futters ist vorwiegend vom Schnittzeitpunkt abhängig. Ein früher Schnitt führt zu einer hohen Verdaulich-

Tabelle 30: Energiegehalt von Grundfutter (MJ NEL in der T) in Abhängigkeit vom Schnittzeitpunkt.

Schnittzeit	Gras	Güteklasse 1	
		Silage	Heu
1. Aufwuchs im Schossen	7,2	–	–
Beginn Rispen-Ährenschieben	6,8	6,2	5,7
Beginn der Blüte	6,0	5,6	5,2
Mitte bis Ende der Blüte	5,5	5,0	4,6
verblüht	–	–	4,3
2. und folgender Aufwuchs			
jung 4 Wochen	6,2	5,5	5,6
mittel 4–6 Wochen	5,8	5,2	5,2
älter über 6 Wochen	5,3	4,7	4,9

Tabelle 31: Trocknungsverlauf bei Wiesengras ohne und mit Mähaufbereiter (BLT Grub)

Grasbestand 2,2 kg/m²		Mähen	
Datum:	25.5.	ohne Aufbereiter	mit Aufbereiter
Uhrzeit	14.15	20 % T	20 % T
	18.30	30 % T	33 % T
	20.35	32 % T	35 % T
Datum:	26.5.		
Uhrzeit	6.00	28 % T	32 % T (ab 7.00 Uhr siliert)
	10.00	33 % T (ab 10.00 Uhr siliert)	39 % T
	12.00	39 % T	48 % T
	14.00	48 % T	59 % T
	18.00	58 % T	68 % T
	20.35	58 % T	68 % T
Datum	27.5.		
Uhrzeit	10.00	58 % T	68 % T
	14.00	67 % T	78 % T
	abgebrochen		
	15.00	–	ca. 80 % T (Heueinfahren möglich)

keit und hohen Energiegehalten. Im Laufe der Vegetation nimmt die Konzentration immer mehr ab (Tabelle 30).

Eine zu frühe Nutzung, bei einem Rohfasergehalt von unter 20 %, kann zu Durchfall führen. Das Futter ist zu strukturarm. Dieses Futter ist schwer silierbar. Die Silagequalität ist daher oft nicht optimal.

Das Futter vom Dauergrünland hat gegenüber dem Ackerfutter mehrere Vorteile:

- ▶ Der Pflanzenbestand ist vielseitig und verholzt nicht so schnell.
- ▶ Der Aufwuchs kann als Weide oder zur Grünfütterung länger mit einem guten Milchertrag genutzt werden.
- ▶ Neben der Silagebereitung wird auch Heu gewonnen.
- ▶ Bei richtigem Schnittzeitpunkt ist das Wiesengras auch ohne Silierzusatz sehr gut zur Silierung geeignet.

Ernteverfahren, Konservierungserfolg – Zwischen beiden bestehen Abhängigkeiten. Bei der **Heubereitung** bringt der Einsatz des *Mähaufbereiters* gewisse Vorteile. Die Bodentrocknung kann bei

Tabelle 32: Einfluß des Trockensubstanzgehaltes auf Futteraufnahme und Milcherzeugung.

T-Gehalt %	Futteraufnahme kg T	Energiegehalt MJ NEL/kg T	Milcherzeugung aus dem Grundfutter kg/Kuh und Tag
20	7,5	5,3	0
30	9,5	5,7	5
40	10,5	6,0	8

Abb. 22: Schnelligkeit der Säurebildung bei Grassilage (nach MURDOCH).

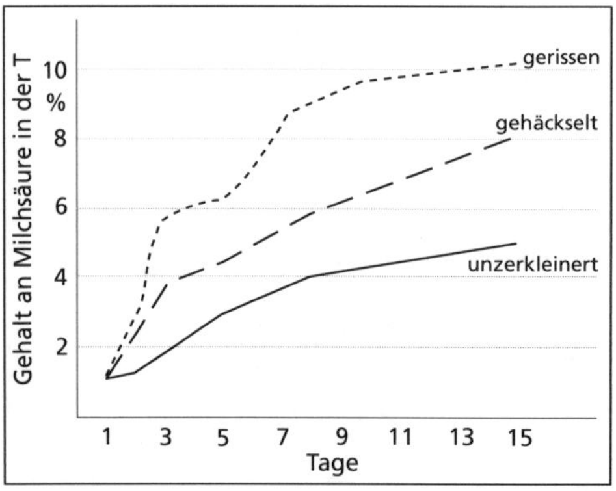

Schönwetter auf 2 Tage verkürzt werden, siehe Tabelle 31. Dadurch sinken die Atmungsverluste. Der Zeitbedarf zum Trocknen der Stengel und Blatteile wird angeglichen. Eine Übertrocknung der Blatteile mit erhöhten Bröckelverlusten bei der Bearbeitung wird so vermieden.

Mit dem Mähaufbereiter wird die Wachsschicht der Pflanzen durch den Reibeeffekt teilweise beschädigt, so daß die Feuchtigkeitsabgabe vor allem aus den Halmteilen beschleunigt wird. Deshalb kann schon beim Trocknungsvorgang mehr Feuchtigkeit entweichen und nicht erst später im Heustock.

Überhöhte Feuchtigkeitsgehalte bei der Ernte führen im Heustock zu intensiven und langen Schwitzprozessen mit der Folge starker Fermentation oder Anschimmelung des Futters.

Besonders für die Preßballenbereitung ist ein sehr *gut getrocknetes Futter* wichtig. Auch Ballenheu ist oftmals fermentiert oder mit Schimmelsporen belastet.

Die Heuernte mit Preßballen hat den Vorteil, daß die wertvollen Blätter im Ballen geschützt sind und so bis zur Zuteilung im Stall erhalten bleiben. Die »Bröckelverluste« durch die Mechanik des Ladewagens und vor allem durch das Abladegebläse werden so vermieden.

Auch für die **Silagebereitung** bringt der Mähaufbereiter Vorteile. Der Trocknungsverlauf wird beschleunigt und dadurch werden die Atmungsverluste reduziert.

Eine schnell einsetzende Milchsäuregärung senkt zudem die Silierverluste. Ein hoher Anteil an Milchsäure erhält die Stabilität der Silage auch im geöffneten Silostock und während der Verfütterung.

Zur Silierung soll das Grüngut möglichst kurz geschnitten bzw. gehäckselt werden. Das z. T. aufgeschlossene und kurz geschnittene Futter bietet den Milchsäurebakterien im Silostock so optimalen Zugang zum freiliegenden Zellsaft, den sie als Nahrung nutzen.

Kurzgeschnittenes Siliergut kann schnell festgewalzt und verdichtet werden. So wird rasch ein sauerstoffarmes Milieu mit optimalen Lebensbedingungen für die Milchsäurebakterien erreicht.

Der Trockenmassegehalt der Silage ist ebenfalls für den Konservierungserfolg und dann für die Futteraufnahme von Bedeutung. Von 20 % T ausgehend steigt der Energiegehalt bis etwa 40 % T an. Dieses Futter wird auch besser gefressen (Tabelle 32).

Während Naßsilagen mit weniger als 30 % T in der Regel höhere Essig- und Buttersäuregehalte ausweisen, die zu niedriger T-Aufnahme führen, sinkt die Futteraufnahme von Silagen mit mehr als 40 % T (zu trockene Silagen) offensichtlich aufgrund des fehlenden aromatischen Geruches ab. Bei diesen Silagen sind die Bröckelverluste auf dem Feld höher, die Verdaulichkeit sinkt.

Rationen für die Winterfütterung

Im reinen Grünlandgebiet stehen Grasprodukte aus der eigenen Produktion zur Verfügung. In Abhängigkeit von der Futterqualität kann mit entsprechend gestalteten Rationen eine gute Leistung aus diesem Grundfutter erreicht werden.
Bei der Verfütterung von Grasprodukten entsteht im Pansen ein weites Essigsäure:Propionsäure-Verhältnis. Der Milchfettgehalt ist relativ hoch, der Milcheiweißgehalt im mittleren Bereich. Außerdem neigen die Tiere bei diesen Säureverhältnissen weniger zum Ansatz.
In den Grasprodukten wird ein Rohproteingehalt von 15–18 % angestrebt. Höhere Gehalte führen zu einem weit auseinanderklaffenden Eiweiß:Energie-Verhältnis im Grundfutter und sind dann sehr schwer auszugleichen.
Jung geschnittenes und entsprechend energiereiches Futter führt zu hohen Trockenmasseaufnahmen. Die Futteraufnahme ist höher, wenn die Fütterungstechnik ausgefeilt ist. Voraussetzung ist natürlich, daß von dem jeweiligen Futter eine genügende Menge zur Verfügung steht.
Grasprodukte von *sehr guter Qualität* führen bei entsprechender Futteraufnahme zu einem Milcherzeugungswert bis zu 12 kg aus dem Grundfutter. Steht nur eine *mindere Qualität* zur Verfügung, sinkt der Milcherzeugungswert auf 5–6 kg oder noch weniger.
Die Winterfutterration sollte immer aus zwei Grundfuttermitteln bestehen. Die Futteraufnahme steigt dabei an. Wird in einem Betrieb nur **Grassilage** angeboten, soll zumindest eine vom ersten und eine andere vom zweiten oder von folgenden Schnitten verfüttert werden.
Am höchsten ist die Futteraufnahme, wenn die Silage zu jeder Mahlzeit in den Stall gebracht wird. Wird für die Entnahme ein *Blockschneider* verwendet, dürfen die Blöcke im Winter nicht länger als 3–4 Tage im Stall stehen. Eine längere Lagerzeit kann zu Schimmelproblemen und sonstigen Futterverlusten führen.
Vorteilhaft ist eine **Heubeifütterung**. Die Wiederkauaktivität der Tiere wird durch diese Beigabe erhöht und der pH-Wert im Pansen stabilisiert. Die Verwertung der zugeführten Futtermittel steigt dadurch an.
In den *Hartkäsereigebieten* darf keine Silage eingesetzt werden. Die Futterration besteht nur aus Heu der verschiedenen Schnitte. An die Qualität des Futtermittels werden dann besondere Ansprüche gestellt.
Die geringsten Nährstoffverluste hat Heu, das unter Dach nachgetrocknet worden ist. Der Nachteil dieser Nachbehandlung besteht in den hohen Kosten. Die bessere Qualität von unter Dach getrocknetem Heu führt allerdings zu höherer Futteraufnahme und zu einer besseren Nährstoffversorgung der Tiere. Dazu tragen u.a. die geringeren Bröckelverluste auf dem Feld bei.
Durch die zahlreichen Extensivierungsprogramme steht in einigen Betrieben *»Extensiv«-Heu* zur Verfügung. Dieses später geschnittene Futter weist in der Regel niedrigere Energiekonzentrationen auf. Der Einsatz in der Milchviehfütterung muß deswegen begrenzt werden. Es ist besser, dieses Futter in der Jungviehaufzucht zu verwenden.
In einigen Grünlandgebieten stehen auch **Cobs** zur Verfügung. Dieses heißluftgetrocknete Frischgras ist bei frühem Schnitt sehr energiereich. Durch den gezielten Einsatz in der Milchviehfütterung kann Kraftfutter eingespart werden. Gerade im Hochleistungsbereich werden dadurch die Pansenverhältnisse stabilisiert.
Vorsicht ist bei verschimmelten oder verdorbenen Grundfuttermitteln geboten. In der Milchviehfütterung soll dieses Futter auf keinen Fall eingesetzt werden. Auch stark verregnete Grasprodukte senken die Futteraufnahme und dadurch die Leistung, sie eignen sich nicht für die Milchviehfütterung.

Tabelle 33: Winterfütterung im Grünlandgebiet (Rationsbeispiele, Angaben in kg)

Bestandteile der Futterration		tägliche Milchleistung in kg 13	18	25	30
Grassilage (40 %)		30	30	28	26
Heu 2. Schnitt		2	2	3	3
Mineralfutter (10 % Ca, 10 % P)		0,05	0,05	0,08	0,08
Viehsalz		0,02	0,02	0,02	0,02
Milchleistungs-Futter (130 g RP Energiestufe 3)		–	3	5,5	8
T-Aufnahme		13,7	16,0	18,7	20,5
Kennwerte der Futterration (in der T)					
Rohfaser	%	23,4	21,5	20,0	18,5
Rohfaser	kg	3,2	3,4	3,7	3,8
Rohprotein	%	16,2	15,9	15,7	15,5
NEL	MJ	5,8	6,1	6,3	6,5
Stärke + Zucker	%	10,0	14,5	18,8	22,5
Mineralstoffe	Ca:P	2,0:1	2,0:1	2,0:1	1,9:1

Da im Grünlandgebiet die Rationen im wesentlichen nur aus Grasprodukten bestehen, muß auf die **Kraftfutterzusammensetzung** weniger Augenmerk gelegt werden. Der Anteil von Stärke und Zucker, der bei strukturarmen Grundfutterrationen von Bedeutung ist, muß nur bei sehr hohen Kraftfuttergaben beachtet werden.

Die Grundfutterversorgung wirkt sich auch auf den **Mineralstoffbedarf** aus. Grünfutter mit hohem Klee- und Kräuteranteil enthält viel Calcium und einen geringeren Phosphoranteil. Hohe Anteile an Gräsern, wie sie in intensiven Grünlandflächen bestehen, weisen dagegen ein relativ enges Calcium:Phosphor-Verhältnis auf.

Bei der Auswahl des Mineralfuttertyps muß dies beachtet werden. In Grünlandbetrieben reicht in der Regel zum Ausgleich des Grundfutters ein Mineralfutter mit einem Calcium:Phosphor-Verhältnis von 1,5–2,5 aus.

Eine zu geringe Natriumversorgung bzw. ein zu weites Kalium:Natrium-Verhältnis fördert die Zystenbildung. Das Verhältnis soll unter 25:1 sein. Besonders in Betrieben, die hohe Güllemengen auf die Flächen ausbringen müssen, ist das Verhältnis oft sehr viel weiter. Werte von ca. 200–300:1 sind keine Seltenheit. Abhilfe kann durch die Beifütterung von Viehsalz erreicht werden; es reichen Mengen von 15–30 g/Tier und Tag aus.

Die nachfolgenden **Rationsbeispiele** zeigen Möglichkeiten für die Winterfütterung im Grünlandgebiet, bei denen unterschiedliche Mengen von bestimmten Grasprodukten eingesetzt werden. Die Beispiele zeigen zudem, wie sich bei steigenden Leistungen die Rationen in ihrer Zusammensetzung verändern. Dabei ist auch zu berücksichtigen, daß mit steigendem Kraftfuttereinsatz eine höhere Grundfutterverdrängung erfolgt.

Tabelle 33 zeigt eine Winterfutterration, die nur aus *Grassilage* und *Wiesenheu* besteht. Bei einer hohen Futteraufnahme können mit dieser Ration nach der Energie etwa 12 kg Milch erzeugt werden. Nach dem Rohprotein liegt der Milcherzeugungswert bei etwa 17 kg. Der Rohfasergehalt beträgt ca. 22 %, d.h., die Verdaulichkeit der Ration ist relativ hoch.

Auf der Basis einer hochwertigen Grund-

Tabelle 34: Winterfütterung im Grünlandgebiet (Rationsbeispiele, Angaben in kg)

Bestandteile der Futterration		tägliche Milchleistung in kg 13	18	25	30
Grassilage (40 %)		25	25	23	18
Heu 2. Schnitt		–	3	3	2
Heu 1. Schnitt		4	–	–	–
Grascobs		–	3	4	5
Mineralfutter (12 % Ca, 6 % P)		0,09	0,08	0,08	0,08
Viehsalz		0,02	0,02	0,02	0,02
Milchleistungs-Futter (130 g RP Energiestufe 3)		–	1	4	8
T-Aufnahme		14,0	16,4	19,0	20,5
Kennwerte der Futterration (in der T)					
Rohfaser	%	24,7	22,0	20,0	18,1
Rohfaser	kg	3,3	3,6	3,8	3,7
Rohprotein	%	14,0	15,0	15,0	15,0
NEL	MJ	5,6	5,8	6,1	6,4
Stärke + Zucker	%	9,3	12,7	16,9	22,6
Mineralstoffe	Ca:P	1,8:1	2:1	1,8:1	1,8:1

futterration kann Kraftfutter gezielt ergänzt werden. Das Limit von 18 % Rohfaser in der Trockenmasse wird dann erst bei einer relativ hohen Kraftfuttergabe unterschritten.
Zu beachten ist auch der Stärke- und Zuckeranteil in der Ration. Er soll 30 % der Futtertrockenmasse nicht überschreiten. Diese Grenze wird aber im Grünlandgebiet kaum erreicht.
Der Rohproteingehalt liegt im Beispiel bei ca. 15 %. Wenn hohe Mengen an »Extensivsilagen« eingesetzt werden, kann der Anteil in der Ration unter 13 % abfallen. Ist dies der Fall, sinkt die Verdaulichkeit der Ration ab. Problematisch sind auch überhöhte Proteingehalte, da der über dem Bedarf deutlich hinausgehende Stickstoff über die Leber entgiftet werden muß.
Im Beispiel (Tabelle 34) steigt der *Grascobs*-Einsatz mit zunehmender Leistung an. Als Obergrenze können in etwa 5 kg angesehen werden. Durch diese Menge ist es möglich, im Beispiel (Tabelle 34) eine Kuh mit 30 kg Milch durch den Einsatz von 8 kg Kraftfutter auszufüttern.

Im Beispiel 3 (Tabelle 35) werden anstatt Grascobs *Biertreber* eingesetzt. Der Energiegehalt der Biertreber entspricht etwa dem von mittlerer Maissilage.
Biertreber sind frisch nur einige Tage lagerfähig. Ansaure oder verdorbene Treber sind gesundheitsschädlich. Um die Biertreber unverdorben füttern zu können, sollten sie grundsätzlich siliert werden!
Es hat sich bewährt, bis maximal 6 kg Treber/Kuh und Tag zu füttern. Ein höherer Einsatz führt zu steigenden Proteinüberschüssen und fallendem Milchfettgehalt. Biertreber werden gerne gefressen und führen dadurch zu höherer Gesamtfutteraufnahme.
Aus dem Beispiel ist erkennbar, daß die Trockenmasseaufnahme bei einer 30-l-Kuh über 20 kg liegen muß. Diese Aufnahme wird nur bei ausgefeilter Fütterungstechnik und bei qualitativ hochwertigem Grundfutter erreicht.
Wie erwähnt, weisen Biertreber eine relativ niedrige Protein-Abbaubarkeit im Pansen auf. Bei steigenden Leistungen muß diese absinken, um die Gesamtversorgung

Tabelle 35: Winterfütterung im Grünlandgebiet (Rationsbeispiele, Angaben in kg)

Bestandteile der Futterration		tägliche Milchleistung in kg 13	18	25	30
Grassilage (40 %)		32	32	28	25
Heu 2. Schnitt		–	–	2	2
Biertreber		–	–	5	5
Mineralfutter (10 % Ca, 10 % P)		0,08	0,08	0,08	0,08
Viehsalz		0,02	0,02	0,02	0,02
Milchleistungs-Futter (130 g RP Energiestufe 3)		–	3	5	8
T-Aufnahme		12,8	15,5	18,7	20,2
Kennwerte der Futterration (in der T)					
Rohfaser	%	23,0	20,7	20,0	18,5
Rohfaser	kg	2,9	3,2	3,7	3,7
Rohprotein	%	15,0	15,0	15,5	15,4
NEL	MJ	6,0	6,2	6,3	6,5
Stärke + Zucker	%	9,7	15,7	17,3	21,3
Mineralstoffe	Ca:P	1,7:1	1,7:1	1,6:1	1,6:1

dem Bedarf möglichst anzugleichen. Der Einsatz von Biertreber, aber auch von Grascobs bei höheren Leistungen bewirkt diesen erwünschten Effekt und ist deshalb in dieser Phase sehr vorteilhaft. Gerade bei Rationen mit hohen Anteilen von Grasprodukten ist dies notwendig, da Grassilagen und Heu eine relativ hohe Abbaubarkeit aufweisen.

Ebenso ist in Tabelle 35 eine *reine Grassilageration* ohne Heubeifütterung angegeben. Voraussetzung dafür ist ein gutes Anwelken auf etwa 40–45 %. Wird kein Heu eingesetzt, sollte zur besseren Nutzung der Nährstoffe und zur Unterstützung der Strukturwirksamkeit der 1. mit dem 2. Schnitt oder den folgenden Schnitten gleichzeitig verfüttert werden.

Werden im Fahrsilo Silagen vom 1. Schnitt und Futter von einem folgenden Schnitt gemeinsam gelagert, ist zur Verfütterung nur ein geöffnetes Silo notwendig. In der Übergangszone kann dabei eine verminderte Silagequalität vorhanden sein.

Bei reiner Grassilagefütterung wird das Leistungsvermögen der frischmelkenden Kühe nicht voll ausgeschöpft. Auch höhere Kraftfuttergaben können die einseitige Fütterung nicht ganz ausgleichen. Die Zugabe von ca. 2 kg Heu ist empfehlenswert, um die Freßlust zu erhöhen und die Futterverwertung zu verbessern.

Die Rationsbeispiele der Tabellen 33–35 zeigen den Bedarf an Grund- und Kraftfutter sowie die notwendige Mineralstoffmenge bei unterschiedlicher Milchleistung an.

Rationen für die Übergangsfütterung

Übergangsfütterung im Frühjahr (Tabelle 36)

Bei jedem Futterwechsel müssen sich die Mikroorganismen im Pansen auf das neue Futter einstellen, d.h. es müssen die »Spezialisten« unter den Mikroben verstärkt herangebildet werden, die in der Lage sind, das neue Futter am besten zu verwer-

Tabelle 36: Übergangsfütterung im Grünlandgebiet (Rationsbeispiele, Angaben in kg)

Bestandteile der Futterrationen		Frühjahr tägliche Milchleistung in kg 24	Herbst 25
Wiesengras, Frühjahr		20–40	–
Wiesengras, Herbst		–	40–20
Grassilage		15–12	10–15
Heu 1. Schnitt		2	3
Mineralfutter (10 % Ca, 10 % P)		0,05	0,05
Viehsalz		0,02	0,02
Milchleistungs-Futter (130 g RP Energiestufe 3)		6	6
T-Aufnahme		17,8	18,3
Kennwerte der Futterrationen (in der T)			
Rohfaser	%	19,0	18,7
Rohfaser	kg	3,3	3,5
Rohprotein	%	15,2	16,1
NEL	MJ	6,5	6,2
Stärke + Zucker	%	20,1	21,2
Mineralstoffe	Ca:P	1,7:1	1,7:1

ten. Erst wenn dies geschehen ist, kann der Nährstoffgehalt der Ration voll verwertet werden.

Das Einstimmen auf ein neues Futtermittel sollte deshalb langsam geschehen. Bei der Umstellung von konzentriertem Winterfutter zum wasserreichen, rohfaserarmen, hochverdaulichen frischen Grünfutter muß dies besonders beachtet werden.

Die Winterration wird dabei anfangs ganz beibehalten und zusätzlich noch etwas Gras gefüttert. Die Grasmenge wird allmählich angehoben. Die Umstellung sollte etwa 14 Tage dauern. Der **gleitende Übergang** verhindert Durchfälle und auch Leistungseinbrüche, die beim abrupten Übergang entstehen.

Damit ist eine gute Voraussetzung für die Sommerfütterung geschaffen. Durch frühzeitigen Mähbeginn oder Weidegang ergibt sich ein gut gestaffelter Grünfutteraufwuchs. Für die folgende Grünfütterung ist dies die Basis für eine möglichst gleichmäßige Nährstoffversorgung.

Übergangsfütterung im Herbst

Vor der Winterfütterung ist ebenfalls ein frühzeitiges Anpassen an die kommende Ration notwendig (Tabelle 36).

Geschieht die Umstellung von hochverdaulichem Grünfutter auf die Grassilage plötzlich, fehlen den vorhandenen Mikroben besonders die leicht verfügbaren Nährstoffe. Die schwerer zugänglichen Stoffe der »neuen« Futtermittel werden nur langsam freigesetzt, die Konsequenz ist ein Abfall der Milchleistung. Vor allem bei frischlaktierenden Kühen zieht sich dieser Abfall bis zum Ende der Laktation durch. Auch hohe Kraftfuttergaben führen zu keiner erneuten Steigerung der Milchmenge. Die Leistung während der Winterfütterung bleibt auf niedrigerem Niveau.

Daher ist es nötig, schon 2–3 Wochen vor dem wahrscheinlichen Ende der Grünfütterung die Silagebeifütterung zu starten.

Die erste entnommene Silage, besonders die obere Schicht aus dem Hochsilo, aber auch der erste, stark schräg verlaufende

Anschnitt vom Fahrsilo, ist oft von minderer Qualität. Auch das erste Rauhfutter ist entweder verstaubt oder nur von mäßiger Qualität. Kommen zu einer raschen Umstellung noch diese nachteiligen Einflüsse hinzu, sinkt die Milchleistung deutlich ab.
Auch die Grünfütterung bis spät in den Herbst hinein, bei naßkalter Witterung, ist nicht empfehlenswert. Der niedrige Aufwuchs muß tief geschnitten werden. Dabei wird viel Schmutz mit eingebracht. Verdauungsstörungen (z. B. wegen der Coli-Keime im Schmutz) sind dann die Folge. Außerdem enthält das späte Herbstfutter wenig Trockenmasse, dazu hohe Rohproteingehalte bei geringer Energiedichte.
Um die Milchkuh auf die Winterfütterung optimal vorzubereiten, wird zum Ende der Umstellung das best-konservierte Futter in genügender Menge zugeteilt. Erst einige Wochen später, wenn die Tiere umgestellt sind, kann Grundfutter von mittlerer Qualität verwendet werden. Die dann entstehende Nährstofflücke ist leichter durch einen höheren Kraftfuttereinsatz zu überbrücken, ohne daß es zu größeren Leistungsabfällen kommt.

Rationen für die Sommerfütterung

Auch im reinen Grünlandgebiet kann man die Rationen variieren. In größeren Beständen wird das Futter am Tag zweimal, wenn möglich in trockenem Zustand, gemäht und sogleich den Tieren vorgelegt.
Dabei kann im Wechsel morgens älteres und abends jüngeres Futter vorgelegt werden. Diese Maßnahme ist wirksam gegen Durchfall, vor allem, wenn wenig Heu für die Sommerfütterung zur Verfügung steht.
Das nachmittags geschnittene Futter hat einen höheren Zuckergehalt, der sich durch die Sonneneinstrahlung (Assimilation) aufgebaut hat. Die Nährstoffversor-

Tabelle 37: Sommerfütterung im Grünlandgebiet (Rationsbeispiele, Angaben in kg, mittlerer N-Düngeraufwand)

Bestandteile der Futterration		tägliche Milchleistung in kg 16	22	28	35
Wiesengras/Weide		80	80	75	65
Heu 1. Schnitt		–	–	1	1
Biertreber, siliert		3	4	5	6
Melasseschnitzel		–	1	1	2
Mineralfutter 18/6 (18 % Ca, 6 % P)		0,05	0,05	0,05	0,05
Viehsalz		0,02	0,02	0,02	0,02
Milchleistungs-Futter (130 g RP, Energiestufe 3)		–	2	5	7
T-Aufnahme		14,4	17,4	20,2	21,5
Kennwerte der Futterration (in der T)					
Rohfaser	%	22,5	20,9	19,6	18,6
Rohfaser	kg	3,2	3,6	3,9	4,0
Rohprotein	%	16,4	16,0	16,0	15,6
NEL	MJ	6,1	6,3	6,5	6,6
Stärke + Zucker	%	9,4	13,5	17,3	20,1
Mineralstoffe	Ca:P	1,7:1	1,8:1	1,7:1	1,8:1

gung aus dem Grünfutter wird erhöht. Wenn die Mahd bei trockenem Boden erfolgt, ist der Verschmutzungsgrad des Futters deutlich geringer, außerdem wird die Grasnarbe geschont.

Die angeführten Rationsbeispiele in den Tabellen 37–39 bauen alle auf dem Einsatz von hohen Grasmengen und in den meisten Fällen einer zusätzlichen Heugabe auf.

Silierte Biertreber werden im Beispiel (Tabelle 37) zum Grünfutter eingesetzt. Dabei wird die durchfallhemmende Wirkung ausgenutzt. Außerdem verbessert sich durch das geringer abbaubare Rohprotein des Biertrebers die Versorgung der Milchkuh mit höherer Leistung, so daß sich die rein rechnerisch höhere Proteinversorgung beim Biertrebereinsatz nicht negativ auswirkt.

In der Beispielsration sind etwa 160 g Rohprotein im kg Futter-T enthalten. Für die Bildung von 30 kg Milch ist diese Rohproteinkonzentration notwendig. Bei der niedrigen Leistung ist der Proteingehalt/kg Futter höher. Wegen der stabileren Pansenverhältnisse ist die Belastung für das Tier aber trotzdem noch tolerierbar. Wichtig ist, daß der Anteil an NPN-Verbindungen (Nitrat) nicht zu hoch ist.

Melasseschnitzel eignen sich als Ausgleichsfutter. In der Sommerfütterung werden bis 2 kg/Kuh und Tag empfohlen. Aufgrund des Melassegehaltes wirken zu hohe Mengen laxierend (abführend). Der hohe Zuckergehalt (etwa 17 %) kann zudem die Anfälligkeit zur Ketose fördern.

Für die Leistungsfütterung eignet sich ein Milchleistungsfutter mit 120–130 g RP, 6,9 MJ NEL oder eine Hofmischung mit ähnlichen Energiegehalten.

Grascobs werden ebenfalls als Rationskomponente (Tabelle 38) zu Grünfutter gegeben. Vor allem im höheren Leistungsbereich hat sich ein Zufüttern von 1–2 kg Grascobs bewährt. Witterungseinflüsse, wie längere Regenperioden oder Hitze und Trockenheit erschweren die Steuerung des Aufwuchses und damit des optimalen Schnittzeitpunktes von Grünfutter. Dadurch kann die Qualität des Futters und die Futteraufnahme stark reduziert werden.

Durch den Einsatz von Grascobs sind solche Phasen zu überbrücken. Dieses energiereiche, schmackhafte Futter mit geringem Volumen wird zusätzlich aufgenommen. Grascobs gleichen Nährstoffschwankungen aus und tragen dazu bei, daß die Milchmenge und der Eiweißgehalt stabil bleiben.

Quetschgetreide (Tabelle 38, 39) oder Getreideschrot (Weizen, Gerste) können den Energiemangel der Grünfutterration ebenfalls ausgleichen. Die Getreidestärke ist dabei innerhalb der physiologischen Grenzen eine gute Energiequelle für die Mikroben des Pansens.

Die Nährstoffausnutzung bzw. der Zeitbedarf der Stärkefreisetzung im Pansen ist bei einwandfrei gequetschtem und bei geschrotetem Getreide in etwa gleich.

Bei Rationen mit Strukturmangel kann durch den Einsatz von Quetschgetreide ein leicht positiver Effekt erzielt werden. Die Futteraufnahme ist wegen der geringeren Staubentwicklung bei Quetschgetreide höher als bei Getreideschrot.

Lagerfähig getrocknet ist das Getreidekorn für einen optimalen Quetschvorgang zu hart. Bei unterschiedlicher Korngröße bleiben vor allem die Kleinkörner voll erhalten und sind dann im Kot zu finden. Deshalb wird trockenes Getreide in Großmühlen angefeuchtet und muß nach dem Quetschen wieder getrocknet werden.

Weidegang

Zur Beweidung von Grünflächen und zur Futterzuteilung gibt es verschiedene Möglichkeiten:

Bei der **Portionsweide** wird pro Mahlzeit oder Tag die notwendige Fläche für die Beweidung zugeteilt. Eine Kuh sollte am Tag 80 kg Weidegras aufnehmen können. Um diese optimale Grasaufnahme zu erreichen, wird ein Weiderest von 25 % mit

eingeplant, so daß 100 kg Gras zugeteilt werden müssen.
Wird unterstellt, daß der Aufwuchs je m^2 etwa 1,3 kg beträgt, so ist eine Weidefläche von 80 m^2/Kuh und Tag notwendig.
Die Flächenzuteilung wird oft zu knapp bemessen. Eine zu geringe Futteraufnahme, hohe Trittschäden und eine zunehmende Verunkrautung sind die negativen Folgen.
Die Flächenzuteilung für mehrere Tage wird als **Umtriebsweide** bezeichnet. Erfahrungen aus der Praxis zeigen, daß die Milchleistung steigt, wenn die Kühe auf eine neue Fläche gebracht werden. Dabei geht die Kraftfutteraufnahme zurück, d.h. die zugeteilte Kraftfuttermenge wird nicht vollständig aufgenommen. Am Ende der Beweidung dieser Fläche ist es umgekehrt. Die Milchleistung sinkt und die Kraftfutteraufnahme steigt an.
Bei dieser Art der Weidehaltung sind die Tiere sehr ruhig. Es entsteht kein ungeduldiges Warten auf die tägliche Futterzuteilung, auch das schnelle Zertreten und Verschmutzen der neuen zugeteilten Futterfläche, vor allem bei Dauerregen, unterbleibt.
Die **Standweide** gewinnt als alternative Haltungsform immer mehr an Bedeutung. Dabei wird die Fläche entsprechend dem Tierbestand zugeteilt. Im Frühjahr/Frühsommer ist die erforderliche Gesamtfläche kleiner. Von der noch eingeplanten Restfläche für die Sommer- und Herbstfütterung kann inzwischen Silage oder Heu gewonnen werden. Später wird diese Fläche zur Beweidung hinzugenommen.
Bei diesem Weidesystem ist auch die Nachmahd und Düngung möglich. Im Herbst fressen die Tiere die Weidereste ab, dadurch wird die Rohfaserversorgung verbessert. Auch abgemähtes, angetrocknetes Gras wird aufgenommen.
Diese Weideform ist vor allem bei größeren Herden schonender für die Grasnarbe. Durch die großzügige Flächenzuteilung reduzieren sich die Trittverluste. Zaun- und Arbeitsaufwand sind gegenüber der Portionsweide niedriger.

Tabelle 38: Sommerfütterung im Grünlandgebiet (Rationsbeispiele, Angaben in kg, hoher N-Düngeraufwand)

Bestandteile der Futterration		tägliche Milchleistung in kg 16	22	28	35
Wiesengras/Weide		85	80	70	65
Heu 1. Schnitt		1	1	2	2
Grascobs		–	–	2	2
Quetschgetreide		–	2	2	2
Mineralfutter (18 % Ca, 6 % P)		0,05	0,08	0,08	0,08
Viehsalz		0,02	0,02	0,02	0,02
Milchleistungs-Futter (130 g RP, Energiestufe 3)		–	1	5	7
T-Aufnahme		14,5	16,3	20,9	22,0
Kennwerte der Futterration (in der T)					
Rohfaser	%	20,0	18,0	17,1	16,5
Rohfaser	kg	2,9	2,9	3,6	3,6
Rohprotein	%	17,5	16,8	16,1	16,0
NEL	MJ	6,2	6,5	6,6	6,7
Stärke + Zucker	%	8,2	16,3	21,2	23,6
Mineralstoffe	Ca:P	1,5:1	1,5:1	1,6:1	1,6:1

Tabelle 39: Sommerfütterung im Grünlandgebiet (Rationsbeispiele, Angaben in kg)

Bestandteile der Futterration		tägliche Milchleistung in kg 14	22	28	33
Wiesengras/Weide		80	80	70	70
Heu 1. Schnitt		1	1	2	2
Quetschgetreide		–	2	2	2
Mineralfutter (18 % Ca, 6 % P)		0,05	0,08	0,08	0,08
Viehsalz		0,02	0,02	0,02	0,02
Milchleistungs-Futter (130 g RP, Energiestufe 3)		–	1	5	7
T-Aufnahme		13,7	16,4	19,1	21,0
Kennwerte der Futterration (in der T)					
Rohfaser	%	20,5	18,6	17,5	16,9
Rohfaser	kg	2,8	3,0	3,4	3,5
Rohprotein	%	16,6	16,0	15,6	15,5
NEL	MJ	6,3	6,5	6,7	6,8
Stärke + Zucker	%	8,2	14,3	20,2	22,3
Mineralstoffe	Ca:P	1,5:1	1,7:1	1,7:1	1,7:1

Ackerbaugebiete

Einflüsse auf die Futterqualität

Für das Ackerfutter gelten die gleichen Grundregeln wie bei Futter von Dauergrünland. Beim **Anbau der Futterpflanzen** ist auf standortverträgliche Sorten und Mischungen zu achten.

Die **Luzerne** in der **Gras-** oder **Kleegrasmischung** wird mehr an Bedeutung gewinnen. Bei Tiefwurzlern ist der Ertrag auch bei Trockenperioden noch zufriedenstellend. Luzernekleegrasmischungen eignen sich besonders für die Grünfütterung und Silagebereitung.

Klee und **Luzerne** sind Leguminosen mit hohen Rohproteingehalten. Durch eine hohe N-Düngung steigt zwar der Flächenertrag, gleichzeitig aber auch der Proteingehalt der Pflanzen.

Masse bedeutet nicht unbedingt Qualität, vor allem nicht in der Milchviehfütterung!

Dieses Futter hat teilweise einen sehr hohen Wassergehalt mit zu hohen Rohproteingehalten. Leguminosen nutzen den Stickstoff der Luft, bei überhöhter N-Düngung geht der Kleeanteil im Bestand sehr schnell zurück. Die Unkräuter, besonders Ampfer und Löwenzahn, nehmen dann zu.

Mehrjähriges Weidelgras ist im Anbau als Hauptfrucht für die Milchviehfütterung zu empfehlen.

Es bringt gute Erträge von ca. 70 000 MJ NEL/ha und Jahr, mit guter Strukturwirkung und einer hohen Verdaulichkeit der organischen Substanz.

Allerdings bedarf es zu jedem Schnitt einer relativ hohen N-Düngung. Ohne genügend Stickstoff bildet das Weidelgras zu wenig Blattmasse, dafür entwickeln sich einseitig die Blütenstände mit einem geringen Futterwert und wenig Masseertrag. Weidelgräser sind Flachwurzler. Bei Trockenheit sinkt der Ertrag stark ab.

Wegen einer stärkeren Bewurzelung und Winterfestigkeit bewährt sich das **Knaulgras**. Die Reinsaat wird immer mehr praktiziert. Der richtige Schnittzeitpunkt, vor dem Rispenschieben, ist zu beachten, da diese Pflanzen sehr schnell verholzen.

Zunehmende Bedeutung gewinnt der Anbau von **Einjährigem Weidelgras** als Zwischenfrucht. Hier werden zwar, wie bei den meisten Zwischenfrüchten, nur niedrige T-Gehalte von 10–14 % erreicht, aber es ist möglich, die Tiere bis zum Beginn der Winterfütterung mit hochwertigem und schmackhaftem Futter zu versorgen.

Allerdings kann dieses Futter je nach Düngungsintensität, Bodenart und Witterungseinflüssen, hohe Gehalte an Rohprotein und Nitrat enthalten. Der Energiegehalt ist dann relativ niedrig und der Anteil an pansenmotorisch wirksamer Rohfaser gering.

Um Schäden zu vermeiden, darf dieses Futter nur in geringen Mengen eingesetzt werden. Probleme kann es auch bei der Konservierung geben.

Das wasser- und proteinreiche Herbstfutter ist nur schwer silierbar. Die Witterungsverhältnisse lassen ein Anwelken oft nicht zu. Um eine befriedigende Silagequalität zu gewinnen, ist der Einsatz von Siliermitteln empfehlenswert.

Der **Silomaisanbau** hat eine große Bedeutung. Anbau, Pflege und Ernte werden häufig von Maschinenringen mit hoher Schlagkraft durchgeführt. Hohe Nährstofferträge, ein sicherer Siliererfolg und eine gute Futteraufnahme machen den Silomais zu einer wertvollen Futterpflanze. Durch die Verbesserung der Sorten wurde der Kolben- bzw. Körneranteil erhöht und die Qualität gesteigert (Tabelle 40).

Im Ackerbaugebiet ist die Maissilage eine feste Komponente in der Sommer- und Winterfütterung. Beim Einsatz einer bestimmten Maissilagemenge bleibt ein Teil der Ration stabil, starke Veränderungen in der Futterzusammensetzung und Nährstoffkonzentration werden so vermieden.

Maissilage wirkt wasserbindend und senkt damit die Durchfallgefahr. Außerdem bringt der hohe Energiegehalt einen Ausgleich beim Einsatz von eiweißreichen Grasprodukten.

Auch für die Maispflanzen sind überhöhte N-Gaben, eventuell noch als Spätdüngung, nachteilig. Die Abreife der Pflanze ist dann unharmonisch. Der Stengel und das Blatt sind noch grün, während die Körner schon in der Vollreife sind. Außerdem wurde nach Spätdüngung ein hoher Nitratanteil im Grünmais sowie in der Silage festgestellt.

Wichtig ist das Zerreiben der Körner bei der Ernte. Bei einem T-Gehalt von weniger als 28 % bildet sich Sickersaft, dadurch gehen wertvolle Nährstoffe verloren.

Nach der EG-Agrarreform wird die Silomaisfläche zusätzlich gefördert. Maissilage bzw. die Energie aus diesem Futter wird dadurch stark verbilligt. In vielen Betrieben ist es somit wirtschaftlich, die Silomaisfläche auszudehnen. Die Einsatzmenge in der Fütterung steigt dann an, muß aber innerhalb physiologischer Grenzen bleiben.

Rationen für die Winterfütterung

Verfüttern von maximalen Maissilagemengen

Silomais von guter Qualität ist ein energiereiches Grundfuttermittel, das einen rela-

Tabelle 40: Veränderung der Nährstoffgehalte (BLT Grub)

Maissilage	T g	Rohprotein g	Rohfaser g	NEL MJ	StE
Futterjahr 1975	260	83	244	6,11	586
Futterjahr 1991	330	87	177	6,99	674

Tabelle 41: Beispielsration für maximalen Maissilageeinsatz (Angaben in kg)

Futtermittel	Laktationsabschnitte		
	1. Drittel	2. Drittel	3. Drittel und Trockenstehzeit
Maissilage	30	20	8
Grassilage	5	10	15
Heu	2	2	3
Sojaextraktionsschrot	1	–	–
reicht für ....kg Milch aus dem Grundfutter + Ausgleich	18	12	9

tiv geringen Anteil an strukturierter Rohfaser enthält.

Der Einsatz dieses künftig verbilligten Grundfuttermittels muß angepaßt an die Laktationskurve erfolgen(Tabelle 41). Zu Beginn der Laktation kann der Einsatz von Silomais helfen, das Energiedefizit der Hochleistungskuh zu reduzieren. Dabei darf die Ration, bezogen auf die Trockenmasse, durchaus aus ¾ Maissilage und ¼ Grassilage und Heu bestehen. Bei guter Futteraufnahme ist die Energieversorgung aus dem Grundfutter dabei für ca. 14–16 kg Milch ausreichend.

Der notwendige Strukturanteil ist in der Maissilage enthalten, wenn der Trockenmassegehalt über 30 % liegt. Ist dies nicht der Fall, müssen größere Mengen an Grassilagen und Heu beigefüttert werden. Zur Stabilisierung der Pansenverhältnisse trägt bei, daß die Stärke des Maiskornes verzögert abgebaut wird.

Der Abbau erfolgt im Gegensatz zu anderen Getreidestärken mehr im Dünndarmbereich und weniger im Pansen. Der pH-Wert im Pansen bleibt dadurch relativ stabil, auch wenn größere Mengen an Maissilage gefüttert werde.

Etwa ab der Mitte der Laktation bewirkt der hohe Energiegehalt der Maissilage wegen der rückläufigen Milchleistung die Gefahr der Verfettung der Tiere. In diesem Stadium wird deshalb der Maisanteil in der Ration deutlich gesenkt, da eine Verfettung meist Stoffwechselprobleme nach der folgenden Kalbung auslöst. Kann zu Beginn der Laktation durchaus bis zu 1 kg Maissilage/kg Milch gefüttert werden, darf in diesem Abschnitt nicht mehr als 50 % der Grundfutterration aus energiereicher Maissilage bestehen.

In der Trockenstehzeit ist es sinnvoll, die Maissilage fast ganz aus der Ration zu nehmen (Gruppenfütterung im Laufstall). Die Ration sollte in diesem Stadium hauptsächlich aus Grasprodukten bestehen. Ein verhaltenes Füttern in den letzten Wochen vor der Kalbung ist die beste Voraussetzung für eine hohe Futteraufnahme und damit ein geringes Energiedefizit nach der Kalbung.

Vorsicht ist bei der Maissilagefütterung in der **Färsen-Aufzucht** geboten. Gute Silage weist eine Nährstoffkonzentration von 6,3–6,5 MJ NEL/kg auf. Bei einem heranwachsenden Jungrind sinkt aber, wegen des zunehmenden Futteraufnahmevermögens, die für das Wachstum notwendige Nährstoffkonzentration deutlich. Liegt sie bei einem Lebendgewicht von ca. 250 kg noch bei ca. 5 MJ, so sinkt sie bei der hochtragenden Färse auf ca. 4,6 MJ NEL/kg Trockenmasse ab.

Wird in der Aufzucht nun hochkonzentrierte Maissilage verstärkt eingesetzt, ist eine Verfettung der jungen Zuchttiere, mit all ihren Nachteilen, unvermeidlich. Trotz der günstigen Kosten der Maissilage darf sie deshalb nur begrenzt in der Färsen-Aufzucht verwendet werden.

Tabelle 42: Winterfütterung im Ackerbaugebiet (Rationsbeispiele, Angaben in kg)

Bestandteile der Futterration		tägliche Milchleistung in kg 13	18	25	30
Landsbergergemenge, siliert		18	18	15	15
Zuckerrübenblattsilage		20	20	15	15
Ganzpflanzensilage		10	10	10	10
Melasseschnitzel		–	–	1	1
Mineralfutter (8 % Ca, 13 % P)		0,06	0,06	0,06	0,06
Viehsalz		–	–	–	–
Milchleistungs-Futter (160 g RP, Energiestufe 3)		–	2	6	8
T-Aufnahme		14,0	15,7	18,1	20,0
Kennwerte der Futterration (in der T)					
Rohfaser	%	22,3	20,9	18,7	18,0
Rohfaser	kg	3,1	3,3	3,4	3,5
Rohprotein	%	13,0	13,7	14,3	14,6
NEL	MJ	5,7	6,0	6,4	6,5
Stärke + Zucker	%	4,0	10,0	20,0	23,2
Mineralstoffe	Ca:P	2,5:1	2,4:1	2,2:1	2,1:1

Futterrüben sind sehr günstig zu beurteilen. Die Verdaulichkeit dieses Saftfutters liegt mit etwa 88 % recht hoch. Dies entspricht dem Wert von Kraftfutter. Durch den Silomais verliert der Rübenanbau immer mehr an Bedeutung.
Obwohl Anbau, Pflege und Ernte der Rübe voll mechanisiert ablaufen, ist doch der Arbeitsaufwand bei der Verfütterung im Winter erheblich.
Die Rüben brauchen eine frostsichere Lagerung und müssen vor allem schmutzarm und zerkleinert auf den Futtertisch kommen. Zudem ist die Haltbarkeit begrenzt. Um erhebliche Atmungs- und Fäulnisverluste zu vermeiden, sollte die Verfütterung zum Ende des Winters abgeschlossen sein.
In der Folge kann die **Rübenblattsilage** zum Einsatz kommen (Tabelle 42). Es darf aber nur sauber geerntetes Rübenblatt verfüttert werden, da es sonst zu Durchfällen kommt.
Als Futterpflanze bringt die Rübe mit ihrem Blatt sehr hohe Erträge (Tabelle 43). In einer Milchviehration ist es schwierig, Maissilage und Rüben gemeinsam zu verfüttern. Die Ration ist strukturarm und energiereich. Dies muß eine gezielte Beifütterung von Strukturfutter und Protein ausgleichen. Dafür eignen sich Heu, Stroh und ein eiweißreiches Kraftfutter.

Tabelle 43: Masse- und Energieertrag von Gehaltsrüben (Angaben je ha)

	Erntemenge dt	T dt	NEL MJ	kStE	NEL MJ/kg T	StE/ kgT
Gehaltsrüben	900	130	98000	9100	7,59	702
Rübenblatt	300	36	22000	2200	6,14	612
insgesamt	1200	166	120000	11300		

Tabelle 44: Winterfütterung im Ackerbaugebiet (Rationsbeispiele, Angaben in kg)

Bestandteile der Futterration		tägliche Milchleistung in kg 13	18	25	30
Kleegrassilage		20	20	20	18
Maissilage		10	12	15	15
Stroh/Heu		2	1,5	1,5	2
Kartoffelschlempe		15	15	15	10
Mineralfutter (8 % Ca, 13 % P)		0,05	0,05	0,05	0,05
Viehsalz		0,02	0,02	0,02	0,02
Getreidemischung (150 g RP, 7,2 MJ NEL)		–	3	5	8
T-Aufnahme		13,1	15,9	18,6	20,0
Kennwerte der Futterration (in der T)					
Rohfaser	%	21,6	18,3	17,2	16,4
Rohfaser	kg	2,8	2,9	3,2	3,4
Rohprotein	%	14,6	15,1	15,0	14,6
NEL	MJ	5,6	6,1	6,3	6,6
Stärke + Zucker	%	5,7	15,9	20,6	26,6
Mineralstoffe	Ca:P	2,0:1	2,0:1	1,9:1	1,9:1

Im Rationsbeispiel (Tabelle 44) ist der Einsatz von **Kartoffelschlempe** dargestellt. Die Zuteilung soll auf 15 kg/Kuh und Tag begrenzt werden. Aufgrund der fehlenden Rohfaser ist ein Strukturausgleich mit Heu oder Stroh unbedingt notwendig. Bei *hohen Schlempegaben* soll sich parallel auch der Heueinsatz erhöhen, allerdings wird dadurch die Ration verteuert.

Stroh von guter Qualität kann fehlendes Heu in rohfaserarmen und wasserreichen Rationen ersetzen. Bei erhöhter Schlempefütterung wird der Schlempe gehäckseltes Stroh beigemischt.

Stroh kann immer zur freien Aufnahme angeboten werden. Im Laufstall eignet sich dazu eine Raufe über der Liegebox. Im Anbindestall kann Stroh, am Ende der Mahlzeit, bei fast leergefressenem Trog, angeboten werden. Über Nacht wird dann ein Teil davon gefressen. Die Aufnahme ist größer, wenn kein anderes Futter gleichzeitig angeboten wird.

Das Stroh über frisch eingefüttertes Grünfutter oder Silage zu streuen, bewährt sich nicht. Es wird von den Kühen nicht sofort aufgenommen und vermischt sich mit dem Grünfutter. Die Schmackhaftigkeit der Grundfutterkomponenten verschlechtert sich dadurch mit der Folge einer geringeren Grundfutteraufnahme. Der Futterrest ist hoch.

Die Kühe zu überhöhter Strohaufnahme zu zwingen ist falsch. Wird tagsüber nur Stroh vorgelegt, so wird wertvolle Freßzeit vertan. Die Folge ist eine reduzierte Futteraufnahme und Nährstoffversorgung.

Rationen für die Übergangsfütterung

Zuckerrübenblatt ist ein typisches Herbstfutter im Ackerbaugebiet. Es ist ein rohfaserarmes und laxierendes (abführendes) Futtermittel und darf frisch oder siliert nur begrenzt, der Gesamtration angepaßt, eingesetzt werden (Tabelle 45).

Es fällt kurzfristig in großen Mengen an. Als Nebenfrucht ist es das billigste Grundfutter. Um eine ausgeglichene Versorgung zu

Tabelle 45: Übergangsfütterung im Ackerbaugebiet (Rationsbeispiele, Angaben in kg)

Bestandteil der Futterrationen		Frühjahr 25 kg Milch	Herbst 25 kg Milch
Zuckerrübenblatt frisch		–	30
Grünroggen		30	–
Weidelgras		30	–
Weidelgrassilage		–	8
Maissilage		12	10
Weidelgrasheu		–	3
Mineralfutter			
20 % Ca, 5 % P		0,10	–
8 % Ca, 13 % P		–	0,06
Viehsalz		0,02	–
Getreidemischung (150 g RP, 7,2 MJ NEL)		4	6
T-Aufnahme		17,1	18,4
Kennwerte der Futterrationen (in der T)			
Rohfaser	%	18,0	17,8
Rohfaser	kg	3,0	3,3
Rohprotein	%	14,8	14,6
NEL	MJ	6,7	6,2
Stärke + Zucker	%	23,4	24,6
Mineralstoffe	Ca:P	1,7:1	2,4:1

erreichen, muß die Menge begrenzt werden, sie soll nicht über 30–40 kg liegen.
Problematisch ist ein hoher Schmutzanteil. Er führt zum Durchfall. Bei einer Verschmutzung von 30 %, was immer wieder vorkommt, werden 300 g Schmutz/kg Trockenmasse über das Futter aufgenommen. Dies führt zunächst zu einer starken Reizung der Schleimhäute im Verdauungstrakt, mit der Folge einer schlechteren Futterverwertung und Darmentzündung. Länger anhaltende Entzündungen können nach der Abheilung Narben in der Schleimhaut hinterlassen und zu einer schlechten Verwertung des Futters insgesamt führen. Deshalb nur sauberes Blatt verfüttern und silieren.

Verschmutztes und durch Fäulnis geschädigtes Blatt grundsätzlich einackern!

Soll hochverdauliches Herbstfutter vom Acker, wie **Rübenblatt, Grünraps** und **Stoppelklee** sinnvoll über die Milchkuh verwertet werden, sind die Grundregeln der Übergangsfütterung besonders zu beachten. Es muß mindestens eine Silageart, z.B. Maissilage, rechtzeitig zum frischen Futter zugefüttert werden!
Im Frühjahr wird zur bestehenden Winterration anfangs eine kleine Menge Grünfutter zugeteilt. Zu steigenden Mengen Grünfutter bewährt sich als Stabilisator die Maissilage, die zumindest in der Übergangsphase ein Viertel der Trockenmasse in der Ration ausmachen soll.

Rationen für die Sommerfütterung

Die Sommerfütterung im Ackerbaugebiet kann vielseitig sein (Tabelle 46 und 47). Für einen gezielten Futterbau gibt es auch unter Berücksichtigung einer sinnvollen

Tabelle 46: Sommerfütterung im Ackerbaugebiet (Rationsbeispiele, Angaben in kg)

Bestandteile der Futterration		tägliche Milchleistung in kg 16	22	28	35
Kleegras		65	60	50	50
Maissilage		8	12	12	15
Gerstenstroh		1	1	1	1
Mineralfutter (8 % Ca, 13 % P)		0,06	0,06	0,06	0,06
Viehsalz		0,02	0,02	0,02	0,02
Getreidemischung (150 g RP, 7,2 MJ NEL)		–	3	7	9
T-Aufnahme		14,0	17,0	18,9	21,6
Kennwerte der Futterration (in der T)					
Rohfaser	%	22,9	20,0	17,2	16,3
Rohfaser	kg	3,2	3,4	3,2	3,5
Rohprotein	%	15,3	15,5	15,2	15,1
NEL	MJ	6,1	6,5	6,8	6,9
Stärke + Zucker	%	10,8	19,7	28,6	31,1
Mineralstoffe	Ca:P	2,2:1	2,0:1	1,9:1	1,9:1

Tabelle 47: Sommerfütterung im Ackerbaugebiet (Rationsbeispiele, Angaben in kg)

Bestandteile der Futterration		tägliche Milchleistung in kg 16	22	28	35
Luzernegras		–	–	60	55
GPS		10	10	10	12
Weidelgras		40	40	–	–
Alexandrinerklee		40	35	–	–
Melasseschnitzel		–	1	2	2
Mineralfutter (8 % Ca, 13 % P)		0,05	0,05	0,05	0,05
Viehsalz		–	–	0,02	0,02
Getreidemischung (150 g RP, 7,2 MJ NEL)		–	2,5	5	7
T-Aufnahme		15,7	18,1	19,8	21,6
Kennwerte der Futterration (in der T)					
Rohfaser	%	24,4	21,9	18,1	17,3
Rohfaser	kg	3,8	3,9	3,5	3,7
Rohprotein	%	16,0	15,3	16,5	16,2
NEL	MJ	5,6	6,0	6,5	6,6
Stärke + Zucker	%	7,4	13,6	18,9	22,2
Mineralstoffe	Ca:P	2,1:1	2,1:1	2,5:1	2,3:1

Tabelle 48: Hofmischungen mit Getreide für die Leistungs- und Ausgleichsfütterung von Milchkühen

Rationsbeispiele	1 kg Mischung enthält: RF g	RP g	NEL MJ	Stärke +Zucker g	Ca g	P g	Preis[1]) DM/dt Dpf/kg Milch
60 % Getreide (3:2:1)	62	173	7,0	392	8,2	4,5	39,53
(Weizen, Gerste, Hafer)							
17 % Melasseschnitzel	*1 kg Mischung reicht für ... kg Milch:*						17,81
20 % Sojaextraktionsschrot		2,0	2,2		3,3	3,1	
3 % Mineralfutter							
(20 % Ca, 4 % P)							
53,5 % Getreide	81	179	6,7	395	9,0	5,1	35,71
15 % Melasseschnitzel	*1 kg Mischung reicht für ... kg Milch:*						16,90
30 % Rapsextraktionsschrot		2,1	2,1		3,6	3,5	
1,5 % Kohlensaurer Kalk[2])							
68 % Getreide	63	179	7,0	409	9,6	5,0	38,40
18 % Rapsextraktionsschrot	*1 kg Mischung reicht für ... kg Milch:*						17,39
12 % Leinexpeller		2,1	2,2		3,8	3,5	
2 % Kohlensaurer Kalk[2])							
50 % Getreide	89	176	6,7	408	7,9	4,6	35,66
50 % Milchleistungsfutter III,	*1 kg Mischung reicht für ... kg Milch:*						16,87
24 % RP, Energiestufe 1		2,0	2,1		3,1	3,2	
85 % Getreide	44	151	7,2	487	8,6	4,0	38,32
12,5 % Sojaextraktionsschrot	*1 kg Mischung reicht für ... kg Milch:*						16,87
1 % Mineralfutter		1,8	2,3		3,4	2,8	
(20 % Ca, 4 % P)							
1,5 % Kohlensaurer Kalk							
77 % Getreide	45	175	7,1	454	8,9	4,6	39,91
20 % Sojaextraktionsschrot	*1 kg Mischung reicht für ... kg Milch:*						17,82
2 % Mineralfutter		2,0	2,2		3,5	3,2	
(20 % Ca, 4 % P)							
1 % Kohlensaurer Kalk							
75 % Gerstenschrot	65	100	6,9	448	8,1	3,9	35,70
22 % Melasseschnitzel	*1 kg Mischung reicht für ... kg Milch:*						16,40
3 % Mineralfutter		1,2	2,1		3,2	2,7	

[1]) Folgende Preise wurden unterstellt (DM/dt):

Weizen	34,–	Melasseschnitzel	27,–	Leinexpeller	50,–
Gerste	32,–	Sojaschrot	46,–	Milchleistungsfutter III	32,–
Hafer	34,–	Rapsschrot	35,–	Mineralfutter	93,–
Schroten und Mischen	3,–			Kohlensauerer Kalk	23,–

[2]) Plus Vitamin-/Spurenelementvormischung.

Fruchtfolge viele Möglichkeiten. Durch den Getreideanbau kann neben dem Grundfutter auch das Kraftfutter zu hohen Anteilen selbst produziert werden.
Dies ist aber nur sinnvoll, wenn **Hofmischungen** preisgünstig sind. Bei Verwendung entsprechender Komponenten sind die Mischungen sehr energiereich (Tabelle 48).

Mischgebiete

Einflüsse auf die Futterqualität

Eine gute Voraussetzung für die Milchviehhaltung bieten ausreichende Dauergrünland- und Ackerflächen. Die Erzeugnisse des Dauergrünlandes wie Wiesengras, Grassilage und vor allem Heu vom 1. und 2. Schnitt können in Kombination mit Ackerfutter wie Maissilage, Rüben, Kleegras, Raps, Rapssilage zu vielseitigen Rationen kombiniert werden.
Dabei ist es vorteilhaft, daß die Grundfutterration durch entsprechende Kombination nach Protein und Energie ausgeglichen werden kann.
Die auf Seite 84 und Seite 95 dargestellten Einflüsse auf die Qualität des Futters gelten für die entsprechenden Futtermittel auch im Mischgebiet.

Abb. 23: Vorratsfütterung außerhalb des Stalls.

Tabelle 49: Winterfütterung im Mischgebiet (Rationsbeispiele, Angaben in kg)

Bestandteile der Futterration		tägliche Milchleistung in kg 12	20	25	30
Grassilage		22	22	20	18
Rüben		15	20	25	25
Heu 2. Schnitt		–	1	1	2
Heu 1. Schnitt		2	1	1	1
Mineralfutter (20 % Ca, 4 % P)		0,05	0,05	0,05	0,05
Viehsalz		–	–	–	–
Getreidemischung (170 g RP, 6,9 MJ NEL)		–	3	5	8
T-Aufnahme		13,0	16,1	17,8	20,5
Kennwerte der Futterration (in der T)					
Rohfaser	%	24,0	20,2	18,1	16,7
Rohfaser	kg	3,1	3,2	3,2	3,4
Rohprotein	%	13,5	14,0	14,6	15,2
NEL	MJ	5,8	6,3	6,5	6,6
Stärke + Zucker	%	17,9	24,1	28,2	30,1
Mineralstoffe	Ca:P	1,9:1	1,8:1	1,8:1	1,8:1

Tabelle 50: Winterfütterung im Mischgebiet (Rationsbeispiele, Angaben in kg)

Bestandteile der Futterration		tägliche Milchleistung in kg 12	20	25	30
Grassilage		15	15	15	15
Maissilage		8	8	10	12
Rapssilage		12	15	15	15
Heu 2. Schnitt		3	3	3	3
Mineralfutter (8 % Ca, 13 % P)		0,05	0,05	0,05	0,05
Viehsalz		0,02	0,02	0,02	0,02
Getreidemischung (170 g RP, 6,9 MJ NEL)		–	3	5	7
T-Aufnahme		12,4	15,9	18,3	20,0
Kennwerte der Futterration (in der T)					
Rohfaser	%	21,3	19,4	18,5	17,8
Rohfaser	kg	2,7	3,1	3,4	3,5
Rohprotein	%	14,5	15,0	15,0	15,3
NEL	MJ	6,1	6,4	6,5	6,6
Stärke + Zucker	%	11,3	16,6	19,6	21,9
Mineralstoffe	Ca:P	1,9:1	1,9:1	1,8:1	1,8:1

Tabelle 51: Sommerfütterung im Mischgebiet (Rationsbeispiele, Angaben in kg)

Bestandteile der Futterration		tägliche Milchleistung in kg 15	22	27	32
Weide, im Schossen		40	40	40	40
Kleegras		45	45	45	45
Heu 1. Schnitt		–	–	1	1
Mineralfutter (12 % Ca, 6 % P)		0,05	0,05	0,05	0,05
Viehsalz		0,02	0,02	0,02	0,02
Getreidemischung (110 g RP, 6,9 MJ NEL)		–	3	5	7
T-Aufnahme		14,1	16,7	19,4	21,0
Kennwerte der Futterration (in der T)					
Rohfaser	%	22,9	20,5	19,7	18,7
Rohfaser	kg	3,2	3,4	3,8	3,9
Rohprotein	%	17,0	16,3	15,7	15,5
NEL	MJ	6,0	6,4	6,4	6,5
Stärke + Zucker	%	9,2	15,8	18,6	21,3
Mineralstoffe	Ca:P	1,7:1	1,8:1	1,8:1	1,8:1

Ganzjährige Silagefütterung

Seit einigen Jahren gehen Landwirte dazu über, auch in der Sommerfütterung ausschließlich Konserven einzusetzen, auf Frischgras wird ganz verzichtet. Die Ration besteht dann im Sommer zum Beispiel aus Grassilage, Maissilage und Heu.
Für den Betrieb, der sich eine Umstellung auf dieses System überlegt, stellt sich die Frage, welche Vorteile dieses Verfahren bietet, beziehungsweise welche Nachteile dafür in Kauf genommen werden müssen.
Vorteile einer ganzjährigen Silagefütterung:

- Bei der Grasfütterung ist ein dauernder Wechsel der Qualität des Futters, in Abhängigkeit vom Vegetationsstand, unvermeidlich.
  Bei der Ganzjahressilage ist die Qualität gleichbleibend, d.h. die Fütterung ist konstant. Den Tieren wird dadurch ein dauernder Futterwechsel erspart. Die gleichmäßige Versorgung führt zu einer Stabilisierung der Verdauung und zu einer Erhöhung des Milchfettgehaltes.
- Bei Sommertrockenheit und bei der Herbstfütterung treten immer wieder Phasen von Grünfuttermangel auf.
  Bei Ganzjahressilagefütterung wird dieses vermieden.
- In nassen Jahren kommt es bei der täglichen Futtergewinnung zur Verschmutzung des Futters, bei der Konservenfütterung stellt sich dieses Problem kaum.
- Beim Futterholen entstehen Spurrinnen auf der Erntefläche, besonders bei nassem Wetter, der Ertrag der Fläche sinkt dabei um bis zu 10 %.
- Die Fütterung kann bei ganzjährigem Konserveneinsatz leichter mechanisiert werden. Die schwere Arbeit des Grasverteilens im Stall entfällt.

Nachteile einer ganzjährigen Silagefütterung bzw. höhere Anforderungen bei diesem System sind:

- Nur bei gleichbleibend guten Silagequalitäten ist es sinnvoll, die ganzjährige Konservenfütterung zu praktizieren. Die Gefahr des Verderbs ist gerade in der Sommerfütterung bei mäßigen Silagequalitäten und bei geringer Entnahme sehr groß.
- Die Energiekonzentration von Konserven liegt unter der von guten Frischprodukten. Auch die Futteraufnahme ist, u.a. wegen der reduzierten Verdaulichkeit von Konserven, bei Frischgras höher. Die Grundfutterleistung liegt deshalb bei der Ganzjahres-Silagefütterung etwa 300–400 kg unter der von gleich intensiv geführten Herden, die Frischgras bekommen. Deshalb müssen bei ganzjähriger Silagefütterung bei gleicher Leistung/Kuh und Jahr etwa 1,5–2 dt Kraftfutter mehr eingesetzt werden.

Aus der Sicht der Fütterung sprechen also eine Reihe von Gründen für, aber auch gewichtige Punkte gegen das System der Ganzjahres-Silagefütterung. Welche Bedeutung die einzelnen Punkte für den einzelnen Landwirt oder seinen Betrieb haben, hängt in hohem Maße von der betrieblichen Situation ab.
Hierzu zählen auch Faktoren, die nicht unmittelbar mit der Fütterung zusammenhängen, z. B.:

- Ausstattung mit Arbeitskräften,
- mögliche Mechanisierung,
- Anforderungen der Molkerei,
- Entfernung der Weideflächen,
- Verkehrssituation.

Abb. 24: Ganzjährige Silagefütterung erfordert besondere Sorgfalt bei der Handhabung.

Fütterungsbedingte Stoffwechselstörungen

Bei Hochleistungskühen ist der Stoffwechsel oft enorm belastet. Ziel der Fütterung ist es, durch gesicherte Versorgung z.B. mit Energie die Stoffwechselbelastung relativ gering zu halten, um gesundheitliche Störungen möglichst zu vermeiden.
Eine gewisse Labilität für diese Erkrankungen ist offensichtlich auch genetisch vorgegeben, z.B. beim Milchfieber. Oft ist es nicht möglich, bei entsprechend veranlagten Tieren diese Störung ganz zu vermeiden.

Acetonämie (Ketose)

Ursache – Die Acetonämie ist eine Störung des **Kohlenhydratstoffwechsels**, die fast ausschließlich bei hochlaktierenden Tieren auftritt. Sie setzt in der Regel einige Tage bis 6 Wochen nach der Kalbung ein. Diese Erkrankung kann bereits bei Jungkühen auftreten.
Merkmale – Für das Erkennen dieser Krankheit sind wichtig:

- Mangelhafte bzw. wechselnde Freßlust,
- vermindertes Wiederkauen,
- schleimüberzogener Kot,
- deutlicher Leistungsabfall,
- Bewegungsstörungen der Hinterhand,
- süßlicher, obstartiger Ketonkörpergeruch der Atemluft.

Wichtige **Hinweise** auf eine beginnende Stoffwechselstörung können die Milchinhaltsstoffe des 1. Probemelkens nach der Kalbung liefern. Stark *überhöhte Milchfettgehalte*, meist deutlich über 5 %, und parallel dazu *niedrige Eiweißgehalte*, unter 3,0 %, zeigen, daß Gefahr im Verzug ist. Bei leichter Erkrankung sind die Tiere oft nur dösig und teilnahmslos, in schweren Fällen verfallen sie aber ins Koma.
Bei erkrankten Tieren ist eine sofortige tierärztliche Hilfe notwendig.
Maßnahmen – Da diese Stoffwechselstörung die Folge einer energetischen Unterversorgung ist, kann der Erkrankung durch **gezielte Fütterungsmaßnahmen** erfolgreich vorgebeugt werden.
Die wichtigsten Maßnahmen sind dabei:

- Vermeidung einer starken Verfettung im letzten Drittel der Laktation. Besonders bei Betrieben mit hoher Maissilagemenge kann dies leicht passieren.
- Gezielte Vorbereitungsfütterung führt zu einer rechtzeitigen Anpassung der Pansenmikroben vor dem Abkalben.
- Wiederkäuergerechte Rationsgestaltung als Voraussetzung für eine optimale Verwertung der zugeführten Nährstoffe.
- Eine bedarfsgerechte Energie- und Nährstoffversorgung nach der Kalbung zur Reduzierung des Körperfettabbaus.
- Kein Verfüttern von fettreichen Futtermitteln, z. B. Palmkernschrot.

Pansenacidose

Ursache – Die **Pansenacidose** ist eine **Übersäuerung des Pansens.** Der pH-Wert sinkt dabei unter 6 ab. Die Ursache dafür ist eine überhöhte Aufnahme von leichtverdaulichen Kohlenhydraten wie sie in Rüben, Rübenblättern, Kartoffeln oder Getreideschrot enthalten sind, bei gleichzeitig zu geringem Einsatz von strukturiertem Futter.
Hinweise – In leichteren Fällen fressen die Tiere schlechter. Durch die Pansenübersäuerung fällt der Milchfettgehalt ab. In schweren Fällen kann es bis zur Ablösung der Pansenschleimhaut kommen. Die Krankheit führt dann sehr schnell zum Tode. Bei einer schweren Erkrankung muß der Tierarzt sofort hinzugezogen werden.
Maßnahmen – Bei leichter Übersäuerung genügt es, das schädliche Futter abzusetzen und größere Mengen Heu oder Stroh beizufüttern. Durch eine verstärkte Wie-

derkautätigkeit wird der pH-Wert im Pansen dann stabilisiert.
Bei hohen Kraftfuttergaben sollte die Menge pro einzelner Gabe nicht zu hoch sein, um keine unnötige Übersäuerung zu provozieren. Es ist empfehlenswert, dabei nicht mehr als 3 kg Kraftfutter/Gabe zu verfüttern.

Milchfieber

Ursache – Milchfieber wird durch eine Störung des Calciumstoffwechsels ausgelöst. Der Calciumgehalt des Blutes sinkt dabei nach der Kalbung stark ab.
Ursachen für die Erkrankung sind:

- Ungenügende Mobilisierung des Ca, P und Mg aus dem Skelett (Reserve).
- Ungenügende Calciumresorption durch die Störung des Verdauungsablaufes unmittelbar nach der Geburt.

Hinweise – Die Tiere sind zunächst benommen, haben Bewegungsstörungen und kaum noch Appetit. In schweren Fällen kommt es zum Festliegen und zur Bewußtlosigkeit.
Gehäuft tritt diese Erkrankung bei Hochleistungstieren in den ersten Tagen nach der Abkalbung auf. Erstlingskühe sind von dieser Stoffwechselstörung kaum betroffen, sie kommt meist bei älteren Tieren, etwa ab der 3. Kalbung, vor. Auffallend ist, daß diese Erkrankung in bestimmten Kuhfamilien gehäuft auftritt, ein Hinweis auf eine gewisse Erblichkeit dieses Merkmals.
Vorbeugemaßnahmen – Wichtig sind:

- Bedarfsgerechte Versorgung mit Vitamin D, besonders kurz vor der Kalbung, um die Calciumresorption aus dem Darm zu verbessern.
- Phosphorreiche und zugleich calciumarme Fütterung gegen Ende der Trächtigkeit, um die Fähigkeit der Ca-Auslagerung aus dem Skelett für die Zeit nach der Kalbung zu »trainieren«.
- »Verzögertes« Ausmelken nach dem Abkalben. Erfahrene Praktiker schreiben dieser Maßnahme eine Schutzwirkung zu. Dabei wird verhindert, daß vom Tier zuviel Calcium über die Milch abgegeben wird und dadurch ein zusätzlicher Bedarf entsteht.
- Tierbeobachtung: Besonders bereits früher an Milchfieber erkrankte Kühe sind nach der Kalbung verstärkt zu beobachten. Bereits bei ersten Anzeichen den Tierarzt verständigen, um größeren Schaden zu verhindern!
- Bei akuter Erkrankung: Behandlung durch den Tierarzt nötig. Eine Calcium-Magnesium-Infusion behebt den Mangel im Blut, die Muskellähmung löst sich, und das Tier steht wieder auf.

Weidetetanie

Ursachen – Bei der Tetanie ist der Magnesiumgehalt des Blutes stark reduziert. Oft tritt diese Erkrankung bei hochleistenden Milchkühen auf.
Ursachen für die Erkrankung sind:

- Ungenügende Magnesiumzufuhr,
- verschlechterte Resorption des Magnesiums durch zu hohe Kaliumgehalte oder überhöhte Proteingehalte im Futter und zu geringe Energieversorgung.
- Streßsituation, die den Krankheitsausbruch begünstigen können, z. B. Rangkämpfe beim Weidebeginn oder plötzlicher Temperaturanstieg.

Hinweise – Die erkrankten Tiere zeigen Appetitlosigkeit, Leistungsrückgang, Nervosität, Muskelkrämpfe bis zum Festliegen. Diese akuten Fälle müssen sofort vom Tierarzt behandelt werden.
Vorbeugemaßnahmen – Wichtig sind:

- Langsame Umstellung von der Stall- auf die Weidefütterung,
- gezielter Ausgleich des Proteinüberschusses von jungem Weidegras durch entsprechende Beifütterung,
- Zusatz eines Mg-reichen Mineralfutters; Einsatzzeit: 2 Wochen vor bis 6 Wochen nach dem Weideauftrieb.

Fütterung der Aufzuchtkälber

Allgemeines

Muttertier-Umwelt-Kalb bilden eine Einheit. Sie sind ausschlaggebend für den Aufzuchterfolg.

Muttertier – Die Fütterung des Muttertieres muß auf die notwendige Vitalität des Kalbes und auf eine problemlose Geburt ausgerichtet werden. Dazu gehört in der Trockenstehzeit ein verhaltenes Nährstoffangebot, aber eine ausreichende Mineralstoffversorgung. Zum Ende des Winters ist die Vitaminergänzung zu beachten, um den Vitamin A-Gehalt der *Biestmilch* zu stabilisieren.

Eine intensiv gelb gefärbte Biestmilch deutet auf einen hohen Gehalt an Vitamin A hin. Bei einer zu kurzen Trockenstehzeit (unter 6 Wochen) können sich nur geringe Mengen von Antikörpern in der Biestmilch bilden.

Schädigungen der Kälber sind durch Schwergeburten bei zu mastigen Kühen oder zu früher, unsachgemäßer Geburtshilfe möglich. Durch den verengten Geburtsweg kann es schon im Mutterleib zum Abreißen oder Zusammenpressen der Nabelschnur während der Geburt kommen. Beim Kalb entsteht dadurch eine akute Sauerstoffunterversorgung, die zur Trinkschwäche führen kann. Diese Tiere können oft nur unter großen Mühen zur Tränkeaufnahme gebracht werden.

Umwelt – Das Kalb kommt nach der Geburt für 2–3 Wochen in eine Kälbereinzelbox mit Einstreu. Diese soll in einem geschützten, hellen Teil des Kuhstalles, oder in einem gesonderten Kälberstall untergebracht werden. Auch Kälberhütten außerhalb des Stalles haben sich bewährt. Sie müssen trocken und zugfrei sein, außerdem ist die Einstreu wichtig.

Oft gelingt es nur durch diese Aufstallungsphasen, »Infektionsketten« zu unterbrechen, d.h. durch den Standortwechsel Virusinfektionen »auszutrocknen«.

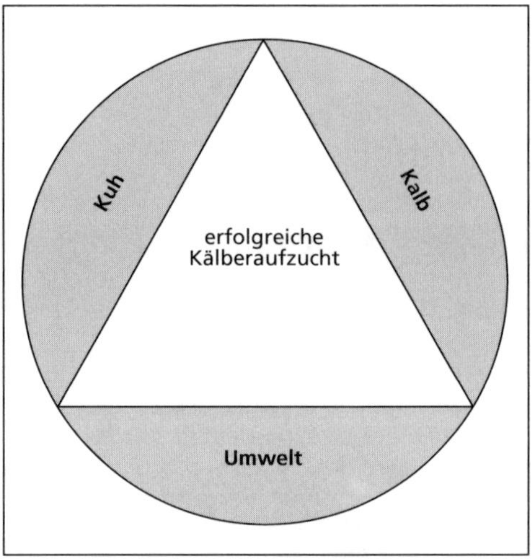

Abb. 25: Für eine erfolgreiche Kälberaufzucht müssen Kuh-Kalb-Umwelt eine Einheit bilden.

Im Gebäude gehört die Kälberaufstallung an die Süd-, nicht an die Nordseite. In der 1. Woche nach der Kalbung hat sich die Wärmelampe bewährt. Die frühzeitige Tränkeaufnahme wird dadurch gefördert. Größere Temperaturschwankungen sind stets nachteilig.

Die Ansprüche an die Temperatur sind relativ gering. Es wird ein Optimalbereich von 0–20° C angegeben. Wichtig ist ein trockener, luftiger Stall (Luftfeuchte 60–80 %), der zugfrei ist.

Kalb–Merkmale bzw. »Kennzahlen«, die gesunde Kälber auszeichnen, sind:

- Körpertemperatur 38,5–39,5° C,
- 72–92 Pulsschläge/min,
- 20–40 Atemzüge/min,
- gelb bis hellbrauner, zäher Kot.

Biestmilchperiode

Bedeutung der Biestmilch

Die Kälber kommen ohne Abwehrstoffe zur Welt. Sie sind gegen Infektionen, deren Erreger über Maul, Nase und Haut eindringen können, nicht geschützt. Erst nach der Geburt kann sich das Kalb über die Schutzstoffaufnahme mit der **Biestmilch** vor den meist stallspezifischen Krankheitserregern schützen.

Eine frühe Biestmilchgabe ist deshalb oft lebensrettend!

Die Biestmilch ist aus folgenden Gründen wichtig:

- Die Milchkuh hat Immunkörper (Schutzstoffe) gegen solche Infektionskrankheiten in ihrem Körper aufgebaut, mit denen sie sich in ihrer näheren Umgebung, z. B. im Stall, aktiv auseinandergesetzt hat. Diese Immunkörper sind in den Gammaglobulinen der Biestmilch enthalten. Sie können in den ersten Stunden nach der Geburt beim Kalb die noch großporige Darmwand passieren.
- Biestmilch führt das Darmpech ab und macht den Darm frei für die Nährstoffaufnahme.
- Durch eine schnelle Nährstoffzufuhr über die Biestmilch ist eine rasche »Kräftigung« des Kalbes möglich.
- Die Biestmilch ist in der Nähr- und Mineralstoffzusammensetzung auf die Bedürfnisse des Neugeborenen abgestimmt.

Der Gehalt an lebensnotwendigen Schutzstoffen in der Biestmilch verringert sich nach der Geburt in wenigen Stunden (Tabelle 52, Seite 110). Eine frühzeitige Gabe, innerhalb der ersten 3 Stunden nach der Geburt, ist auch aus diesem Grund notwendig.

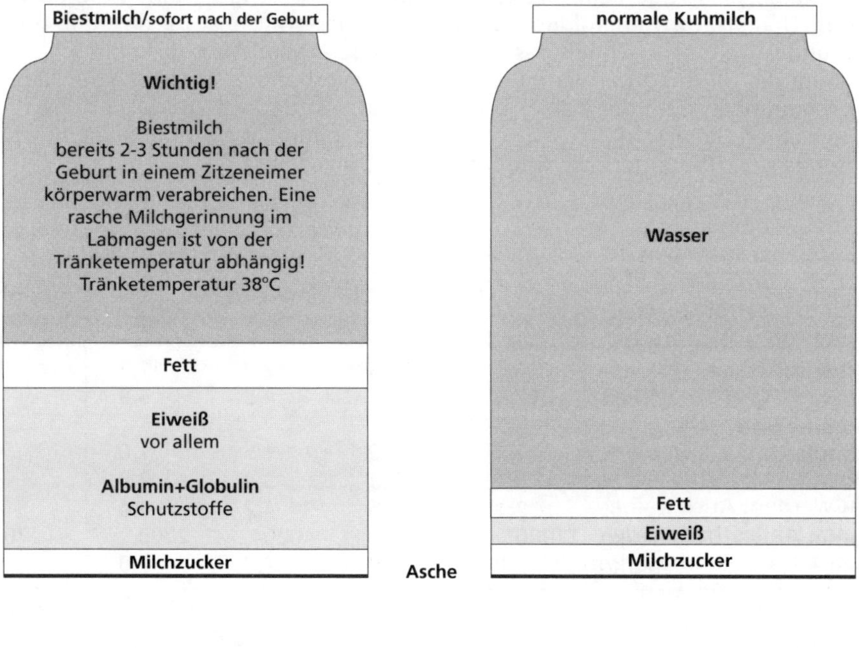

Abb. 26: Vergleich der Inhaltsstoffe bei Biestmilch und normaler Kuhmilch.

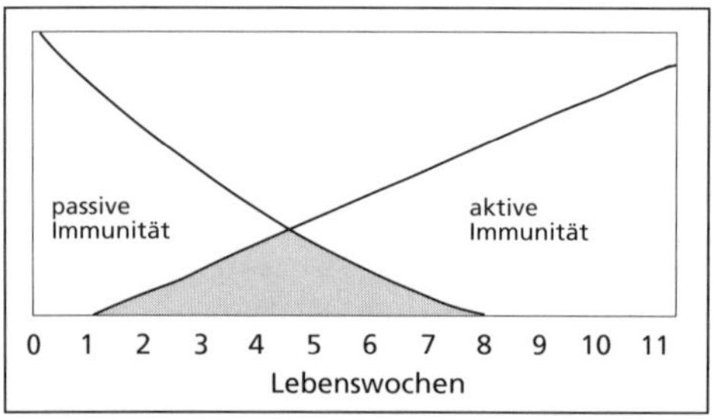

Abb. 27: Entwicklung der passiven und aktiven Immunität von Kälbern in den ersten Lebenswochen.

Besonders empfindlich sind die Kälber in der 2. – 8. Lebenswoche. Einige Wochen danach haben sie ihre aktive Immunität ganz aufgebaut und können sich vor den Erregern des Stalles besser schützen.

Biestmilchfütterung

Saugenlassen

In den Abkalbeboxen der Laufställe werden die Kälber 1–3 Tage beim Muttertier belassen. Dem Naturtrieb folgend sucht ein gesundes Kalb sehr schnell das Euter und nimmt die Milch körperwarm (39° C), dem Verdauungssystem des Kalbes angepaßt, in kleinen Gaben auf.
In dieser Zeit ist besonders die Beobachtung des Kalbes notwendig. Die Kontaktaufnahme der Kuh zum Kalb verstärkt die Nachwehen, der Abgang der Nachgeburt wird so beschleunigt, die Gebärmutter kann sich früher schließen und das Eindringen von Keimen wird unterbunden.

Eimertränke
Empfehlungen für die ersten Biestmilchgaben lauten:

1. Tag	3–4 mal	0,5–1,5 kg
2./3. Tag	3 mal	1,0–2,0 kg
4./5. Tag	2 mal	2,5–3,5 kg

Eine Zuteilung von **kleinen Milchmengen**, mehrmals am Tag, ist für das Kalb besonders schonend. Dies sollte unbedingt praktiziert werden. Eine kleine Milchmenge im Labmagen ist schnell mit dem Labferment durchsetzt. Für eine problemlose Verdauung ist dies von Vorteil.
Unterstützt wird das Ausflocken des Milchproteins im Labmagen durch die optimale Tränketemperatur von 38–39° C.
Vorsicht bei *Wiedererwärmung von Biestmilch!* Das Zugießen von heißem Wasser oder Erhitzen auf der Herdplatte ist falsch! Bei Überhitzung gerinnen die Eiweißkörper. Diese Milch ist für das Kalb nur noch von geringem Wert, da keine Schutzstoffe mehr vorhanden sind. Auch der Nährstoffgehalt ist dann deutlich niedriger. In der Folge nimmt die Anfälligkeit des Kalbes für Durchfälle zu.

Tabelle 52: Veränderung der Biestmilch-Zusammensetzung nach der Geburt

Inhaltsstoff		Stunden nach dem Abkalben 0	12	24	48	Vollmilch 120
Trockensubstanz	%	37,0	14,5	12,8	11,9	12,7
Protein	%	17,6	6,0	4,5	3,9	3,5
Albumine und Globuline	%	11,3	3,0	1,5	1,0	0,9
Fett	%	5,1	3,8	3,4	2,8	3,8
Zucker	%	2,1	3,5	4,2	4,4	4,4
Vitamin A	I.E./kg	11000	7000	4000	2000	700
Vitamin B_2	mg/kg	7,0	3,0	2,0	2,0	1,0

Tabelle 53: Vergleich von Vollmilch und Milchaustauschern (Nährstoffgehalte/l Tränke

Inhaltsstoff		Vollmilch l	Milchaustauscher Aufzucht 100 g/l	 Mast 125 g/l
Rohprotein	g	35	23	29
Rohfett	g	40	15	25
NEL	MJ	1,75	1,13	1,55
StE		167	102	140

Biestmilch ad libitum
In einigen Betrieben wird die Biestmilch im Tränkeeimer mit Sauger zur freien Aufnahme angeboten. Der Eimer wird nach dem Melken mit kuhwarmer Milch gefüllt und zum Schutz gegen Schmutz und Fliegen abgedeckt. Er bleibt dann bis zur nächsten Mahlzeit an der Box hängen. Es ist empfehlenswert, ihn anzubinden, damit er nicht vom Kalb abgeworfen werden kann. Vor dem Neubefüllen wird der Milchrest entfernt und der Eimer mit heißem Wasser gereinigt.
Das Kalb nimmt die Milch, die sich langsam auf Stalltemperatur abkühlt, in kleinen Portionen auf. Diese Mengen erwärmen sich im Schlund und im Magen und werden schnell durch das Labferment ausgeflockt. Dies ist die Voraussetzung für eine problemlose Verdauung.
Bei dieser Methode werden von wüchsigen Kälbern bis zu 10 l/Tag aufgenommen. Dabei ist es wichtig, daß dem Kalb immer Milch zur freien Aufnahme zur Verfügung steht, sonst kommt es wegen des zunehmenden Hungergefühles zum »Übersaufen«. Gerade in Betrieben mit vermehrten Kälberverlusten konnte durch diese Fütterungsmethode oft eine deutliche Reduzierung der Erkrankungen erreicht werden.

Tränkeverfahren bei der Aufzucht

Die Biestmilchfütterung ist nach der 1. Lebenswoche beendet, danach beginnt die Aufzuchttränke.
Für die Fütterung ab der 2. Lebenswoche gibt es 2 **Tränkemethoden:**

- **Standard** (12 Wochen):
  - Vollmilch,
  - Milchaustauscher (süß oder sauer);
- **Frühentwöhnung** (7–8 Wochen):
  - Milchaustauscher.

Vollmilchtränke

Die **Vollmilch** ist für das Kalb in ihrer Zusammensetzung ernährungsphysiologisch ein sehr wertvolles Futtermittel. Der Bedarf des Tieres kann in den ersten Wochen nach der Geburt durch eine Vollmilchtränke gänzlich abgedeckt werden. Eine Aufwertung der Milch ist nicht notwendig.
Wegen der *hohen Nährstoffkonzentration* (siehe Tabelle 53) muß sie aber auf 7–8 l/Tag rationiert werden. Ohne diese Restriktion (Begrenzung) nehmen die Kälber zwar sehr stark zu, aber es fehlt der Hunger, der zur Heu- und Kraftfutteraufnahme führt. Die notwendige Ausbildung der Vormägen verzögert sich dadurch.
Da die Milchmenge begrenzt wird, muß zusätzlich **Wasser** angeboten werden. Dieses soll temperiert und zur freien Aufnahme zur Verfügung stehen (Tabelle 54).

Tabelle 54: Tränke- und Fütterungsplan für die Aufzucht mit Vollmilch

Lebenswoche	Biest- und Vollmilch l/Tag	Wasser	Kälberheu	Kälberkraftfutter je Tag
1.	3–6	–	–	–
2.	6–8	↑	↑	–
3.	8			ca. 100 g
4.	8			ansteigend
5.	8			auf
6.	8			
7.	7	beliebig	beliebig	
8.	6			↓
9.	6		↓	
10.	6			
11.–12.	4–0	↓	satt	1500 g
insgesamt	ca. 500			

In vielen Praxisbetrieben wird die Vollmilch mit Wasser verdünnt. Als Begründung wird der zu hohe Fettgehalt in der Vollmilch angegeben, der die Ursache von Durchfällen wäre.
Der Wasserzusatz verdünnt aber das Casein und die Ausflockung der Milch im Labmagen wird verzögert. Die Wirkung der Wasserzugabe ist deshalb *negativ* zu beurteilen.
Ursache von Durchfällen sind meist zu hohe Milchgaben oder eine zu niedrige Temperatur der Tränke.
Wird zwischen den Mahlzeiten kein temperiertes Wasser zur freien Aufnahme angeboten, nimmt der Durst des Kalbes bis zur nächsten Mahlzeit stark zu.
Die Reaktion ist ein zu hastiges Saufen. Dies ist vor allem bei zu großer Nuckelöffnung möglich. Milch kann dann in den Pansen »überlaufen«. Wenn dieser noch nicht funktionsfähig ist, kommt es zu Durchfällen.
Preiswürdigkeit – In der Aufzucht kostet 1 kg Milchaustauscher zwischen 2,40–3,– DM und enthält etwa 11,3 MJ NEL. Die gleiche Energiemenge ergeben 6,5 l Vollmilch mit 4,0 % Milchfett. Wird Vollmilch in der Kälberaufzucht eingesetzt, kann sie mit 0,37–0,46 DM/l verwertet werden.

Bei der Produktion von 1 l Milch fallen folgende Kosten an:

variable Kosten	**ca. 30 Dpf,**
Gesamtkosten	**ca. 45–60 Dpf.**

Es ist deshalb unwirtschaftlich, Milch extra für die Kälberaufzucht zu produzieren. Der Vollmilcheinsatz ist wirtschaftlich *nur* gerechtfertigt, wenn bereits angefallene **»Übermilch«** verwertet werden *muß*.
Die Vollmilch wird daher vor allem bei Mastkälbern eingesetzt. Mit 10 kg Vollmilch/Tag (= 17,5 MJ NEL) sind dabei ca. 1000 g tägliche Zunahmen möglich.

Milchaustauschereinsatz

Standardaufzucht – Die Kälberaufzucht mit verkaufsfähiger Vollmilch ist unwirtschaftlich. Als Ersatz wurden **Milchaustauscher** entwickelt, die in ähnlicher Weise den Nähr- und Wirkstoffbedarf der Kälber abdecken.
Milchaustauscher sind in unterschiedlicher Zusammensetzung auf dem Markt. Der Einsatz für die verschiedenen Aufzuchtmethoden ist von der Zusammensetzung abhängig (Tabelle 55, 56).

Tabelle 55: Milchaustauscher-Typen

Typ	Einsatz bei...
über 40 % MMP[1]), 16–20 % Fett	Mastkälber
25–45 % MMP[1]), 15–16 % Fett	Aufzuchtkälber
0 % MMP[1]), 8–15 % Fett	Aufzuchtkälber, Probleme bei und nach Durchfällen
0–60% MMP[1]), - Zusätze von organischen Säuren bzw. milchsäurebildenden Bakterienkulturen	

[1]) Magermilchpulver.

Die **Anforderungen** an Milchaustauschfuttermittel sind in der Futtermittelverordnung beschrieben. Bei Milchaustauschern für Aufzuchtkälber sind es mindestens 20 % Rohprotein, 1,45 % Lysin und 5 % Rohfett. Ein wesentlicher Bestandteil der Milchaustauscher ist das Magermilchpulver.
Auf dem Sackanhänger der Milchaustauscher sind die Inhaltsstoffe deklariert und zusätzlich Fütterungshinweise angegeben.
Dabei muß besonders die **Anrührtemperatur** beachtet werden. Der Hersteller gibt dabei die Temperatur an, die zum Anrühren nötig ist, um das Fett aufzulösen. Ungelöste Teile können Allergien und Verdauungsstörungen auslösen. Die Tränke muß daher klumpenfrei angerührt werden.
Für 1 l Tränke sind je nach Nährstoffgehalt 100–125 g Milchaustauscher erforderlich.

Die **Umstellung** auf Milchaustauschertränke erfolgt in der Zeit vom 5. bis zum 7. Lebenstag. Die Umstellung wird in den meisten Praxisbetrieben allmählich vorgenommen und ist in 3 Tagen abgeschlossen.
Bei beständigen **Durchfällen** wird oft als Gesundheitshilfe das Magermilchpulver weggelassen. Als Ersatz werden dann Molkepulver, Kartoffel- oder Sojaeiweiß und Hefen eingesetzt.
In durchfallgefährdeten Betrieben ist eine frühzeitige Umstellung, d.h. schon ab dem 2. Lebenstag, zu empfehlen. Um Infektionen entgegenzuwirken, ist im Milchaustauscher eine zulässige Menge an Antibiotika enthalten. Außerdem unterdrückt die pH-Wert senkende Wirkung des Milchaustauschers die Entwicklung der Colikeime, die in der 1. Lebenswoche das Kalb befal-

Tabelle 56: Wertbestimmende Bestandteile von Milchaustauscher nach DLG-Standard

Bestandteile		Kälberaufzucht	Kälbermast
Lysin	mind. %	1,45	1,75
Rohprotein	mind. %	20	22
Fett	%	5–30	12–30
Rohfaser	max. %	3	1,5
Rohasche	%	10	10
Calcium	mind. %	0,9	0,9
Phospor	mind. %	0,7	0,7
Vitamin A/kg	mind.	12000 I.E.	10000 I.E.
Vitamin D/kg	mind.	1500 I.E.	1250 I.E.
Vitamin E/kg	mind.	20 mg	20 mg

Tabelle 57: Normalmethode zur Kälberaufzucht (Tränke- und Fütterungsplan mit Milchaustauscher bis 12 Wochen Tränkezeit)

Lebens-woche	Biest- und Vollmilch l/Tag	MAT¹)-Tränke (125 g/l) l/Tag	Kälberauf-zuchtfutter g/Tag	Kraftfutter²) g/Tag	Heu
1	3–6	–	–	–	–
2	6–0	0–7	–	–	↑
3	–	8	100	–	
4	–	8	↓	–	
5	–	8		–	
6	–	8	steigern	–	
7	–	8	bis	–	
8	–	6	auf	–	
9	–	6	↓	–	beliebig
10	–	6		–	
11	–	5	1000	500	
12	–	4–0	500	1000	
13	–	–	–	1000	
14	–	–	–	1000	
15	–	–	–	1000	
16	–	–	–	1000	↓
gesamt	ca. 55 l	470 l = 58 kg MAT	55 kg	55 kg	

¹) Milchaustauscher. ²) Getreidemischung: 17 % RP, 6,9 MJ NEL.

len und schwächen können. Die Durchfallhäufigkeit nimmt dadurch ab.

Eine **Tränkezeit** von 12 Wochen ist für die Kälberaufzucht ausreichend. Längere Tränkezeiten verursachen unnötige Mehrarbeit. Voraussetzung für das Absetzen der Tränke ist eine entsprechende Kraftfutter- und Heuaufnahme, um den Nährstoffbedarf zu decken.

In der 12. Lebenswoche soll die Kraftfutteraufnahme bei 1–1,5 kg liegen. Diese Aufnahme wird erreicht, wenn frühzeitig beigefüttert wird und die Tränkemenge nicht zu hoch ist (siehe Tränkeplan Tabelle 57).

Auch bei der **Aufzucht mit Vollmilch** kann aus den angeführten Gründen (Durchfallgefahr) nach der Biestmilchperiode vom 5. Lebenstag an eine einwöchige Milchaustauschertränke günstig sein. Ab dem 12. Lebenstag wird mit einer »fließenden« Umstellung wieder Vollmilchtränke gegeben.

Frühentwöhnung – Die Frühentwöhnungsmethode ist ein Aufzuchtverfahren mit verkürzter Tränkezeit. Außerdem wird die Milchmenge/Tag auf 6 l begrenzt bei nur 100 g Milchaustauscher/l Wasser (Tabelle 58).

Um in den ersten Lebenswochen die Nähr- und Wirkstoffversorgung sicherzustellen, wird für die Frühentwöhnungsmethode ein »Milchaustauscher-Mast« mit ca. 18–20 % Rohfett eingesetzt.

Durch die **Beschränkung** der Nährstoff- und Tränkemenge wird beim Kalb absichtlich ein *Hunger* hervorgerufen, um dadurch eine schnellere *Umstellung* zu erreichen.

Nehmen die Kälber in der 7.–8. Woche täglich ca. 800 g **Kraftfutter** auf, kann die Milchtränke abgesetzt werden. Bis zu die-

Tabelle 58: Frühentwöhnung: Tränke- und Fütterungsplan für die Kälberaufzucht mit Milchaustauscher bei 8 Wochen Tränkezeit

Lebenswoche	Biest- und Vollmilch l/Tag	MAT¹)-Tränke (100 g/l) l/Tag	Kälberaufzuchtfutter³) g/Tag	Kraftfutter²) g/Tag	Heu
1	3–6	–	–	–	–
2	6–0	0–6	–	–	↑
3	–	6	100	–	
4	–	6		–	
5	–	6	steigern	–	
6	–	6	bis	–	
7	–	6	auf	–	
8	–	6–0	1500	–	beliebig
9	–	(6)		–	
10	–	–	2000	–	
11	–	–	1500	500	
12	–	–	1000	1000	
13–16	–	–	–	2000	↓
gesamt	55 l	300 l = 30 kg MAT	70 kg	70 kg	

¹) Milchaustauscher. ²) Getreidemischung: 17 % RP, 6,9 MJ NEL. ³) Pelletiert.

sem Zeitpunkt sind wegen der reduzierten Tränkeaufnahme nur geringe Zunahmen von ca. 400–600 g zu erwarten.
Erst im 3. und 4. Monat, bei höherer Trockenmasseaufnahme, steigen die Tageszunahmen. Die Kraftfutteraufnahmen liegen dann bei ca. 1,5 kg/Tag. Für die Aufzucht (ab Geburt) wird eine mittlere Tageszunahme von 700–800 g erreicht.
Die reduzierte Tränkemenge führt schnell zu einer hohen **Kraft-** und **Rauhfutteraufnahme**. Dieses wirkt sich positiv auf die Pansenentwicklung aus. Die Voraussetzungen für eine gute Funktionsfähigkeit werden frühzeitig geschaffen, das Pansenvolumen nimmt zu und die Futteraufnahme steigt schnell an.
Die Aufzuchtkosten sind bei der Frühentwöhnung geringer als bei der Normalmethode, siehe Tabelle 59.

Tabelle 59: Vergleich von Normalmethode und Frühentwöhnung (Futterverbrauch und Kosten bis zur 16. Lebenswoche)

	MAT¹)		Kälberstarter		Kraftfutter		insgesamt
	kg	DM	kg	DM	kg	DM	DM
Normalmethode	58	140,-	55	25,-	55	20,-	185,-
Frühentwöhnung	30	72,-	70	32,-	70	26,-	130,-

¹) Milchaustauscher: 240,- DM/dt, Kälberstarter 45,- DM/dt, Kraftfutter 37,- DM/dt.

Praktische Hilfen, die eine frühzeitige Futteraufnahme anregen:

- Wird der *Flüssigkeitsbedarf* nicht gedeckt, ergeben sich Störungen bei der Futteraufnahme, das Kalb nimmt weniger Heu und Kraftfutter auf. Selbsttränken sind für die noch jungen Kälber zu schwer und zu kompliziert zu bedienen. Zudem hat das Leitungswasser eine sehr niedrige Temperatur (erwünscht sind 18 °C) und stößt die Tiere deshalb ab. Zusätzliches *Wasser* soll deshalb temperiert über Nuckeleimer angeboten werden.
- Das *Kraftfutter* sollte mindestens 170–180 g Rohprotein/kg enthalten. Ein junges Tier braucht zum Wachstum und zur Bildung von Muskeln eine relativ hohe Proteinversorgung. Dies muß bei der Fütterung beachtet werden.
- Wenn Kraftfutter zu *Pellets* verpreßt ist, wird es besser gefressen. Es muß zu jeder Mahlzeit frisch vorgelegt werden. Wichtig ist es zudem, die Futterreste der letzten Mahlzeit immer aus dem Trog zu räumen.
- Die Kälber lernen die Kraftfutteraufnahme auch von ihren Artgenossen, der gegenseitige *Futterneid* fördert deshalb in der Gruppenhaltung die Futteraufnahme.
- Zum ersten Angewöhnen bewährt es sich, unmittelbar nach der Tränke dem Kalb eine kleine Menge *Starter* mit der Hand ins Maul zu geben. Durch den noch vorhandenen Saugreflex wird der Starter leichter angenommen. Beim Saugvorgang wird Speichel produziert, der mit den enthaltenen Enzymen die Verdauung des Kraftfutters unterstützt.
- Während des *Umstellens* von der Milchtränke auf Trockenfutter kann einwandfreie Gras- oder Maissilage angeboten werden. Auch bei Kälbern mit einer 12-wöchigen Aufzuchtmethode kann der Einsatz der Gras- und Maissilage ab der 8. Lebenswoche beginnen.
- Ab der 9.–10. Lebenswoche können *Hofmischungen* oder *Milchleistungsfutter II* (17–18 % RP, 6,9 MJ NEL) eingesetzt werden. Dieses Kraftfutter ist zum Angewöhnen erst einmal mit dem Kälberstarter zu mischen. Ab der 12. Lebenswoche reicht für das Kalb eine

Tabelle 60: Hofmischungen für das Zuchtkalb (Beispiele)

Futtermittel-Anteile in %	DM/dt	Mischung I	Mischung II	Mischung III
Haferschrot	32,-	20	15	25
Gerstenschrot	34,-	23	25	–
Weizenschrot	35,-	25	20	35
Weizenkleie	32,-	–	10	–
Melasseschnitzel	32,-	–	–	10
Sojaextraktionsschrot	45,-	20	15	22
Leinexpeller	47,-	10	13	6
Mineralfutter 20 % Ca, 5 % P	92,-	2	2	2
Gehalt je kg Kraftfutter				
Rohprotein	g	197	192	196
NEL	MJ	7,0	6,9	7,0
Preis	DM/dt	37,50	38,20	38,01

Kraftfuttergabe von ca. 1,5 kg/Tag aus. Außer Grundfutter und Wasser erfolgt dann keine zusätzliche Beifütterung mehr. Zu hohe tägliche Zunahmen führen sonst zur Frühreife, die für das Zuchtrind nachteilig sein kann.
Für eine Hofmischung (Eigenmischung) haben sich die in Tabelle 60 genannten Zusammensetzungen bewährt.

Sauermilchtränke

Einsatzbereich – In Beständen, in denen Coli-Bakterien immer wieder Durchfälle verursachen, wird die Sauertränke eingesetzt. Das so geschaffene saure Milieu im Magen- und Darmbereich hemmt die Vermehrung der durchfallerregenden Colikeime.
Zur Coliinfektion kommt es in den ersten Tagen nach der Geburt. Deshalb sogleich nach der Biestmilchperiode die Umstellung auf Sauertränke beginnen. In sehr kritischen Beständen wird die Umstellung ab dem 3. Tag nach der Geburt empfohlen.
Herstellung – Sauertränke ist als **Milchaustauscher** erhältlich. Bei diesem Milchaustauscher wird das Magermilchpulver – wegen der Ausflockung des Caseins – durch andere hochwertige Proteine aus Milch- und Pflanzenprodukten ersetzt. Um den pH-Wert des Austauschers von 6 auf ca. 4,5 herabzusetzen, können auch organische Säuren zum Tränkepulver zugesetzt werden.
Auch **Vollmilch** wird als Sauertränke verabreicht. Es ist möglich, die Biestmilch ab dem 3. Tag mit 3 cm^3 (= 3 g/l) Zitronensäure oder Obstessig je Liter anzusäuern. Beginnend mit einem ½ Eßlöffel 10%igem Obstessig wird die Menge später auf einen Eßlöffel/Liter Vollmilch erhöht. Diese angesäuerte Milch wird als Warm- oder Kalttränke verfüttert. Eine zu starke Ausflockung behindert die Aufnahme über den Saugnuckel.
Für größere Bestände wird die *Übermilch* mit 3 cm^3 85%iger Ameisensäure/l Milch für einen Zeitraum von 2–3 Wochen konserviert.
Beim Umgang mit dieser aggressiven Säure ist allerdings große Vorsicht geboten!
Es wird deshalb empfohlen, eine verdünnte Säurelösung anzulegen, z. B. 100 l Wasser und 10 l Ameisensäure. Von dieser Lösung werden dann 30 cm^3/l Milch zugesetzt.
Anwendung – Sauertränke nicht in verzinkten Eimern tränken oder in entsprechenden Behältern aufbereiten!
Die Sauertränke kann als Warm- oder Kalttränke verabreicht werden. Die Kalttränke bewährt sich als ad libitum Gabe besonders in der Gruppenaufzucht. Hierbei kann die Milch für 2–3 Tage in Vorratsbehältern bereitgestellt werden. Wichtig ist es, die vorgeschriebene Anrührtemperatur einzuhalten! Die Milch soll bei der Verfütterung eine konstante Temperatur von 15–20° C haben.
Die täglichen **Zunahmen** liegen mit Sauertränke um 100–150 g/Tag niedriger als bei einer Aufzucht mit einem »Süßtränkeverfahren«.
Durchfälle – Sie sind besonders für junge Kälber gefährlich:

Es kann zum Austrocknen des Körpergewebes kommen. Das Kalb besteht zu 70 % aus Wasser. Verringert sich der Wassergehalt des Tierkörpers um 20 %, führt dies zum Verenden.
Mit der überhöhten Ausscheidung von Flüssigkeit bei Durchfall gehen auch lebenswichtige Salze verloren. Der Zellinnendruck im Gewebe sinkt ab, das Blut kann die Zellen nicht mehr mit Elektrolyten versorgen. Das Blut wird bei Durchfall dickflüssiger und übersäuert, was wiederum zur Störung der Herzaktivität und des Kreislaufes führt.

Langanhaltende Durchfälle zerstören die *Darmflora*. Damit ist die aus Milchsäurebakterien und anderen Bakterienstäm-

men gebildete Schutzschicht um die Dünndarmzotten gemeint.
Ohne diesen Schutzfilm werden die Darmzotten durch die verschiedenen durchfallerregenden Bakterien- und Virenstämme zerstört. Krankheitskeime gelangen dann ins Blut. Außerdem sind die Milchsäurebakterien zur Aufrechterhaltung des Säuregrades (pH-Wert) im Darm und damit zur Aufbereitung des Verdauungsbreies notwendig. Oft werden bei Durchfällen Antibiotika verabreicht. Neben den Krankheitskeimen werden damit aber auch nützliche Keime im Darm zerstört. Dadurch wird der Heilungsprozeß verzögert.
Um diese Behandlung zu umgehen und den notwendigen Schutzfilm zu stabilisieren, wird als Vorbeuge der Einsatz von milchsäurebildenden Bakterienkulturen empfohlen. Diese Kulturen werden von der Arzneimittelindustrie hergestellt und dem Kalb über die Milchaustauscher- oder Vollmilchtränke verabreicht.

Beifütterung der Kälber

Ab der 2. Lebenswoche wird bei allen Tränkeverfahren frisches oder temperiertes Tränkewasser, gutes Kälberheu und auch Kälberstarter angeboten.
Bei der begrenzten Milchtränke von 8 l/Tag sind die Kälber ohne freie Wasseraufnahme nicht ausreichend mit Flüssigkeit versorgt. Wegen des Durstgefühls wird das Heu und vor allem der Kälberstarter nur zaghaft angenommen.
Kälberstarter – Als Nährstoffergänzung zur Milchtränke und zur Umstellung ist die Aufnahme von Kälberstarter wichtig. Er soll mindestens 18 % Rohprotein, höchstens 10 % Rohfaser und 10 % Rohasche enthalten. Außerdem ist er mit Mineralstoffen, Spurenelementen und Vitaminen aufgewertet.
In den ersten Tagen fressen die Kälber etwa 50 g täglich. Dies sollte sich bis zur 7. Lebenswoche auf 800–1000 g steigern.
Zum frühzeitigen Aufbau der Verdauungsenzyme, Aktivierung der Pansenschleimhaut und wegen der Nährstoffergänzung ist ein besonders hochwertiges Kraftfutter (Kälberstarter) notwendig. Ein hoher Getreideanteil (Weizen, Mais) verbessert die notwendige Nährstoffkonzentration, Verdaulichkeit und Aufnahmebereitschaft. Außerdem muß für die Kälber auf die Bekömmlichkeit der Nährstoffkomponenten im Mischfutter geachtet werden.
Das Ergänzungsfuttermittel für Aufzuchtkälber (Kälberstarter) wird industriell hergestellt und pelletiert gehandelt.
Die Anforderungen sind folgende:

Wertbestimmende Bestandteile von **Kälberstarter** nach DLG-Standard:

Rohprotein	mind. 18 %
Rohasche	max. 10 %
Vitamin A	mind. 10000 I.E./kg
Vitamin D	mind. 1250 I.E./kg
Vitamin E	mind. 10 mg/kg

Kraftfutter und Heu – In der 2. Lebenswoche beginnt das Kalb nach Feststoffen zu suchen. Aus der Einstreu werden einzelne Strohhalme aufgenommen. Um dies zu vermeiden, sollte gut geerntetes junges und blattreiches **Heu** (»Kälberheu«) vom 1. Schnitt zum Kälberstarter vorgelegt werden.
Heu vom 2. und 3. Schnitt ist weniger geeignet, es kann beim Verfüttern an so junge Kälber noch zu Durchfall führen.
An den Kälberboxen sind neben den Vorrichtungen zur Tränke und für Kraftfutter Heuraufen angebracht. Auch das Heu muß täglich ausgewechselt werden, damit es frisch und schmackhaft bleibt.
Die Heuaufnahme bewirkt durch mechanische Reize die Ausbildung der Pansenzotten (Tabelle 61) und die Erhöhung des Pansenvolumens. Das **Kraftfutter** aktiviert durch die Entstehung der Propionsäure die Funktion der Pansenschleimhaut. Deshalb ist eine Heu:Kraftfutter-Aufnahme von 1:1 richtig.

Tabelle 61: Längenwachstum der Pansenzotten (in mm) in Abhängigkeit vom Fütterungsverfahren (nach KIRCHGESSNER)

Alter	mittlere Länge der Pansenzotten bei Milchtränke	bei Milch-, Heu-, Kraftfutterfütterung
1. - 3. Tag	1,0	1,0
4. Woche	0,5	0,8
8. Woche	0,5	1,5
12. Woche	0,5	2,5

Zu hohe Mengen an Kälberstarter als Kraftfuttergabe oder feingemahlener Getreideschrot führen zur Verhornung der Pansenzotten.

In der Tränkeperiode kann geschnittenes Heu, vermischt mit den Kraftfutterpellets im Trog angeboten, das Problem der richtig dosierten Aufnahme lösen.

Ab der 10. Lebenswoche ist es möglich, den Kälberstarter mit einer Hofmischung zu verschneiden.

Vollständig wird der Kälberstarter in der 13. Lebenswoche durch diese Mischungen ersetzt.

Neben gutem Heu vom 1. Schnitt, Gras- oder Maissilage sind 1–1,5 kg Kraftfutter/Kalb und Tag ausreichend. In der weiteren Aufzucht wirken sich zu hohe tägliche Zunahmen (im Mittel von über 700 g) wegen einer Verfettung der Tiere nachteilig aus.

Die wichtigste Maßnahme in der Aufzucht ist es, neben einer Förderung der enzymatischen Verdauung im Labmagen, den Pansen für die mikrobielle Verdauung rasch zu aktivieren, um die Durchfallgefahr gering zu halten.

Tips zur Vermeidung von Kälberkrankheiten

- Nach der Geburt rechtzeitig, innerhalb der ersten 3 Stunden *Biestmilch* verabreichen! Der Kälbermagen faßt anfangs nur 1,5 l; deshalb ist in den ersten Tagen ein dreimaliges Tränken empfehlenswert.
- Es ist sinnvoll, vor der Tränke durch Einführen des Saugers (ohne Milch) und Hochhalten des Kopfes (wie Saughaltung zum Euter) den *Saugrinnenreflex* auszulösen. Die Saugrinne wird durch eine offene Hautfalte vom Schlund durch den Pansen zum Labmagen gebildet. Durch die Übung des Ansaugens wird die Falte zum Schließen aktiviert und die Milch gelangt dadurch nicht in den Pansen.

  Im noch nicht aktiven Pansen ist eine Milchverdauung unmöglich, es entstehen Fäulnisprozesse und in der Folge Durchfall. Der Kot ist dann grau und stinkt nach Fäulnis.
- Keine überhöhte *Milchmenge* einsetzen! Bei zu hohen Milchgaben/Mahlzeit ist ein Rückstau vom Labmagen in den Pansen möglich, und dann entsteht ebenfalls Durchfall.
- Für jedes neugeborene Kalb sollte ein *neuer Saugnuckel* und ein sauber *gereinigter Tränkeeimer* vorbereitet werden. Während der Aufzucht wird bei jedem Kalb nur dieser Eimer verwendet.

Tabelle 62: Labgerinnungszeit der Milch im Kälbermagen

Tränke-temperatur	Gerinnung
39° C	2–3 Minuten optimal
35° C	5 Minuten
30° C	8 Minuten
25° C	12 Minuten
20° C	24 Minuten

Übertragungskrankheiten werden so verringert.

- Die Öffnung des Saugnuckels soll klein gehalten werden. Langes Saugen regt zur *Speichelbildung* an. Speichelenzyme sind notwendig für die Milchfettverdauung. Zudem kann eine große Öffnung des Nuckels zum Verschlucken führen.
- Der *Saugreflex* hält bis zu 25 Minuten an, nimmt aber mit zunehmendem Alter ab. Es ist deshalb empfehlenswert, die Tiere nach dem Tränken möglichst von anderen fernzuhalten, um das gegenseitige *Besaugen* zu verhindern.
  Das Besaugen nimmt bei zu enger Aufstallung zu.
- Den *Vitaminstoß* nicht vor, sondern nach der ersten Tränke verabreichen. Die erste Biestmilch reinigt vom Darmpech und macht dadurch die Darmwand für die Vitamine »durchlässiger«.
- Die richtige *Tränketemperatur* leitet mit Hilfe des Labsekretes eine rasche Gerinnung der Milch ein. Nur im optimal geronnenen Zustand ist eine störungsfreie Verdauung möglich.
- Eine hohe Tränkemenge/Mahlzeit macht eine hohe Menge des *Labsekretes* notwendig. Dieses ist kurzfristig nicht vorhanden und steht erst eine gewisse Zeit nach der Tränke zur Verfügung. Als Folge verzögert sich der Gerinnungs- und Verdauungsablauf im Labmagen. Die Stabilität gegen Durchfall wird so geschwächt.
  Dreimaliges Tränken/Tag am Anfang der Aufzucht oder Tränken am Automat ist deshalb von Vorteil.
  Höhere Zunahmen bei stabiler Gesundheit werden dadurch erreicht.
- Ein Zusatz von zuviel *Wasser* in den ersten Lebenswochen führt zu Gerinnungsproblemen bei der Milch im Labmagen.
- Bei *Durchfällen* die Milchtränke wegnehmen und die Flüssigkeit durch Elektrolyttränke ersetzen. Nach 2–3 Mahlzeiten (jeweils 2–3 l) soll Milchtränke wieder langsam steigend verabreicht werden. Eine zu große Zeitspanne ohne Milchnahrung führt zusätzlich zu Unterversorgung und Schwächung des Kalbes.
- Eine *Elektrolyttränke* kann auch selbst erstellt werden: Dabei werden zu 1 l schwarzen Tee 50 g Traubenzucker (kein Rohrzucker) und 5–8 g Kochsalz gegeben. Diese Menge darf nicht überschritten werden. Eine Natriumvergiftung bei zu hohen Kochsalzgaben wäre sonst möglich.
- In der 2. und 3. Lebenswoche beginnt die *Heu- und Kraftfutterbeifütterung*. Dadurch wird die Entwicklung des Pansen gefördert und das junge Tier allmählich zum Wiederkäuer. Die Durchfallgefahr schwächt sich dann ab.
  Vor dieser Zeit sollten keine Beimengungen von Leinprodukten, Getreideschrot, Kälbermehl in die Milchtränke gegeben werden. Wegen fehlender Verdauungsenzyme können diese Futtermittel im Labmagen und Dünndarm noch nicht verdaut werden. Es entstehen Gärungs- oder Fäulnisdurchfälle.
  Der Kot wird dann dünnbreiig-gelb bis dunkelbraun oder gelblich-grau.
- Der Einsatz von Leinprodukten, Getreideschrot, Kälbermehl u. ä. sollte »trokken« erfolgen. Sie gelangen dann in den Pansen. Er wird dadurch aktiviert. Die Futtermittel werden dort »voraufgeschlossen« und können im Dünndarm über Enzyme, die sich auch erst aufbauen müssen, besser verdaut werden.

Kälbermast

Ziel der Kälbermast ist es, durch eine gezielte Versorgung ein gut ausgeformtes Kalb mit hoher Fleischqualität zu erzeugen. Der Schlachtkörper soll leicht mit Fett abgedeckt sein und eine helle Fleischfarbe aufweisen.
Die Fleischfarbe wird (besonders vom Verbraucher) immer noch als Qualitätsmerkmal zur Beurteilung des Schlachtkörpers verwendet. Sie stellt aber *kein echtes* Qualitätsmerkmal dar. Die helle Fleischfarbe ist allein die Folge einer zu geringen Versorgung mit Eisen. Diese wird dadurch erreicht, daß die Kälber fast ausschließlich mit Milch oder Milchersatzpräparaten versorgt werden, die alle eisenarm sind.
Heu oder Kraftfutter enthalten dagegen deutlich höhere Eisenmengen. Werden diese Futtermittel an Kälber verfüttert, wird das Fleisch dunkler. Der Qualität des Kalbfleisches ist dies aber nicht abträglich, eher das Gegenteil ist der Fall. Der Erzeuger kann allerdings dunkles Kalbfleisch nur wirtschaftlich produzieren, wenn es entsprechend nachgefragt und auch bezahlt wird.
Die Aufzucht von Mastkälbern wird wie bei Aufzuchtkälbern entweder mit Milchaustauschern oder mit Vollmilch durchgeführt.
Die Vollmilchmast hat in den Betrieben Bedeutung, in denen *Übermilch* zur Verfügung steht. Diese kann über den Kälbermagen noch am sinnvollsten verwertet werden.
Bei den spezialisierten Kälbermästern ist die Mast mit Milchaustauschern die gängige Methode.
Nach der **Kälberhaltungsverordnung** vom 1.12.1992 muß an Mastkälber Rauhfutter gefüttert werden. Von der 2.–8. Woche müssen dabei 100 g/Kalb und Tag, ab der 8. Woche 200 g gegeben werden.

Mast mit Vollmilch

In der Kälbermast kann bis zu einem Lebendgewicht von etwa 120 kg durch den Einsatz von **Vollmilch** ein optimales Wachstum erzielt werden. Der Nähr- und Wirkstoffgehalt der Vollmilch deckt den Bedarf des Tieres voll ab.
Bei höheren Mastendgewichten ist eine zusätzliche Beifütterung notwendig, um den möglichen Zuwachs zu erreichen. Dazu werden 1–2 kg energiereiches **Kraftfutter** eingesetzt (Tabelle 63).
Die **Tränkemenge** wird nach der Biestmilchperiode sehr schnell gesteigert. Ab der 7. Woche werden dabei ca. 15 l Voll-

Tabelle 63: Tränkeplan für die Kälbermast mit Vollmilch (kg/Tier und Tag)

Lebenswoche	Vollmilch	Kraftfutter	Heu
1.	Biestmilch	–	–
2.	4– 6	–	0,1
3.	6– 8	–	0,1
4.	8–10	–	0,1
5.	11–13	–	0,1
6.	13–15	–	0,1
7.	15–16	–	0,1
8.–10.	15–16	–	0,2
11.–14.	15–16	1–2	0,2

milch/Tag eingesetzt. Die Tränkemenge orientiert sich an der Verträglichkeit.
Die Beschaffenheit des Kotes muß dabei sehr sorgfältig beobachtet werden. Bei beginnendem Durchfall wird die Vollmilchgabe sofort deutlich verringert. Da die *Verträglichkeit* zwischen den Tieren sehr unterschiedlich ist, muß die Tränkemenge individuell eingestellt werden.
Gerade bei der Verfütterung von hohen Milchmengen ist die Sorgfalt bei der Durchführung besonders notwendig, um eine zusätzliche Belastung möglichst zu vermeiden. Die Sauberkeit des Tränkegeschirres ist dabei unverzichtbar. Das Infektionsrisiko wird dadurch deutlich reduziert.
Zudem ist es wichtig, daß die Tränkegaben immer pünktlich erfolgen. Die Tränketemperatur soll bei 38° C liegen. Eine geringe **Beifütterung** mit Heu ist nicht nachteilig für die Fleischfarbe, stabilisiert aber die Gesundheit der Tiere.

Mast mit Milchaustauschern

In den spezialisierten Betrieben ist die Mast mit **Milchaustauschern** als Alleinfutter die Standardmethode. Aus wirtschaftlichen und physiologischen Gründen werden zwei verschiedene Milchaustauscher verwendet. Bis zu einem Gewicht von 80 kg wird dabei ein Milchaustauscher Typ I eingesetzt, der mindestens 50 % Milchpulver enthält.
In der **Hauptmast** kann ein etwas billigerer Milchaustauscher, Typ II, verwendet werden. Bei diesem Typ wird ein Teil des Milchpulvers durch andere, billigere Eiweißträger ersetzt. Die Inhaltsstoffe dieser Milchaustauscher sind in Tabelle 64 enthalten.
Der Futterverbrauch/kg Zuwachs beträgt in der Kälbermast etwa 1,5–1,7 kg Milchaustauscher. Bei männlichen Kälbern ist die Futterverwertung etwa um 10 % günstiger als bei weiblichen Tieren. Das Mastendgewicht schwankt zwischen 160 und 180 kg.
Die **Umstellung** vom Milchviehbetrieb zum Kälbermäster bedeutet für das Tier eine Streßsituation. Am Anlieferungstag sollte deswegen nur 1–2 l Tee oder eine Elektrolyttränke gegeben werden. Die Tränkemenge hängt vom Gewicht der Kälber ab.
Liegt das Ankaufsgewicht etwa bei 60 kg, kann bis zum Ende der 1. Mastwoche die **Tränkemenge** auf 6–8 l/Tag erhöht werden. Die Austauschermenge wird langsam auf 160–180 g/Liter Wasser gesteigert. Diese hohe Konzentration kann aber nur eingesetzt werden, wenn die Kälber freien Zugang zu Tränkewasser haben.
Zu Beginn der Mast ist die Beobachtung und Kontrolle der Tiere besonders wichtig. Wertvolle Anhaltspunkte über den gesundheitlichen Zustand der Tiere geben dabei die Kotbeschaffenheit, der Gesamteindruck der Tiere und auch die Körpertemperatur. Bei Verdacht sollte die Temperatur gemessen werden. Im Normalfall liegt sie etwa bei 38,5° C.
Das Mastende wird etwa nach 13–15 Wochen erreicht. Die Milchaustauschermenge je l Wasser liegt dann etwa bei 250 g. Diese hohe Konzentration macht eine besondere Sorgfalt beim Anrühren notwendig. Geschieht dies nicht, kommt es zu Durchfällen. Am Ende der Mast beträgt die Tränkemenge 10–12 kg.
Bei Kälbern von Zweinutzungsrassen können bis zu einem Mastendgewicht von 170 kg täglich etwa 1300–1400 g Gewichtszunahmen erreicht werden. Der Milchaustauscherbedarf während der Mast liegt bei 150–160 kg.
In der Tabelle 65 ist ein Tränkeplan für diese Art der Mast dargestellt.

Tabelle 64: Inhalts- und Zusatzstoffe von Milchaustauschfuttermitteln für Mastkälber nach DLG-Standard

Inhaltsstoffe	%	Milchaustauschfuttermittel Typ I	Typ II
Rohprotein	mind.	22	17
darunter Lysin	mind.	1,75	1,25
Rohfett		12 – 30	15 – 30
Rohfaser	max.	1,5	2
Rohasche	max.	10	10
Calcium	mind.	0,9	0,9
Phosphor	mind.	0,7	0,7
Magnesium	mind.	0,13	0,13
Natrium	mind.	0,2 – 0,5	0,2 – 0,5
Zusatzstoffe (je kg)			
Kupfer, mg		4 – 15	max. 15
Vitamin A, I.E.	mind.	16 000	10 000
Vitamin D, I.E.	mind.	2000	1250
Vitamin E, mg	mind.	20	20

Tabelle 65: Tränkeplan für die Kälbermast mit Milchaustauscher (MAT)

MAT Typ	Mastwoche	MAT kg	Wasser l	MAT zu 1 l Wasser g	Heu kg
I	1.	1,1	4 – 6	100 – 180	–
	2.	1,3	7	190	0,1
	3.	1,5	8	190	0,1
	4.	1,8	9	200	0,1
II	5.	1,9	9	210	0,1
	6.	2,1	10	210	0,1
	7.	2,3	10	230	0,1
	8.	2,5	11	230	0,2
	9.	2,7	11	250	0,2
	10.	2,9	11	250	0,2
	11./12.	3,0	12	250	0,2

Jungrinderaufzucht

Allgemein

Die Intensität bei der Jungrinderaufzucht soll so eingestellt werden, daß die Tiere zügig wachsen und mit 15–18 Monaten in etwa die Zuchtreife erlangen. Eine Verfettung muß aber verhindert werden, um unnötige Stoffwechselbelastungen zu vermeiden.

Es ist notwendig, während der gesamten Aufzucht auf eine bedarfsgerechte Versorgung zu achten. Die **Nährstoffkonzentration** geht dabei im Laufe der Aufzucht langsam zurück. Der Grund dafür ist die stark steigende Futteraufnahme wegen des zunehmend größer werdenden Verdauungstraktes (siehe Tabelle 66).

Aus Tabelle 67 ist erkennbar, daß die Nährstoffkonzentration bei einem Lebendgewicht von 150 kg etwa bei 5,5 MJ NEL/kg Trockenmasse liegt und bis zu einem Lebendgewicht von ca. 400 kg auf 4,6 MJ NEL zurückgeht. Dabei wird eine mittlere Futteraufnahme unterstellt und es werden tägliche Zunahmen von ca. 600 g angestrebt.

Soll die Jungviehaufzucht intensiver werden, liegt die notwendige Konzentration entsprechend höher. Werden z. B. 700 g angestrebt, liegt sie um ca. 0,3 MJ über den in Tabelle 67 angegebenen Werten.

Zur Abdeckung des *Proteinbedarfs* ist ein Rohproteingehalt von 11–12 % am Anfang und von 10–11 % am Ende der Aufzucht notwendig.

Es ist schwierig, in der Jungrinderaufzucht, besonders wenn die Tiere in Gruppen gehalten werden, eine gezielte Rationsberechnung bzw. eine exakte Versorgung durchzuführen. Einfacher ist es dabei, sich an der in Tabelle 67 festgelegten Energiekonzentration zu orientieren, bzw. durch entsprechende Tierbeobachtung die Versorgungslage der Tiere immer wieder zu überprüfen.

Wichtig ist während der Aufzucht auch die Mineralstoff- und Vitaminversorgung. Bei den gängigen Rationen ist eine Ergänzung der Mineralstoffe Calcium, Phosphor und Natrium, manchmal auch Magnesium notwendig.

Von der Gesellschaft für Ernährungsphysiologie der Haustiere werden die in Tabelle 68 angegebenen Richtwerte für den **Mineralstoffbedarf** angesetzt. Sie sind auf unterschiedliche Tageszunahmen bezogen. Die Ergänzung folgt über eine tägliche Mineralfuttergabe.

Tabelle 66: Richtwerte für die Futteraufnahme sowie den Nährstoffbedarf bei weiblichen Jungrindern

Alter	Lebend-gewicht	Trocken-masse-aufnahme	tägliche Zunahme					
			400 g		600 g		800 g	
			RP[1])	NEL	RP	NEL	RP	NEL
Monate	kg	kg/Tag	g	MJ	g	MJ	g	MJ
5–6	150	3 – 4	–	–	385	19,2	435	21,6
	200	4 – 5	–	–	465	23,2	520	26,0
	250	5 – 6	485	24,1	540	26,9	605	30,1
ca. 12–13	300	6 – 7	550	27,4	615	30,6	685	34,2
ca. 18	400	8 – 8,5	720	33,7	750	37,6	845	42,2
über 18	500	9 – 10	830	39,7	890	44,5	1005	50,2

[1]) RP = Rohprotein.

Tabelle 67: Notwendige Nährstoffkonzentration für Jungrinder während der Aufzucht, bei täglichen Zunahmen von ca. 600 g

Lebendgewicht kg	NEL MJ/kg T
150	5,5
200	5,2
250	4,9
300	4,7
400	4,6
500	4,7

Dadurch wird auch der *Spurenelementbedarf* der Aufzuchtrinder gedeckt. Je kg Futtertrockenmasse sollen 10 mg Kupfer, 50 mg Eisen, 50 mg Zink und 50 mg Mangan enthalten sein.
Eine notwendige **Vitamin-Ergänzung** erfolgt ebenfalls über das Mineralfutter. Dies gilt besonders für die Versorgung mit den Vitaminen A und D. Die Notwendigkeit einer zusätzlichen Zufuhr der B-Vitamine bzw. von Vitamin C besteht bei der Aufzucht nicht.

Futtermittel für die Aufzucht

Die mögliche Einsatzmenge verschiedener Futtermittel in der Jungrinderaufzucht hängt von deren Nährstoffzusammensetzung ab. In Abhängigkeit von der Energiekonzentration, aber auch vom Rohprotein- und Mineralstoffgehalt muß die Menge zugeteilt, bzw. auch begrenzt werden.

Grassilage
Bei *mittlerer Qualität* entspricht sie in etwa den Bedürfnissen bei der Aufzucht. Zur freien Aufnahme angeboten, deckt sie sowohl den Energie- als auch den Proteinbedarf ab.
Grassilage von *sehr guter Qualität* weist eine höhere Energiekonzentration auf, als notwendig. Steht nur diese Silage zur Verfügung, muß die Ration mit Heu oder Stroh verdünnt werden.
Wenn die Ration zu überwiegenden Anteilen aus Grassilage besteht, kommt es zu einer Eiweißüberversorgung. Dieser begrenzte Überschuß hat aber noch keine negativen Auswirkungen auf die Tiergesundheit.
Verschimmelte oder *verdorbene Grassilage* darf auch nicht an Aufzuchtrinder gefüttert werden. Es kann sonst zu Durchfällen, zu gesundheitlichen Störungen bis hin zu Fruchtbarkeitsproblemen kommen.

Tabelle 68: Richtwerte für den Mineralstoffbedarf (Mengenelemente in g/Tag) bei weiblichen Jungrindern

Lebendgewicht	tägliche Zunahme							
	500 g	600 g	700 g	500 g	600 g	700 g	500–700 g	500–700 g
kg	Calcium			Phosphor			Magnesium	Natrium
bis 150	22	25	29	11	12	13	4	3
150–200	24	27	31	13	14	15	5	3
200–250	26	29	33	15	16	17	6	4
300–350	30	33	37	19	20	21	8	5
400–450	34	37	41	23	24	25	10	7
über 500	35	38	42	25	26	27	11	8

Heu

Es eignet sich sehr gut für die Jungrinderaufzucht. Heu von guter Qualität kann in etwa die Nährstoffansprüche von Färsen abdecken. Dies gilt für die Protein-, aber auch für die Energieversorgung.

Zudem fördert dieses ballastreiche Futter die Ausbildung des Pansenvolumens. Immer wieder wird berichtet, daß mit hohen Heumengen aufgezogene weibliche Rinder nach der Kalbung auch höhere Futteraufnahmen erreichen.

Verschiedene Extensivierungsprogramme führen dazu, daß der 1. Schnitt erst nach dem 15. Juni bzw. 1. Juli erfolgen darf. Solchermaßen spät geschnittenes Heu weist einen sehr hohen Rohfasergehalt und einen geringen Proteingehalt auf. Auch der Energiegehalt liegt sehr niedrig.

Dieses Futter muß von der Einsatzmenge her begrenzt werden. Im 1. Aufzuchtjahr liegt die obere Grenze etwa bei 1 kg, im 2. und 3. kann etwa 1/3 bis zur Hälfte der Ration aus diesem Futter bestehen. Es ist aber notwendig, eine entsprechende Ergänzung durchzuführen, um den Nährstoffbedarf der Tiere abzudecken.

Im 2. und 3. Aufzuchtjahr kann auch *verregnetes Heu* eingesetzt werden. Die Einsatzmenge ist allerdings zu begrenzen. Gefährlich ist der Einsatz von *verschimmeltem Heu*, weil dann u. a. die Gefahr des Verwerfens besteht.

Stroh

Stroh ist für die Jungrinderaufzucht gut geeignet. In futterknappen Jahren kann die Ration etwa zu 50 % aus Stroh bestehen. Der Rest muß dann aber Kraftfutter sein. Dadurch wird der Energie- und Rohproteinbedarf abgedeckt.

Stroh eignet sich auch sehr gut zur Verdünnung von energiereichen Rationen. Besonders wenn gute Mais- oder auch Grassilagen eingesetzt werden, bietet sich Stroh zum Verschneiden an.

Stroh hat einen hohen Anteil an strukturwirksamer Rohfaser. Wenn in der Aufzucht sehr junges Wiesengras, Zwischenfrüchte oder ähnlich strukturarme und wasserreiche Futtermittel eingesetzt werden, eignet sich deshalb Stroh sehr gut zum Ausgleich.

Auf die Ergänzung der Mineralstoffe, Spurenelemente und Vitamine ist beim Einsatz von hohen Mengen Stroh besonders zu achten.

Maissilage

Maissilage von *guter Qualität* kann in der Aufzucht nur in begrenztem Maße verfüttert werden. Die hohe Energiekonzentration würde sonst zu einer frühzeitigen Verfettung führen.

Dieses Futtermittel ist in der Aufzucht gut geeignet, um mit Stroh, Heu oder Grassilage entsprechend kombiniert zu werden.

Bei einer Kombination mit Grassilage ist zwar der Proteinbedarf abgedeckt, die Energieversorgung dagegen ist zu hoch. Es ist notwendig, zusätzlich noch Stroh oder Heu beizufüttern. Die Ration soll dabei aus 1 Teil Maissilage, aus 1 Teil Grassilage und 2 Teilen Stroh bestehen.

Wenn Maissilage mit Heu von *mittlerer Qualität* ergänzt werden soll, kann die Grundfutterration aus 60 % Heu und 40 % guter Maissilage zusammengesetzt sein.

Zwischenfrüchte

In begrenztem Umfang werden auch Zwischenfrüchte bei Jungvieh eingesetzt. Im 2. und 3. Aufzuchtjahr sollte dabei maximal 30 % des Grundfutters (bezogen auf die Trockenmasse) aus Zwischenfrüchten bestehen.

Vorsicht ist geboten, wenn Zwischenfrüchte einen überhöhten Nitratgehalt aufweisen. Es kann dann sehr schnell zu Vergiftungserscheinungen kommen.

Beim Einsatz von Zwischenfrüchten ist es immer empfehlenswert, vorher Rauhfutter in entsprechender Menge zu geben. Auf die langsame Angewöhnung ist zu achten. Zusätzlich muß die Menge beschränkt werden.

Weide

Für die Aufzucht von weiblichen Jungrindern eignet sich die Weide besonders gut. Im 2. und 3. Aufzuchtjahr kann mit Weidegras als alleinigem Grundfutter der Nährstoff- und Energiebedarf des Tieres abgedeckt werden. Die Mineralstoffversorgung wird durch den Zugang zu einer Leckschale sichergestellt.

Im 1. Jahr ist allerdings auch bei Weidehaltung eine Zufütterung notwendig.

Stark gedüngtes Weidegras führt zu Durchfällen. Für die Weide eignet sich daher am besten Weidegras von mittlerer Intensität; daher ist eine mittlere Düngungsintensität vorteilhaft.

Neben einem geringen Zeitaufwand für die Betreuung ist der Hauptvorteil der Weidehaltung die gesundheitsfördernde Wirkung der Bewegung in der frischen Luft.

Futterrest

In einer Vielzahl von Betrieben werden die Aufzuchtfärsen mit dem Futterrest der Kühe gefüttert. Zu beachten ist dabei, daß dieser Rest eine hohe Energiekonzentration aufweist. Dies trifft besonders dann zu, wenn er aus der restlichen Gras- und Maissilage besteht. Um eine Überversorgung mit Energie zu vermeiden, ist, besonders im 2. und 3. Aufzuchtjahr, eine Beifütterung von Stroh oder Heu, unbedingt notwendig.

Die Mineralfutterbeifütterung erfüllt neben dem Zweck der Bedarfsdeckung auch noch einen gewissen Lerneffekt. Wenn die Tiere bereits frühzeitig an Mineralfutter und Viehsalz gewöhnt werden, fressen sie dieses auch als Kühe besser.

Neben der Verfettung verursachen hochkonzentrierte Rationen in der Jungrinderaufzucht auch noch andere Probleme. Es wird immer wieder berichtet, daß die Gefahr von Verhaltensstörungen als reine Langeweilereaktionen bei zu konzentrierten Futterrationen zunehmen. Der Grund dafür ist wohl die kurze Freßzeit bis zur Sättigung. Harnsaufen oder ähnliche Untugenden lassen sich oft u. a. auf solche Ursachen zurückführen.

Kraftfutter für die Aufzucht

Im 1. Aufzuchtjahr kann entweder das übliche Milchleistungsfutter, das auch an Kühe gefüttert wird, verwendet werden, oder es wird eine separate Hofmischung erstellt.

Eine *Hofmischung* sollte dabei zu wesentlichen Teilen aus Getreide bestehen. Empfehlenswert ist es aber, dazu mehrere Getreidearten zu vermischen. Der Geschmack wird dadurch abgerundet und die Futteraufnahme steigt.

Zum Proteinausgleich können entweder Sojaschrot oder auch betriebseigene Eiweißfuttermittel wie Ackerbohnen, Rapsextraktionsschrot oder Erbsen eingesetzt werden.

Auch bei einer Hofmischung ist darauf zu achten, daß der notwendige *Mineralstoffanteil* mit eingemischt wird. In der Regel sollte der Anteil 2–3 % betragen.

Aufzucht in den Wirtschaftsgebieten

Grünlandgebiete

Im Grünlandgebiet besteht die Grundfutterration überwiegend aus Grasprodukten. Während der Tränkeperiode werden die Tiere durch den Einsatz von Heu und Kraftfutter auf die spätere Aufzuchtration (Tabelle 69) langsam vorbereitet.

Im **1. Aufzuchtjahr** besteht die Ration, bezogen auf die Trockenmasse, etwa zur Hälfte aus Grassilage und Wiesenheu. Der Proteinbedarf ist abgedeckt, zur Energieergänzung ist aber noch Kraftfutter notwendig. Es empfiehlt sich im 1. Aufzuchtjahr 1 kg Kraftfutter/Tier und Tag einzusetzen. Nur so kann das Ziel erreicht werden, daß die Tiere am Ende des ersten Jahres etwa die Hälfte ihres späteren Endgewichtes erreichen.

Da im Kraftfutter Mineralstoffe enthalten

Tabelle 69: Beispielrationen für Grünlandgebiete (tägliche Zunahmen: 600–700 g)

Futtermittel kg	Lebendgewicht 170 kg	350 kg	500 kg
Grassilage	4	12	14
Wiesenheu	2	3	4
Kraftfutter [1]) (16 % RP/ 6,9 MJ NEL)	1	–	–
Mineralfutter	–	0,03	0,05

[1]) Milchleistungsfutter oder eine entsprechende Hofmischung.

sind, ist eine zusätzliche Beifütterung in dieser Zeit nicht notwendig.
Es gibt keine Probleme, wenn die Kälber bereits sehr frühzeitig, nach der Tränkeperiode auf die *Weide* kommen. Die dort aufgenommenen Nährstoffe werden allerdings bei der Versorgung nicht mit berücksichtigt. In den ersten 6 Monaten nehmen sie das Weidegras zusätzlich auf.
Die steigende Weidegrasaufnahme im 2. Halbjahr führt dazu, daß die Kraftfuttermenge reduziert werden kann. Bei guter Weideführung reichen dann 0,5 kg Kraftfutter/Tier und Tag zur Bedarfsdeckung aus.
Im **2. Aufzuchtjahr** frißt das Tier bereits deutlich mehr Grassilage. Die Heumenge kann auf 2 – 3 kg beschränkt bleiben. Da in dieser Phase kein Kraftfutter mehr beigefüttert wird, muß zusätzlich Mineralfutter gegeben werden.
Wenn die Tiere im 2. Jahr auf die *Weide* gehen, ist eine zusätzliche Versorgung nicht notwendig. Empfehlenswert ist nur eine Leckschüssel, um den Mineralstoffbedarf abzudecken. Bei der Sommerstallfütterung wird in diesem Gewichtsabschnitt nur Gras eingesetzt.
Im **3. Aufzuchtjahr** steigt die Futteraufnahme noch etwas an. Es wird mehr Grassilage und Heu aufgenommen. Wenn im Betrieb gute Grassilage vorhanden ist, muß der Anteil reduziert und der Heuanteil gesteigert werden, um eine Verfettung zu vermeiden.
Beim *Weidegang* bzw. bei der *Sommer-Grasfütterung* ist eine zusätzliche Beifütterung ebenfalls nicht nötig. Beachtet werden muß nur die Mineralstoffversorgung.

Übergangsgebiete vom Grünland zum Ackerbau

In diesem Gebiet steht neben der Grassilage auch Maissilage zur Verfügung. In der Beispielsration (Tabelle 70) soll demonstriert werden, wie der Futterrest von Milchkühen sinnvoll verwendet werden kann.
Im **1. Aufzuchtjahr** werden dabei 3 kg Maissilage eingesetzt, und der Rest der Grundfutterration mit Grassilage und Heu abgedeckt. Die notwendige zusätzliche Kraftfuttergabe beträgt ca. 1 kg.
Im **2. Jahr** erhöht sich in der Beispielsration die Grundfuttergabe. Zusätzlich wird in dieser Phase der Futterrest der Kühe

Tabelle 70: Beispielsrationen für Übergangsgebiete vom Grünland zum Ackerbau (tägliche Zunahmen: 600–700 g)

Futtermittel kg	Lebendgewicht 170 kg	350 kg-	500 kg
Grassilage	2	4	6
Maissilage	3	5	–
Heu	1,5	2,5	4
Futterrest von den Milchkühen	–	–	12
Kraftfutter[1]) (16 % RP/ 6,9 MJ NEL)	1	–	–
Mineralfutter (10 % P; 10 % Ca)	–	0,04	0,04

[1]) Milchleistungsfutter oder eine entsprechende Hofmischung.

verwendet, der sich aus Maissilage und Grassilage zusammensetzt. Die Mineralfutterergänzung ist wegen der fehlenden Kraftfuttergabe notwendig.
Wenn im Betrieb größere Mengen Futterrest verwertet werden sollen, muß der Rest der Ration aus Heu bestehen. Die Heumenge würde dann ca. 3 kg betragen, der Futterrest ca. 14 kg. Dies trägt zur Vereinfachung der Beispielsration bei.
Im **3. Jahr** wird in der Beispielsration auf die Maissilage ganz verzichtet. Die Grundfutterration besteht aus Futterrest, Grassilage und Heu.
Bei der *Sommerstallfütterung* kann ein mehr oder minder großer Anteil der Grasprodukte aus Wiesengras bestehen. Ab dem 2. Aufzuchtjahr besteht die Grundfutterration aus Gras und dem Futterrest von den Milchkühen. Die Tierbeobachtung ist dann besonders wichtig, um Verfettungen zu vermeiden.

Ackerbaugebiete

In den Ackerbaugebieten stehen in der Regel hohe Mengen an Maissilage für die Aufzucht zur Verfügung. Die Rationsgestaltung muß so durchgeführt werden, daß das zusätzlich notwendige Rohprotein beigefüttert und eine Energieüberversorgung verhindert wird.
In der Beispielsration wird im **1. Aufzuchtjahr** zu 5 kg Maissilage und Luzerneheu 1 kg proteinreiches Kraftfutter gegeben.
Im **2. Jahr** wird die Maissilagemenge verdoppelt, allerdings neben Luzerneheu auch noch Stroh beigefüttert. Die Proteinversorgung ist in diesem Falle aber nur dann gesichert, wenn der Anteil im Luzerneheu nicht zu niedrig ist.
Im **3. Jahr** wird die Maissilagemenge nicht mehr gesteigert. Eine erhöhte Zufuhr an Luzerneheu und Stroh verdünnt die Ration entsprechend, um eine Überversorgung zu vermeiden. Auf die Beifütterung von *Mineralfutter* zur Mengen- und Spurenelementergänzung ist besonders zuachten, da der Mineralstoffgehalt in der Maissilage und im Stroh besonders niedrig ist.
In der Beispielsration (Tabelle 71) ist es notwendig, im 3. Jahr ein Mineralfutter einzusetzen, das ß-Carotin enthält. Der Bedarf an ß-Carotin ist nicht abgedeckt, da in allen verwendeten Grundfuttermitteln ein relativ geringer Anteil enthalten ist.
Genauso wie bei den Kühen ist es auch bei den Aufzuchtrindern notwendig, *alle Übergänge gleitend* durchzuführen. Das gilt insbesondere im Frühjahr, wenn die Tiere auf die Weide vorbereitet werden sollen.

Tabelle 71: Beispielsrationen für Ackerbaugebiete (tägliche Zunahmen: 600–700 g)

Futtermittel kg	Lebendgewicht 170 kg	350 kg	500 kg
Maissilage	5	10	10
Luzerneheu	2	3	4
Stroh	–	1,5	2
Kraftfutter[1]) (18 % RP/ 6,9 MJ NEL)	1	–	–
Mineralfutter mit ß-Carotin (10 % Ca; 10 % P)	–	0,04	0,06

[1]) Milchleistungsfutter oder eine entsprechende Hofmischung.

Vorbereitungsfütterung

Am Ende der Trächtigkeit wird die Fütterung umgestellt. Durch die »Vorbereitungsfütterung« werden die Tiere auf die Fütterung nach der Kalbung eingestellt. Diese Phase dauert etwa 3 – 4 Wochen. Die Fütterungsmaßnahme ist notwendig und wirksam.

In den letzten Wochen der Kalbung nimmt das Kalb im Mutterleib stark zu. Der Nähr- und Mineralstoffbedarf des Muttertieres ist deswegen deutlich höher. Zudem ist das Aufnahmevermögen eingeschränkt, da die Verdauungsorgane durch das Wachstum des Kalbes zunehmend eingeengt werden.

Die Höhe der täglichen **Kraftfuttergabe** hängt von der Grundfutterqualität und vom Körperzustand der Färse ab. Stark verfettete Tiere brauchen weniger Kraftfutter, zurückgebliebene etwas mehr.

Es muß derselbe **Kraftfuttertyp** eingesetzt werden, der nach der Kalbung verfüttert wird. Dies kann ein Milchleistungsfutter sein, aber auch eine Eigenmischung. 4 Wochen vor der Kalbung soll mit 1 kg Kraftfutter begonnen werden, die Menge wird bis zur Kalbung auf etwa 2 kg gesteigert.

Neben der Deckung des Nährstoffbedarfs wird mit dem Kraftfutter auch eine Angewöhnung der Pansenmikroben erreicht. Die Mikroben stellen sich so auf die Futterverhältnisse in der folgenden Laktation ein.

Die Mineral- und Wirkstoffversorgung erfolgt durch die Beifütterung von ca. 50–80 g eines vitaminierten **Mineralfutters**. Der Mineralfuttertyp hängt von der Zusammenstellung der Grundfutterration ab.

Solchermaßen vorbereitet, ist eine gute Voraussetzung für eine problemlose Weiterfütterung nach der Abkalbung geschaffen.

Abb. 28: Auch bei Weidegang ist eine Vorbereitungsfütterung notwendig.

Bullenmast

Allgemein

Die männlichen Kälber werden entweder im eigenen Betrieb ausgemästet oder an Mastbetriebe weiterverkauft. Die Bullenmast wird dabei im wesentlichen mit hohen Grundfuttermengen durchgeführt, die gezielt mit Kraftfutter ergänzt werden.
In den letzten Jahren waren die Preise für Bullen rückläufig. Die Wirtschaftlichkeit der Mastbetriebe verschlechterte sich. Um diesen Rückgang wenigstens teilweise auffangen zu können, ist es notwendig, hohe tägliche Zunahmen zu erreichen und die vom Markt geforderte Qualität zu produzieren.
Es werden junge Tiere nachgefragt. Sie sollten nicht älter als 16 – 17 Monate sein. Als Schlachtgewichte werden 340 – 360 kg angestrebt, das entspricht einem Lebendgewicht von 600 – 630 kg. Die Bullen müssen voll »ausgeformt« sein. Bei den Handelsklassen werden E und U gewünscht. Die täglichen Zunahmen sollten über 1200 g liegen. Das Fleisch soll zart und hell sein. Die Fettstufe muß mindestens 3, besser 2 betragen.
Im folgenden sind Mastverfahren dargestellt, die bei gutem Tiermaterial diese Qualitätsanforderungen erreichen lassen (siehe Seite 146 ff.)
Zusätzlich werden eine Reihe von Tips gegeben, wie Umfeld, Futter, Liegeplatz, Fütterungstechnik usw. gestaltet werden müssen, um die Voraussetzungen für hohe Leistungen zu schaffen.
Durch die Beschlüsse zur EG-Agrarreform werden die Prämien für Bullen neu geregelt. Die volle Bullenprämie kommt dabei erst zur Auszahlung, wenn die Tiere mindestens 23 Monate alt sind. Diese Prämie ist zusätzlich noch an eine maximale Tierzahl/Bestand und Fläche gekoppelt.
Für Betriebe, für die dieses extensive Verfahren in Frage kommt, sind zusätzlich Empfehlungen zur Fresseraufzucht und Hauptmast (Seite 156 ff.) enthalten. Die Fresseraufzucht wird dabei mit geringem Kraftfuttereinsatz durchgeführt, die Hauptmast mit weniger nährstoffreichen Grundfuttermitteln und einer reduzierten Kraftfuttergabe.

Voraussetzungen für eine intensive Mast

Futtergrundlage

Bei der intensiven Bullenmast ist eine hohe Nährstoffkonzentration in den Grund- und Kraftfuttermitteln erforderlich, um die notwendige Energie im Tier »unterzubringen«. Es sind Grundfuttermittel mit einem Energiegehalt von über 600 StE/kg T notwendig, um die tägliche Kraftfuttermenge in Grenzen halten zu können.
Eine Beschreibung der Futtermittel und ihres Einsatzes in der Bullenmast wird ausführlich in Kapitel »Futtermittel für Wiederkäuer« (ab Seite 32) dargestellt. In den Tabellen 72–74 werden die in der Rindermast vorwiegend eingesetzten Grund- und Kraftfuttermittel kurz charakterisiert. In den nachfolgend aufgeführten Futterplänen werden verschiedene Einsatzmöglichkeiten bzw. Besonderheiten aufgezeigt.

Maissilage
Da Mais in den meisten Betrieben die Basis der Ration bildet, wird zuerst auf verschiedenen Maisprodukte eingegangen.
Futterwert – Maissilage stellt in vielen Betrieben die Futtergrundlage für die intensive Rindermast dar. Der Erfolg der Mast ist sehr stark abhängig von der Qualität der vorhandenen Silage.
Trockensubstanzgehalt – Ein hoher T-Gehalt der Maissilage kann durch einen

Tabelle 72: Grundfuttermittel mit hoher Energiedichte für die intensive Fressererzeugung und Bullenmast

Futtermittel	Trockenmasse %	Energiegehalt StE/kg T
Maissilage	33–35	über 600
Lieschkolbenschrotsilage (LKS)	48–52	750
Maiskolbenschrotsilage (CCM)	55–60	850
Maiskörnersilage (MKS)	60–62	900
Preßschnitzel (PS)	22–25	740
Biertreber, siliert	23–25	600
Bierhefe, frisch	8–12	800
Maisschlempe	8–10	650
Kartoffel, roh	20–22	740
Kartoffelmus, siliert	22–25	740
Kartoffelpülpe siliert	20–22	640

Tabelle 73: Grundfuttermittel mit geringerer Energiedichte, für die weniger intensive Mast

Futtermittel	Trockenmasse %	Energiegehalt StE/kg T
Maissilage	25–30	unter 600
Zuckerrübenblattsilage	18–20	500
Zuckerrübenschwänze	12–15	500
Kartoffelschlempe	5,5–8	500
Grasprodukte	30–40	unter 550
Ganzpflanzensilage	45–50	unter 550

Tabelle 74: Kraftfuttermittel für die Rindermast

Futtermittel	Gehalt an Rohprotein g/kg	Energiegehalt StE/kg T
Sojaextraktionsschrot	480	800
Rapsextraktionsschrot	390	650
Ackerbohnen	300	820
Maisschrot	100	910
Weizenschrot	140	860
Gerstenschrot	120	800
Rapssamenschrot	220	1100

Tabelle 75: Rohfaser- und Energiegehalte verschiedener Maisprodukte

Futtermittel	Rohfasergehalt g/kg T	Energiegehalt StE/kg T
Maiskörner	25–20	900–910
Kolben, ohne Lieschen	70–50	732–803
Kolben, mit Lieschen	140–100	700–720
Restpflanze, ohne Kolben	320–280	350–400
Stoppeln 9–30 cm	400–350	200–250
Spindeln	400–360	200–250
Gesamtpflanze	230–150	580–675

höheren Kolbenanteil, aber auch durch eine sehr trockene Restpflanze verursacht sein.

Eine abgereifte Restpflanze erzielt zwar einen hohen T-Gehalt in der Gesamtpflanze, aber der Rohfasergehalt steigt und der Energiegehalt sinkt.

Der T-Gehalt in der Gesamtpflanze ergibt deshalb keine gesicherten Anhaltspunkte über den **Energiegehalt** der Silage. Eine zusätzlich notwendige Information zur Energieeinschätzung ist neben der Trockenmasse der Pflanze der T-Gehalt des Kolbens, der Rückschlüsse auf die Menge und Ausreife der Körner zuläßt.

Silomais sollte bei der Ernte einen T-Gehalt im Kolben von 52–55 % und in der Restpflanze von 25–28 % aufweisen. Diese Werte sind anzustreben und können durch entsprechende Sortenwahl, richtige Bestandsdichte und durch eine bedarfsgerechte Düngung erreicht werden.

Der T-Gehalt wird im Trockenschrank ermittelt. Zur genauen Energieschätzung der Maissilage muß neben dem T-Gehalt auch der Kolbenanteil bekannt sein. Am einfachsten ist in der Praxis der Frischkolbenanteil zu ermitteln.

Der *Frischkolbenanteil* ist das Gewichtsverhältnis zwischen dem Kolben und der Restpflanze (beides ungetrocknet). Wird im Bestand ein Frischkolbenanteil von 40 % ermittelt, erreicht die Silage bei optimalem Erntezeitpunkt einen T-Gehalt von 36–38 %. Der *Energiegehalt* liegt zwischen 620–640 StE/kg T.

Bei einem niedrigeren Kolbenanteil liegt die Energie, unabhängig vom T-Gehalt der Silage, entsprechend niedriger. Bei einem Frischkolbenanteil von ca. 30 % beträgt die Energiekonzentration 580 – 600 StE/kg T.

Rohfasergehalt – Eine weitere Möglichkeit zur Energieschätzung von Maissilage ist die analytische Ermittlung des **Rohfasergehaltes**. Der Rohfasergehalt in der Maissilage ist abhängig von der Sorte, dem Erntezeitpunkt und dem Kolbenanteil. Ein hoher Kolben- und damit Körneranteil führt zu niedrigen Rohfaseranteilen.

Restpflanzen und Maisbestände mit geringem Kolbenanteil sind rohfaserreicher und somit energieärmer.

Die Werte in Tabelle 75 zeigen auf, wie unterschiedlich die Rohfaser- und Energiegehalte in den einzelnen Produkten sind. Ein Energiegehalt in der Maissilage von über 600 StE/kg T ist nur bei einem Rohfasergehalt von unter 20 % und einem Frischkolbenanteil von mehr als 40 % erreichbar. Daher sollte bereits vor der Ernte durch entsprechende Wiegungen auf dem Feld die Qualität der Maissilage ermittelt werden, um eventuell Korrekturen beim Schnitt vornehmen zu können.

Dazu gehören:

▶ Der *höhere Schnitt* bei der Ernte, das

heißt eine Stoppellänge von über 35 cm. Dies mindert zwar den Trockenmasseertrag/ha um ca. 5%, erhöht aber gleichzeitig die Energiedichte um bis zu 5%. Der T-Gehalt in der Maissilage steigt um etwa 1,5–2% an, der Rohfasergehalt sinkt um 1–2% ab. Das Ergebnis eines höheren Schnittes ist eine qualitativ bessere Maissilage. Für die intensive Bullenmast bringt dies Vorteile.

- Sollte der höhere Schnitt noch nicht den erhofften Erfolg bringen, können bei der Silierung zusätzlich *frische, gemahlene Maiskörner schichtweise eingemischt* werden.

In der Praxis werden je nach Ertrag 25–30 dt Maiskörner zum Ertrag von 1 ha Silomais zugemischt. Bei diesem Verfahren kann die Energiekonzentration um weitere 5% angehoben werden.

Zur Silageentnahme muß eine Entnahmefräse eingesetzt werden, damit eine bessere Durchmischung des Siliergutes erfolgt. Bei der Entnahme mit der Frontladerschaufel ist ein genaues Vermischen der Silage nicht möglich (Klumpenbildung).

Silagen mit hoher Nährstoffkonzentration werden von den Tieren gut aufgenommen. Aufgrund des höheren T-Gehaltes und der Nährstoffdichte tritt jedoch die Sättigung etwas früher ein. Die T-Aufnahme aus dem Grundfutter ist dann geringer. Die höhere Energiekonzentration führt aber innerhalb bestimmter Grenzen trotz einer begrenzten Futteraufnahme zu einer Erhöhung der Energieversorgung und damit auch der Leistung.

- Wird keine Beimischung durchgeführt, so können frische Maiskörner in einem geeigneten Fahr- oder Hochsilo verlustarm konserviert werden. Dabei muß auf die Anschnittfläche geachtet werden. Es ist ein täglicher Vorschub von mindestens 5 cm einzuplanen. Bei einer täglichen Bedarfsmenge von 200 kg Maiskörnersilage, kann die Anschnittfläche bis zu 4 m^2 betragen.

Als Faustzahl gilt: Je 100 kg Futtermenge sind 2 m^2 Anschnittfläche notwendig. Die Maiskörner-Silage kann zur Aufbesserung der Maissilage oder auch als Ersatz von Getreide eingesetzt werden. Das Verhältnis von feuchten zu getrockneten Körnern beträgt dabei ca. 1,35:1.

Energiedichte und Futteraufnahme – Neuere Untersuchungen zur Futteraufnahme bei Mastbullen zeigen den enormen Einfluß der Energiekonzentration des Grundfutters auf die Trockenmasse- und Energieaufnahme. Wie aus Tabelle 76 zu entnehmen ist, verbessert sich mit steigendem T-Gehalt der Maissilage der Gesamtfutterverzehr während der Mastperiode. Körnerreiche Maissilage mit 35% T und darüber läßt, vor allem in der Anfangsmast, eine um bis zu 10% höhere T-Aufnahme erwarten.

Die höhere Energiedichte in körnerreichen Maissilagen und die bessere Futteraufnahme können bei optimalen Voraussetzungen im Mastbereich von 200–650 kg

Tabelle 76: Futteraufnahme von Fleckviehbullen in Abhängigkeit vom T-Gehalt der Maissilage bei einer mittleren Kraftfutterergänzung von 2 kg (kg T/Tier und Tag) (nach SCHWARZ und CARMANNS, 1988)

T-Gehalt der Maissilage %	Lebendgewicht der Bullen (kg) 200	300	400	500	600
27	4,41	5,92	6,99	7,81	8,50
31	4,63	6,14	7,21	8,03	8,72
35	4,85	6,35	7,42	8,25	8,93

Lebendgewicht (LG) zu einer deutlichen Verbesserung der täglichen Zunahmen führen.

Kornzerkleinerung – Zahlreiche Untersuchungen zeigen, daß die aus der Korn- bzw. Kornbruchstück-Ausscheidung im Kot festgestellten Trockenmasse- und Nährstoffverluste in der Praxis oft unterschätzt werden. Sie können über 5% betragen. Der Anteil unverdauter Körner steigt mit zunehmendem T-Gehalt und Ausreife der Maiskörner stark an.

Dabei bringt eine Verkürzung der theoretischen Häcksellänge von 7 auf 4 mm keine nennenswerte Verminderung der Verluste.

Um diese Verluste zu senken, muß bei Silomais mit über 30% T anstelle von »schneidender Zerkleinerung« der Körner ein Schlag-, Mahl-, oder Reibeeffekt beim Häckseln vorhanden sein. Die Struktur der Körner wird dabei zerstört, ohne die übrigen Pflanzenteile besonders in Mitleidenschaft zu ziehen. Durch diese Art der Zerkleinerung können die Verluste deutlich verringert werden. Dadurch ergibt sich eine Verbesserung der Mastleistung.

In Tabelle 77 ist der Effekt der Nachzerkleinerung dargestellt. Bei einem T-Gehalt der Maissilage von 36% konnte dabei allein durch die Nachzerkleinerung eine Verbesserung der täglichen Zunahmen um 5% erreicht werden, während eine Steigerung der Trockenmasse von 30 auf 36% keine Verbesserung der Leistung bewirkte. Die dadurch erhöhte Energieaufnahme konnte von den Tieren nicht genutzt werden. Offensichtlich stieg die Ausscheidung von Körnern bzw. Kornbruchstücken mit dem Kot an.

Tabelle 77: Mittlerer täglicher Zuwachs in der Gesamtmast (220–600 kg) bei Verfütterung von Maissilage mit unterschiedlichem T-Gehalt bzw. in nachzerkleinerter Form (Schwarz, 1990)

T-Gehalt der Maissilage %	tägliche Zunahmen g	relativ %
28,8	1217 ± 124	100
30,7	1262 ± 132	104
36,6	1269 ± 143	104
36,6 gequetscht	1325 ± 86	109

In der Praxis hat sich der Einsatz eines »Kräckers« zur Zerkleinerung der Maiskörner, unabhängig vom T-Gehalt der Körner, bestens bewährt. Nahezu jeder Häcksler neueren Typs ist mit dieser Zusatzausstattung versehen.

Sonderwirkungen von Körnermais

In der intensiven Bullenmast wird seit einiger Zeit verstärkt **Körnermais** eingesetzt. Körnermais ist als *Kraftfutter* in der Rinderfütterung, ob als Feuchtsilage oder als getrocknete Ware, wegen seiner besonders pansenschonenden Wirkung sehr begehrt. Die Abbaurate von Maisstärke im Pansen ist deutlich geringer als bei Weizen- und Gerstenstärke.

Das hat zur Folge, daß der pH-Wert stabiler gehalten werden kann. Die Futteraufnahme wird dadurch positiv beeinflußt und die täglichen Zunahmen steigen an. Dies ist vor allem in der Endmast von Bedeutung, wo Mengen von über 2,0 kg Getreide/Tag eingesetzt werden.

Es wird deshalb ab einem Lebendgewicht von 400 kg der teilweise Ersatz von Getreide (Weizen, Gerste) durch Körnermais empfohlen. Dies ist wirtschaftlich, wenn der Preis für Körnermais bis maximal 5,- DM/dt über dem von Weizen liegt.

Fütterungstests in praktischen Betrieben brachten in der Endmast eine Verbesserung der täglichen Zunahmen um ca. 100 g, aber keine Verbesserung in der Klassifizierung.

Futter- und Energieaufnahme

Für eine bedarfsgerechte Energieversorgung sind genaue Ermittlungen über die mittlere Futteraufnahme der Tiere erforderlich. Der Verzehr kann sehr stark schwanken, wobei verschiedene Einflüße eine Rolle spielen.

Futterart – Man unterscheidet bei der Art von Futter, ob es sich um ein Trocken- (85–90 % T), ein Naßfuttermittel (5–15 % T) oder um Silagen mit einem T-Gehalt von 20–50 % handelt.

Eine ausgeglichene Futterration für die intensive Mast sollte einen mittleren T-Gehalt von 40–45 % in der Gesamtration erreichen. Diese Werte dürfen weder unterschritten, noch wesentlich überschritten werden, da sonst die T-Aufnahme absinkt.

Verdaulichkeit und Energiedichte – In der intensiven Bullenmast sollen nur Grundfuttermittel eingesetzt werden, die eine Konzentration von über 600 StE/kg T aufweisen.

Der Energiegehalt in der Gesamtration (Grundfutter + Kraftfutter) muß in der intensiven Bullenmast zwischen 650 und 700 StE/kg T liegen. Dies ist Voraussetzung für hohe tägliche Zunahmen und eine wirtschaftliche Mast.

Futterstruktur – Nicht nur der Rohfaser- und Zelluloseanteil ist für die Erhaltung günstiger Säureverhältnisse in den Vormägen verantwortlich, sondern auch die Struktur des Futters. Sperriges, trockenes Futter regt das Wiederkauen an und erhöht die für den Wiederkäuer wichtige, neutralisierende Speichelbildung.

Wird Rauhfutter vermahlen, so verliert dieses für die Pansentätigkeit wichtige Futter weitgehend seine pansenregulierende Wirkung. Es kann zu Acidose (Pansenübersäuerung) kommen. In leichten Fällen macht sich Acidose durch Freßunlust und schmierig-pastöse Kotbeschaffenheit bemerkbar.

Die Strukturwirksamkeit der Maissilage hängt hauptsächlich vom T-Gehalt ab. Maissilage unter 30 % T weist nur eine geringe Strukturwirksamkeit auf, über 30 % T ist sie deutlich erhöht. Die Häcksellänge spielt für die Strukturwirksamkeit eine untergeordnete Rolle.

Die Futterstruktur kann durch den Einsatz einer Entnahmefräse oder eines Futtermischwagens, durch eine zu starke Vermusung des Futters, erheblich beeinträchtigt werden. Dies geschieht vor allem bei Silagen mit einem T-Gehalt von weniger als 35 %.

Die tägliche Beifütterung von 0,3–0,5 kg Rauhfutter (Heu, Stroh) je Bulle ist immer empfehlenswert, um die Speichelbildung und damit auch die Energieaufnahme und -verwertung zu fördern. Werden größere Mengen an strukturlosen Futtermitteln, z.B. Preßschnitzel, Kartoffelprodukte, Schlempen, eingesetzt, muß diese Rauhfuttermenge noch deutlich höher liegen.

Behandlung der Futtermittel – Die sorgfältige Silageentnahme mit einer Fräse ist die Voraussetzung für eine gute Futteraufnahme im Bullenstall. Ein exakter Anschnitt verhindert Verluste durch Nachgärungen im Sommer. Die Temperatur im Silostock soll auch im Sommer unter 18° C liegen, dies gelingt nur bei exakter »Arbeit« rund um den Silobehälter.

Die Futterreste im Trog sind gering zu halten, denn vergeudetes Futter ist verlorenes Geld.

Kraftfuttermittel gehören in geeignete Silos und dürfen nicht offen in der Scheune oder im Stall gelagert werden. Feuchtes und dann auch verdorbenes Kraftfutter kann größte gesundheitliche Probleme auslösen.

T-Gehalt des Grundfutters – Der Trokkenmassegehalt der Grundfuttermittel sollte, abgesehen von den »Ersatzfuttermitteln« (Biertreber, Preßschnitzel, Kartoffelprodukten, usw.) über 30 % T liegen. Maissilagen können bis 40 % T erreichen, wenn der Frischkolbenanteil über 45 % beträgt.

Bei einseitigen Rationen mit hohen Mengen an Kartoffelschlempe, Zuckerrübenblatt, Kartoffelpülpe oder auch Biertreber und Bierhefe sinkt die Grundfutteraufnahme.

Kraftfutter – Zur intensiven Jungbullenmast sind nur Kraftfuttermittel einzusetzen, die einen Energiegehalt von ca. 800 StE/kg T aufweisen. Mischfuttermittel, die sehr preiswert sein können, aber einen Energiegehalt von deutlich weniger als 750 StE/kg T erreichen, verdrängen mehr Grundfutterenergie als hochkonzentriertes Kraftfutter.

Als Beispiel kann die Verfütterung von mehr als 1 kg Trockenschnitzel oder Mischfutter mit Energiestufe 1 je Bulle und Tag angesprochen werden.

In verschiedenen Versuchen wurde nachgewiesen, daß der Rohproteinbedarf eines Mastbullen durch den Einsatz von 1 kg **Sojaextraktionsschrot** abgedeckt werden kann. Bei niedrigen Sojapreisen wird aber in Betrieben mit höherem Leistungsniveau trotzdem mehr eingesetzt.

Das hat verschiedene Gründe:

- ► Der Energiegehalt dieses Futtermittels liegt etwa so hoch wie der von Gerste (ca. 800 StE/kg T).
- ► Sojaschrot enthält wenig Stärke, der Einsatz führt deshalb zu einer geringeren pH-Wert Absenkung im Pansen und den damit verbundenen nachteiligen Folgen bei der Futteraufnahme.
- ► Wegen des leichten Röstgeruches wird das Futter sehr gerne aufgenommen und deshalb auch als Lockfutter verwendet.
- ► Die Abbaurate des Rohproteins aus dem Sojaschrot ist relativ niedrig.

Neben Sojaextraktionsschrot kann der Rohproteinbedarf durch den Einsatz von **Ackerbohnen** und **Erbsen** abgedeckt werden.

Beide Futtermittel enthalten mittlere bis hohe Protein- und hohe Energiegehalte.

Rapsextraktionsschrot enthält hohe Protein-, aber mittlere Energiegehalte. Beim Einsatz größerer Mengen dieser Futtermittel kann die Futteraufnahme geschmacklich bedingt beeinträchtigt werden. Beim Einsatz in der intensiven Mast sollte deren Menge begrenzt werden. Diese Futtermittel werden in Kapitel »Futtermittel« (Seite 32ff.) näher beschrieben.

In der intensiven Rindermast werden auch gute Erfahrungen mit dem Einsatz von **Rindermastfutter I** und **II** zum Protein- bzw. Energieausgleich gemacht.

Zu bedenken ist allerdings, daß eine reichliche Rohproteinversorgung zu einer stärkeren N-Ausscheidung und damit auch zu höheren *N-Gehalten in der Gülle* führt (Gülleanwendungs-Verordnung).

Ein niedriger Anteil von Eiweißfutter im Gesamtkraftfutter erhöht bei konstanter Kraftfuttermenge den Anteil von Getreide und eiweißärmeren, kohlenhydratreichen Futtermitteln in der Ration. Es hat sich aber in Betrieben mit intensiver Bullenmast gezeigt, daß sich ein Weizenanteil von über 50 % im Kraftfutter oder über 2 kg/T und Tag negativ auf die Futteraufnahme auswirkt.

Der teilweise Ersatz durch Körnermais kann dabei Abhilfe schaffen.

Höhe der Kraftfuttergabe – Unterschiede in der Energiedichte des Grundfutters können nur begrenzt durch höhere Kraftfuttergaben ausgeglichen werden, da Kraftfutter Grundfuttermittel sehr stark aus der Ration verdrängen kann. Je nach Art der Fütterungstechnik (mehrmalige Kraftfuttergabe während des Tages, Art der Kraftfutterzusammensetzung) ist eine mehr oder weniger große *Grundfutterverdrängung* vorhanden.

In der Ration wird ein Teil des Grundfutters mit Kraftfutter »vertauscht«. Dies bewirkt eine etwas höhere Energiedichte in der Futterration, aber nur eine geringfügig bessere Energieversorgung. Die Futterkosten steigen aber an.

Die absolute Höchstmenge liegt bei 1000 g Kraftfutter/100 kg LG im Gewichtsbereich von 150–250 kg Lebendgewicht und verringert sich auf 650 g ab 300 kg LG. Die maximale Kraftfuttermenge liegt deshalb in der Anfangsmast bei 2 kg und am Ende bei 4 kg. Höhere Mengen verschlechtern die Futterverwertung und verteuern die Fütterung.

Tabelle 78 zeigt die Verdrängung von Grundfutter auf, die im wesentlichen durch 3 Faktoren beeinflußt wird:

- ► Kraftfuttermenge,

Tabelle 78: Maissilageverdrängung durch Kraftfutter (kg Maissilage-T : kg Kraftfutter-T-Zulage) (SCHWARZ, 1988)

	T-Gehalt der Maissilage 28,8%	30,7%	36,6%
Kraftfutter/ Tier und Tag			
2,3 kg	–	0,72	0,81
3,4 kg	0,70	0,90	0,93
Mastabschnitte (bei 3,4 kg Kraftfutter/ Tier und Tag)			
240–350 kg	0,56	0,86	–
350–480 kg	0,75	0,85	0,82
480–580 kg	0,83	0,98	1,05

- T-Gehalt der Maissilage,
- Lebendgewicht der Tiere.

Der Einfluß der Kraftfuttermenge auf die Verdrängung wurde bereits aufgezeigt.
Bei gleichbleibender Kraftfuttergabe wird von trockener Maissilage mehr verdrängt als von feuchter. Mit zunehmendem Lebendgewicht steigt die Verdrängung ebenfalls an.
Der Kraftfutteranteil in der Gesamttrockenmasse soll bei der Anfangsmast 35 %, in der Mittelmast 30 % und in der Endmast wieder 35 % betragen. Werden diese Eckwerte wesentlich über- oder unterschritten, leidet die Nährstoffkonzentration oder die Pansentätigkeit.

Fütterungstechnik

Vielseitigkeit der Ration – Futterrationen mit Maissilage, Preßschnitzel, Biertreber usw. bringen Abwechslung in die Ration. Sie erhöhen die Futteraufnahme. Wenn die einzelnen Futtermittel miteinander vermischt werden, kann es nach einigen Stunden zu geschmacklichen Veränderungen kommen. Die Vermischung von Maissilage mit Biertreber, Bierhefe und Schlempe kann zudem zu einer Verbreiung und Vermusung führen.
Die Bullen reagieren darauf mitunter mit reduzierter Futteraufnahme. Betriebe mit *Futtermischwagen* haben oft mit diesem Problem zu kämpfen. Vorteilhaft wäre es, die einzelnen Komponenten hintereinander zuzuteilen, ohne sie zu vermischen.
Größere Betriebe sind aus arbeitswirtschaftlichen Gründen auf den Futtermischwagen angewiesen. Es wird aber künftig erforderlich sein, das Kraftfutter aus dem Mischwagen zu nehmen und extra per Hand je Gruppe und Mahlzeit zuzuteilen, um tägliche Zunahmen von über 1300 g zu erreichen.
Die Kraftfuttermenge kann damit dem jeweiligen Bedarf besser angepaßt werden, die Zunahmen steigen an. Der selbstfahrende, computergesteuerte *Kraftfutterautomat* ist bereits auf dem Markt und wird in verschiedenen Bullenmastbetrieben mit Erfolg eingesetzt.
Dieses Gerät kann das Kraftfutter vollautomatisch und in bis zu 10 Gaben täglich jedem Tier einzeln genau zuteilen. Die Grundfutteraufnahme steigt durch die mehrmaligen, kleinen Kraftfuttergaben leicht an, die Bullen zeigen mehr Appetit, was sich positiv auf die Leistung auswirkt.
Häufigkeit der Futtervorlage – Die Absenkung des pH-Wertes im Pansen erfolgt bei täglich nur zweimaliger Futtervorlage stoßweise. Etwa 3–6 Stunden nach der Fütterung werden die tiefsten Werte erreicht. Um starke Schwankungen zu vermeiden, muß ein dauernder Zugang zum Futter oder eine mehrmalige Futtervorlage während des Tages die Regel sein.
Grundfutter sollte deshalb mindestens zweimal täglich frisch angeboten werden. Stabile Maissilagen können, vor allem in der kühlen Jahreszeit, einmal täglich in den Stall gebracht, aber dann 2- bis 3mal während des Tages frisch vorgelegt werden.
Werden Silagen nur einmal täglich in den Futtertrog gebracht, schieben die Bullen

das Futter nur hin und her. Es wird warm und verliert an Schmackhaftigkeit. Frische Maissilage wird dagegen immer gern aufgenommen. Bei höheren Kraftfuttergaben hat sich die dreimalige Zuteilung von Grund- und Kraftfutter in der Praxis gut eingeführt und bewährt.

Freßzeiten – Die Futteraufnahme soll über den ganzen Tag erfolgen. Es wäre falsch, nur morgens und abends zu füttern und tagsüber die Tiere vor zu vollem oder leerem Trog stehen zu lassen.

Den Bullen sollten mehrmals kleinere Mengen frisches Futter angeboten werden. Die Menge sollte für 3–4 Stunden reichen. Es ist sehr wichtig, die Freßlust der Tiere zu erhalten und zu fördern. Überfütterte Bullen brauchen nach einer Umstellung einige Wochen, bis die Freßlust wieder ansteigt.

Wasserversorgung – Um eine ausreichende und lückenlose Tränkwasserversorgung der Tiere sicherzustellen, sollen in jeder Bucht grundsätzlich, unabhängig von der Anzahl der Bullen, 2 Tränkequellen verfügbar sein. Am besten hat sich ein leistungsfähiges Tränkebecken (3–5 l Wasser/min) in Trognähe und ein Tränkenuckel im hinteren Bereich der Bucht bewährt.

Sollte das Becken verunreinigt sein, so können die Bullen genügend Wasser aus der Nuckeltränke entnehmen und brauchen nicht Durst zu leiden. Dies wirkt sich positiv auf die Futteraufnahme aus.

Die Temperatur des Tränkewassers soll bei der Fresseraufzucht über 16° C und in der Hauptmast mind. 14° C betragen. Angewärmtes Wasser wird besser angenommen. Vor allem in der Aufzuchtphase ist dies wichtig. Die Milchtränke reicht nicht aus, um genügend Flüssigkeit aufzunehmen.

Während der Tränkezeit von 10 Wochen sollten im Mittel pro Kalb ca. 5 Liter Wasser täglich aufgenommen werden, um die Gefahr des gegenseitigen Harnsaufens oder des Harngrieses auf ein Minimum zu beschränken.

Lebendgewicht als Orientierung für eine bedarfsgerechte Nährstoffversorgung

Das Lebendgewicht der Bullen sollte abschnittsweise bekannt sein. Die Futterrationen können dann entsprechend abgestimmt werden. Dadurch wird eine bedarfsgerechte Energieversorgung erreicht.

Dazu hat sich die Vorausplanung der täglichen Zunahmen in der Praxis gut eingeführt: Man rechnet in der intensiven Mast je Woche mit 10 kg Lebendgewichtszuwachs. Bei einer 4-wöchentlichen Anpassung der Kraftfuttermengen ist diese Schätzung sehr hilfreich. Bei Zwischenwiegungen werden diese Zahlen vielfach bestätigt.

Das Alter der Tiere hat für die Fütterung während der Mastperiode wenig Bedeutung. Wichtig ist es bei der Vermarktung, da der Handel einen jungen Schlachtkörper wünscht.

Es hat sich gezeigt, daß Bullen mit einem *Lebensalter* von über 450 Tagen, das sind über 15 Monate, unabhängig vom Lebendgewicht in der Futteraufnahme nachlassen und unterdurchschnittliche tägliche Zunahmen erbringen. Daher ist es besonders wichtig, daß die Tiere nicht deutlich älter werden, und der größte Teil des Zuwachses bis zu diesem Alter bereits erreicht ist. Die Schlachtreife sollte mit 420 Masttagen erreicht werden.

Haltung und Klima

Haltung – Der **Liegeplatz** der Tiere ist für den Masterfolg von großer Bedeutung. Im *Aufzuchtstall* soll den Tieren 1,6 – 1,8 m^2 Liegeplatz zur Verfügung stehen. Im *Hauptmaststall* mit 4 Altersgruppen muß das Platzangebot der einzelnen

Gruppen bei 2,00; 2,25; 2,50 und in der Endmast mindestens bei 2,75 m^2/Bulle liegen. Betriebe mit zu hoher Besatzdichte der Buchten haben überdurchschnittlich starke Ausfälle durch Verletzungen und Fußschäden.

Die **Freßplatzbreite** ist abhängig von der Buchtentiefe. Bei einer angestrebten Buchtentiefe von mindestens 4 m ist bei den Fressern 0,45 m und im Hauptmaststall bei den einzelnen Altersgruppen 0,55; 0,60; 0,65 und in der Endmast 0,70 m notwendig.

Eine **Buchtentiefe** von mindestens 4 m schafft den Tieren die notwendigen Ruhezonen. Ein Teil kann im hinteren Bereich der Bucht ruhen, ohne die Tiere am Futtertrog zu stören. Bei einer Buchtentiefe von wesentlich unter 4 m ist eine dauernde Störung unvermeidlich. Zur notwendigen Platzerweiterung sollte der Treibgang dann in die Bucht miteinbezogen werden.

Klima – Zu einem tiergerechten Stallklima gehört eine bedarfsgerechte Frischluftzufuhr und ein ausreichendes Absaugen der verbrauchten, ammoniakreichen Stalluft. Die notwendige Temperatur im Stall richtet sich nach dem Lebendgewicht der Tiere.

In der *Fresseraufzucht* sind Stalltemperaturen von 20° C bei der Einstallung und etwa 16° C am Ende der Aufzuchtperiode anzustreben.

In der *Hauptmast* reichen im Winter Temperaturen von 13–15° C aus.

Gesundheit

Die Tiergesundheit ist eine wichtige Voraussetzung für eine wirtschaftliche und erfolgreiche Fressererzeugung und Bullenmast.

Bei der Einstallung sind entsprechende Impfprogramme durchzuführen, um gesundheitliche Schäden von den Tieren fernzuhalten. Dazu gehören neben einem Prophylaxe-Programm des Haustierarztes auch ein gesundes Stallklima und entsprechende »Umfeldbedingungen«.

Rassen für die Rindermast

Das Mastendgewicht ist nach den Wünschen des Marktes auszurichten. Das Wachstumsvermögen der einzelnen Rassen, die Futtergrundlage, die Intensität der Fütterung, der Einstandspreis und der Markt entscheiden über das optimale Mastendgewicht.

Fleckvieh

Es ist ein mittelschweres bis schweres Zweinutzungsrind mit guter Eigenschaft für die Rindermast. Nach entsprechender Auswahl beim Kälberkauf sind sehr gute Mastleistungen und tägliche Zunahmen von über 1300 g ab Kalb erreichbar. Besonders gute Tiere erreichen im Mastabschnitt von 90 – 650 kg Lebendgewicht tägliche Zunahmen von über 1400 g je Gruppe.

In der Rasse Fleckvieh steckt ein hohes Maß an Wüchsigkeit und guter Veranlagung zur Erzeugung von Qualitätsfleisch.

Gelbvieh

Es ist ein mittelschweres bis schweres Zweinutzungsrind mit sehr guten Eigenschaften zur Rindermast. Das Angebot auf den Kälbermärkten ist meist knapp, so daß eine Auswahl oft nicht gegeben ist. Größere Gruppen sind dann oft unausgeglichen und streuen stark in der Mastleistung.

Die Fleischqualität ist hervorragend und deshalb bei den Metzgern und Abnehmern sehr begehrt.

Braunvieh

Es ist ein mittelrahmiges bis großrahmiges Zweinutzungsrind mit starker Betonung der Milchleistung. Diese Rasse ist für die intensive Rindermast nur bedingt geeignet, nach entsprechender Auswahl der Kälber sind gute Mastergebnisse zu erzielen. Die Kälber sind teilweise sehr preiswert, so daß sich gute Braunviehkälber, trotz geringerer Zunahmen, wirtschaftlich

oft mit Fleckvieh messen können. Es gibt viele spezialisierte Bullenmäster im süddeutschen Raum, die mit Braunviehtieren erfolgreich mästen.
Kreuzungen mit Blonde d'Aquitaine haben sich in vielen Betrieben gut eingeführt. Die täglichen Zunahmen und die Ausschlachtung sind überdurchschnittlich. Das Angebot an guten Kreuzungskälbern kann den Bedarf bei weitem nicht decken.

Schwarzbunte und Rotbunte

Sie sind milchbetonte Zweinutzungsrinder mit mittleren Masteigenschaften. Die Einstandspreise für Kälber sind sehr günstig. Bei entsprechender Selektion kann eine gute Mastleistung erzielt werden. Die Klassifizierung der Schlachtkörper ergibt meist eine Einstufung in die Handelsklassen R und O.
Die täglichen Zunahmen liegen je nach Grundfutterqualität über 1100 g. Eine zu intensive Fütterung führt zu frühzeitigen Verfettung der Schlachtkörper. Stallendgewichte von über 600 kg sind deshalb nicht anzustreben.

Fleischrassen: Charolaise, Limousine, Deutsch-Angus, Blonde d'Aquitaine, Weißblaue Belgier

Diese Mastrassen sind teilweise von den Abnehmern sehr gefragt. Der Markt in der Bundesrepublik Deutschland ist dafür nicht sehr aufnahmefähig, deshalb können verschiedentlich nur kleinere Partien abgesetzt werden.
Die Mast mit Fleischrassen wird von spezialisierten Bullenmästern, vor allem im süddeutschen Raum, nur vereinzelt durchgeführt. Probleme bei der Umstellung auf Vollspaltenboden, Ausfälle durch Rindergrippe und dergleichen und vor allem der hohe Einstandspreis für gute Jungtiere stellen für manche Mäster ein hohes Risiko dar.
Ein gesicherter, überdurchschnittlicher Verkaufserlös ist die Voraussetzung für eine erfolgreiche Mast mit Fleischrassen im spezialisierten Bullenmastbetrieb.

Richtwerte zum Nährstoffbedarf von Mastbullen

Energie- und Proteinversorgung

Die Richtzahlen für die Energie- und Rohproteinversorgung von Mastbullen (Fleckvieh und Schwarzbunte) wurden zuletzt 1985 auf der Basis umfangreicher Fütterungsversuche erarbeitet (DLG-Richtzahlen). Sie sind für die Intensivmast von Jungbullen der Rasse **Fleckvieh** in Tabelle 79 (Seite 142) und für **Schwarzbunte** in Tabelle 80 aufgeführt.
Wird der Nährstoffbedarf konsequent gedeckt, können optimale Tageszunahmen erreicht werden.
Voraussetzungen: Gut veranlagte, gesunde und wüchsige Tiere (sorgfältige Auswahl), entsprechende Haltung, keine häufigen Futterumstellungen, Futterwiegungen, reichliches Liegeplatzangebot und genügend lange Freßzeiten.
Richtzahlen für andere Rassen – Genaue Empfehlungen für die Energie- und Eiweißversorgung anderer Rassen und Gebrauchskreuzungen liegen nicht vor, da ausreichende Versuchsergebnisse fehlen. Aufgrund von Erfahrungswerten kann folgende Grobeinteilung erfolgen:

Rotbunte	zwischen Fleckvieh und Schwarzbunte
Braunvieh	entsprechend Schwarzbunte
Gelbvieh	entsprechend Fleckvieh
Kreuzungen[1])	entsprechend Fleckvieh

[1]) Fleischrasse × milchbetonte Rasse, z.B. Charolais × Schwarzbunt.

Mineral- und Wirkstoffversorgung

Der Bedarf an Mengenelementen wie Calcium, Phosphor, Magnesium und Natrium ist abhängig von Lebendgewicht und Zuwachs. Bei Tageszunahmen von 1200–1300 g ergeben sich die in Tabelle 81 empfohlenen Richtwerte. Für

Tabelle 79: DLG-Richtwerte für die Nährstoffversorgung von Mastbullen (Rasse Fleckvieh) und mögliche T-Aufnahme (Erhaltungs- und Leistungsbedarf)

Lebend-Gewicht	T-Aufnahme	Tageszunahmen 1200 g		1400 g		1500 g	
kg	kg	Rohprotein g	StE	Rohprotein g	StE	Rohprotein g	StE
100	1,5	570	1735		–	–	–
125	2,5	600	2033	–	–	–	–
150	4,0	630	2550	–	–	–	–
200	5,0	690	2900	750	3200	–	–
250	6,0	750	3350	810	3700	860	4000
300	7,0	800	3750	860	4200	920	4700
350	7,5	840	4150	920	4550	990	5050
400	8,0	880	4450	980	4900	1060	5400
450	8,5	970	4800	1060	5300	1130	5750
500	9,0	1060	5200	1140	5700	1200	6100
550	9,5	1140	5650	1220	6100	–	–
600	9,5	1210	6050	1290	6500	–	–
625	10,0	1245	6250	1325	6750	–	–
650	10,0	1280	6450	–	–	–	–

Tabelle 80: DLG-Richtwerte für die Nährstoffversorgung von Mastbullen (Rasse Schwarzbunte) und mögliche T-Aufnahme (Erhaltungs- und Leistungsbedarf)

Lebendgewicht	T-Aufnahme	Tageszunahmen 800 g		1000 g		1200 g		1400 g	
kg	kg	Rohprotein g	StE	Rohprotein g	StE	Rohprotein g	StE	Rohprotein g	StE
150	4,0	480	2200	550	2400	–	–	–	–
200	5,0	520	2550	600	2800	670	3100	–	–
300	7,0	–	–	720	3600	780	4000	840	4500
400	8,0	–	–	820	4300	920	4750	1020	5250
500	9,0	–	–	980	5000	1100	5550	–	–
550	9,5	–	–	1060	5400	–	–	–	–

eine Bedarfsdeckung ist eine zusätzliche Mineralfutterbeifütterung notwendig.

Damit wird gleichzeitig auch die Spurenelement- und Vitaminversorgung (Vitamine A, D, und E) sichergestellt.

Tabelle 81: Richtwerte zur Mineralstoffversorgung von Mastbullen (g/Tier und Tag)

Lebendgewicht kg	Calcium g	Phosphor g	Magnesium g	Natrium g
150	40	24	6	5
250	52	26	8	6
350	56	31	10	7
450	56	35	12	8
über 550	58	35	12	9

Intensive Fressererzeugung

Wichtige Voraussetzung für eine erfolgreiche Bullenmast ist eine gezielte Fütterung im 1. Mastabschnitt von etwa 80–200 kg LG, der sog. Aufzucht- und Fresserphase.

Versäumnisse in den ersten 100 Tagen können bei der anschließend kurzen Mastdauer von ca. 300 Masttagen nicht aufgeholt werden!

Besondere Sorgfalt ist auf die Versorgung der jungen Kälber in den ersten Tagen nach dem Zukauf zu legen.

Das Zusammenstellen von Kälbern aus verschiedenen Ställen an den Versteigerungs- oder Sammelstellen und der Transport bedeuten für das junge Kalb einen starken Streß mit erhöhter Infektionsgefahr.

Durch gezielte, *vorbeugende Maßnahmen* können Durchfälle weitgehend vermieden werden. Unmittelbar nach dem Einstallen wird eine Milchtränke von 2 l mit 80 g Milchaustauschfutter/l Wasser und ca. 40° C Tränketemperatur verabreicht. Besondere Sorgfalt sollte auf einwandfreie Sauger (bei jeder neuen Einstallung sind die Sauger zu erneuern) gelegt werden, ansonsten wird die Tränke zu schnell und unkontrolliert aufgenommen, was zu Durchfällen führen kann!

Die meisten Betriebe wenden zusätzlich ein Impf- und Vorbeugeprogramm (Prophylaxe) an.

Die *Tierbeobachtung* ist in den ersten 3 Wochen der Tränkezeit besonders wichtig, um Krankheiten oder andere Auffälligkeiten rechtzeitig zu erkennen. Besonders wichtig ist eine frühzeitige Gewöhnung an festes Futter, wie Heu, Kraftfutter und geringe Mengen von bester Maissilage (100 g/Tier und Tag).

Zugekaufte Kälber kommen meist aus Betrieben, in denen mit reichlichen Milchgaben versucht wurde, hohe Zunahmen zu erreichen. Ein zügiges Weiterwachsen wird nur erreicht, wenn der Nährstoffbedarf durch eine entsprechende *Tränkemenge* im ersten Aufzuchtabschnitt konsequent abgedeckt wird. Empfehlenswert ist eine verlängerte Tränkedauer von 9–10 Wochen. Die tägliche Tränkemenge sollte rasch bei 8 Liter liegen. Ab der 5. Woche wird sie langsam verringert und stufenweise abgesetzt.

Es hat sich bewährt, die *Milchaustauscher-Konzentration* nicht wesentlich höher als 100 g/l Wasser zu wählen. Es besteht Durchfallgefahr, wenn die Tränkekonzentration, vor allem zu Beginn, zu hoch ist. Mit der begrenzten Menge an MAT wird ein zügiges Wachstum und zudem eine frühe Umstellung zum Wiederkäuer erreicht.

Der Nährstoffbedarf kann nur anfangs über die Tränke abgedeckt werden, dann muß die Aufnahme von festem Futter die Energieversorgung ergänzen. Daher ist es sehr wichtig, die jungen Kälber rasch an die Aufnahme von Trockenfutter und bester Maissilage zu gewöhnen.

Die *Anrührtemperatur* richtet sich nach den Angaben des Herstellers. Die *Tränketemperatur* sollte bei ca. 40° C liegen und bei jedem Anrührvorgang kontrolliert werden. Die Handprobe ist ungenau!

Auf *regelmäßige Fütterungszeiten* ist zu achten. Zeitverschiebungen führen zu ra-

scher Milchaufnahme, die Gefahr von Durchfällen, Labmagengeschwüren und auch -durchbrüchen kann die Folge sein. Auch Fehlgärungen und Blähungen können auftreten.
Das Tränkegeschirr ist nach jeder Mahlzeit zu reinigen.
Als erstes *Kraftfutter* hat sich ein spezielles Kälberaufzuchtfutter (Kälberstarter) bewährt. Es ist hochverdaulich, enthält etwa 22 % Rohprotein, ca. 680 StE/kg und wird gerne gefressen. Das Kalb deckt den langsam größer werdenden Bedarf an Nähr- und Wirkstoffen bei gleichbleibender Tränkemenge mit diesem Kraftfutter ab.
Eine hofeigene Mischung besteht in hohem Maße aus Getreide (Mais-, Weizen-, Gerstenschrot), Mühlennachprodukten, Sojaextraktionsschrot, Leinschrot und 3 % Mineralfutter (Ca:P wie ca. 4:1).
Ab der 6. Futterwoche, gerechnet von der Einstallung an, nimmt das Kalb bereits 1,5 kg Kraftfutter auf. Ein Teil des Kraftfutters kann dann allmählich durch Sojaextraktionsschrot ersetzt werden.
Frühzeitiges Beifüttern von Heu fördert das Wachstum und die Tätigkeit des Pansens.
Das Ziel der intensiven Fresseraufzucht ist, das Kalb durch eine ausgewogene Futterration möglichst bald zum Wiederkäuer umzufunktionieren und durch eine gute Versorgung mit Nähr-, Mineral-, und Wirkstoffen ein zügiges Wachstum zu erreichen.
Um beiden Zielen nahe zu kommen, wird bereits in den ersten Wochen körnerreiche Maissilage angeboten.
Vermischt mit Kraftfutter und gutem Kälberheu nimmt das Kalb frühzeitig die *Maissilage* auf. Die Futtermengen werden jede Mahlzeit zugewogen, damit es nicht zu unregelmäßiger Aufnahme und dann zu Verdauungsstörungen kommt.
Die in den Aufzuchtplänen aufgeführten, wöchentlich steigenden Maismengen sind in der Praxis erprobt. Die Mengen werden bei entsprechender Fütterungstechnik von den Tieren aufgenommen. Durch die Verringerung der Tränkemenge ab der 6. Woche steigt die Maissilage-Aufnahme merklich an.
Am Ende der Tränkezeit, in der 11. Woche, nehmen die Fresser bereits 4–5 kg gute Maissilage auf, die Menge erhöht sich dann um 1 kg/Woche. Nur beste Maissilage bietet die Gewähr, daß sie von den Fressern gerne aufgenommen wird und es bei guter Futteraufnahme auch nicht zu Verdauungsstörungen kommt. Nachgegorene, erwärmte oder verschimmelte Silage darf bei den Kälbern nicht eingesetzt werden. Es würde den Erfolg der Aufzucht gefährden.
Nach Beendigung der Tränkegabe und Fütterung von reduzierten Mengen an Aufzuchtfutter (Zukauf oder Eigenmischung) wird mit der Beifütterung von 50 g *Mineralfutter* begonnen. Ab der 14. Woche werden 100 g gefüttert. Der Mineralstoffbedarf ist in diesem Gewichtsbereich, bezogen auf 100 kg LG, doppelt so hoch wie bei 600 kg LG.
Nach etwa 14 Wochen ist der Fresser auf die Bullenmast optimal vorbereitet und wächst zügig ohne Umstellungsschwierigkeiten weiter.

Der Schlüssel zum Erfolg in der Aufzucht von Fressern liegt bei der Fütterungstechnik. Es ist vom 1. Tag der Einstallung an auf einen sauberen Futtertrog zu achten. Er muß zweimal täglich vor der Fütterung von Futterresten gründlich gereinigt werden. Milchreste sind nicht nur mit dem Besen, sondern mit einem Lappen und warmem Wasser zu entfernen. Milchreste säuern schnell und bilden mit Kraftfutter zusammen unangenehme, schmierige Stellen. Die Folge ist eine ungenügende Freßlust bei den Kälbern.

Beispiel einer Futterzuteilung
Die empfohlenen Futtermengen sind je Futterzeit grundsätzlich vorzuwiegen und bereitzustellen.

Futterbedarf für 30 Kälber, 5. Tränkewoche nach der Einstallung

1) **Milchaustauschfutter** (MAT)
0,8 kg MAT/Kalb und Tag führen zu einem Verbrauch von 12,0 kg/Mahlzeit. Diese Menge wird in ca. 110 l Wasser eingemischt.

2) **Kälberkraftfutter** (KKF)
0,85 kg KKF = 12,75 kg/Mahlzeit. Diese Menge im Eimer bereitstellen und auf mehrere Gaben verteilt während des Tages anbieten.

3) **Maissilage** (MS)
0,8 kg MS = 12,0 kg/Mahlzeit. Diese Menge ebenfalls im Eimer bereitstellen und jeweils mit Kraftfutter vermischt füttern.

4) **Kälberheu**
0,3 kg Heu = 4,5 kg/Mahlzeit. Diese Menge bereitstellen, aber nicht für mehrere Tage im Stall lagern. Das Kälberheu muß immer frisch und trocken sein. Das Heu nicht wie üblich in der Raufe anbieten, sondern im Trog auf dem Kraftfutter-Maissilagegemisch. Die jungen Kälber kann man damit schneller zum Fressen bringen, denn gutes Heu wird bevorzugt aufgenommen.

5) **Wasserversorgung**
Schon während der Tränkezeit ist eine ausreichende Wasserversorgung bei den Kälbern sehr wichtig. Dazu sollen je Bucht 2 Tränkestellen vorhanden sein. Es hat sich die Schwimmertränke und eine Nuckeltränke in der Praxis gut bewährt.
Die Wassertemperatur soll mindestens 16–18° C betragen, damit genügend aufgenommen wird. Der tägliche Verbrauch je Kalb soll in den ersten 10 Wochen etwa 5 l betragen. Nach der Milchtränke steigt er auf 12–15 l an.

Abb. 29: Eine erfolgreiche Fresseraufzucht ist auch im Billigstall möglich.

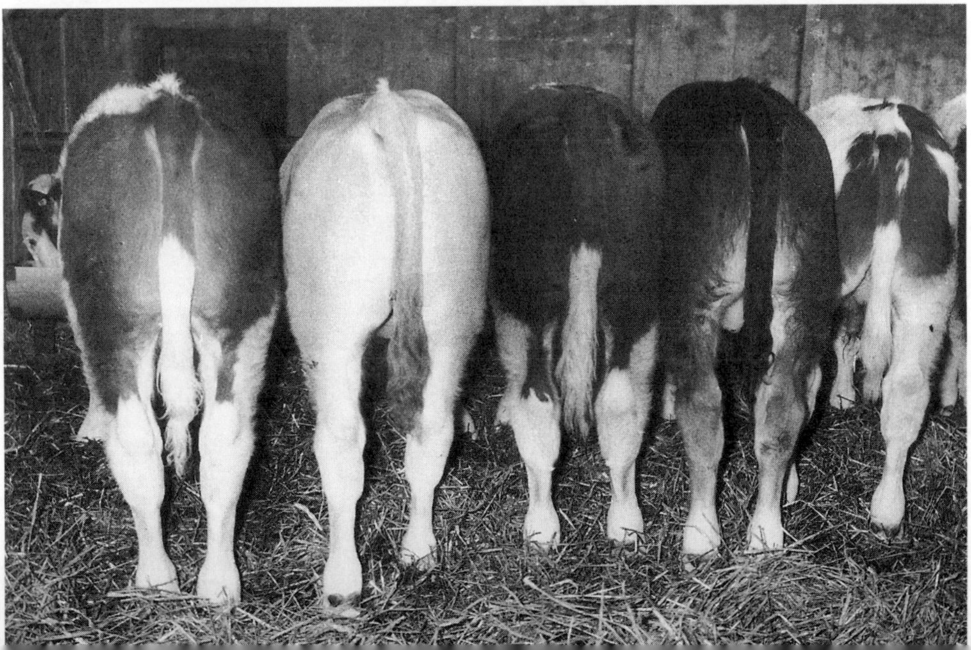

Aufzucht von Verkaufskälbern

Tabelle 82: Tränke- und Futterplan für die Aufzucht von männlichen Kälbern für die Fressererzeugung und Bullenmast (tägliche Zunahmen: ca. 1000 g)

Lebenswochen	Lebendgewicht kg	Biestmilch/ Vollmilch l	MAT-tränke[1]) l	Kälberaufzuchtfutter kg	Heu kg
1.	45	2–6	2	–	–
2.	50	–	8	–	–
3.	57	–	8	–	–
4.	64	–	8	–	–
5.	71	–	8	–	0,1
6.	79	–	8	0,1	0,1
7.	87	–	8	0,1	0,1
8.	95	–	8–10	0,1	0,1
gesamt		50	38 kg MAT	2	3

[1]) Tränkekonzentration: 100 g MAT/l Wasser.

Grundsätzliches zur **Aufzucht im Milchviehbetrieb:**

- Um Durchfälle zu vermeiden, soll nach der Geburt sofort Biestmilch verabreicht werden. In den ersten 2 Lebenstagen mindestens 3mal täglich kleinere Mengen anbieten.
- Die Tränkeeimer sind sauber zu halten und vor der Benutzung im Wasserbad vorzuwärmen.
- Auf die richtige Tränketemperatur von ca. 40° C ist zu achten. In größeren Beständen können Tränkeautomaten wirtschaftlich eingesetzt werden, diese eignen sich für Vollmilch- und Milchaustauschertränke.
- Für einen problemlosen Übergang vom Milchvieh- zum Bullenmastbetrieb ist es wünschenswert, daß das Kalb bereits im Milchviehbetrieb Grund- und Kraftfuttermittel »kennenlernt«. Eine geringe Menge dieser Futtermittel erleichtert den Übergang, hat aber keinen negativen Einfluß auf die täglichen Zunahmen.

Fresseraufzucht bei zugekauften und eigenen Kälbern

Tabelle 83: Tränke- und Futterplan für die Aufzucht von zugekauften Bullenkälbern (Ankaufsgewicht von 80–90 kg, tägliche Zunahme 1100 - 1150 g)

Futter-wochen	Lebend-gewicht kg	MAT-Tränke[1] l	Kälberauf-zuchtfutter kg	Soja-schrot kg	Heu kg	Mais-silage[2] kg
1.	80– 85	6–8	0,2	–	0,2	0,1
2.	85– 95	8	0,5	–	0,2	0,2
3.	95– 99	8	0,8	–	0,2	0,4
4.	99–109	8	1,0	–	0,3	0,6
5.	109–116	8	1,2	–	0,3	0,8
6.	116–124	6	1,5	–	0,3	1,0
7.	124–132	4	1,5	0,1	0,3	1,5
8.	132–140	2	1,5	0,2	0,3	2,0
9.	140–149	2	1,5	0,3	0,3	2,5
10.	150–159	2	1,4	0,4	0,3	3,0
11.	160–169	–	1,2	0,5	0,3	4,0
12.	170–180	–	1,0	0,8	0,3	5,0
13.	181–191	–	1,0	0,9	0,3	6,0
14.	192–202	–	1,0	1,0	0,3	7,0
gesamt		38,5 kg MAT	110	30	30	240

[1]) Milchaustauschfutter mit 18% Fett. [2]) Maissilage: 35 % T, 630 StE/kg T.

Grundsätzliches zur **Aufzucht von zugekauften Kälbern:**

- Mit der Heubeifütterung zur Stimulierung des Pansens ist rechtzeitig zu beginnen.
- Die Tränketemperatur von ca. 40° C ist einzuhalten und laufend zu kontrollieren. Eine zu hohe Tränketemperatur kann zu Durchfällen führen.
- Gründliche Sauberkeit ist Voraussetzung für eine erfolgreiche Aufzucht.

Die angegebenen Mengen in den Tränke- und Futterplänen beziehen sich auf den Bedarf von Fleckviehkälbern bzw. entsprechenden Kreuzungen.
Tiere von milchbetonten Zweinutzungsrassen (z. B. Schwarzbunte, Braunvieh) sollten weniger intensiv aufgezogen werden. Die Tränkedauer wird dann auf 8 Wochen beschränkt. Der Einsatz des Kälberaufzuchtfutters kann ab der 8. Woche um 0,2 kg/Tier und Tag niedriger liegen als in Tabelle 83 angegeben ist.Bei Kälbern, die im eigenen Betrieb ausgemästet werden, erfolgt die Aufzucht nach Tabelle 84 (Seite 148). Da es keine Umstellung gibt, ist der Tränkeplan leicht verändert.

Tabelle 84: Tränke- und Futterplan im Gemischtbetrieb (Milch- und Mastvieh) von Geburt bis zu ca. 200 kg Lebendgewicht (tägliche Zunahme 900–1000 g)

Lebens-wochen	Lebend-gewicht kg	Biestmilch/ Vollmilch l	MAT-Tränke[1]) l	Kälber-aufzucht-futter kg	Soja-schrot kg	Heu kg	Mais-silage[2]) kg
1.	40– 44	2–6	–	–	–	–	–
2.	44– 48	–	6	–	–	–	–
3.	48– 52	–	6	–	–	–	–
4.	52– 57	–	6	–	–	–	–
5.	57– 64	–	6	–	–	–	–
6.	64– 71	–	6	0,1	–	0,1	0,1
7.	71– 78	–	6	0,2	–	0,1	0,1
8.	78– 85	–	6	0,3	–	0,1	0,1
9.	85– 88	–	6	0,4	–	0,1	0,1
10.	88– 91	–	6	0,6	–	0,2	0,2
11.	91– 97	–	6	0,8	–	0,3	0,3
12.	97–101	–	6	1,0	–	0,3	0,6
13.	101–106	–	6	1,2	–	0,3	0,8
14.	106–111	–	4	1,4	–	0,3	1,0
15.	111–117	–	2	1,5	–	0,3	1,5
16.	117–123	–	2	1,5	–	0,3	2,0
17.	123–130	–	–	1,4	0,1	0,3	2,5
18.	130–137	–	–	1,3	0,2	0,3	3,0
19.	137–145	–	–	1,2	0,3	0,3	4,0
20.	145–153	–	–	1,1	0,4	0,3	5,0
21.	153–162	–	–	1,0	0,5	0,3	6,0
22.	162–171	–	–	0,8	0,7	0,3	7,0
23.	171–180	–	–	0,6	0,9	0,3	8,0
24.	180–190	–	–	0,5	1,0	0,3	9,0
gesamt		50	58 kg MAT	120	30	35	400

[1]) Milchaustauschfutter mit 18% Fett. [2]) Maissilage: 30% T, 600 StE/kg T.

Intensive Hauptmast

Die intensive Bullenmast wird mit einer hohen Grundfutteraufnahme und einer gezielten Ergänzung mit Kraftfutter durchgeführt.
Die Mastintensität hängt hauptsächlich von der Rasse ab. Tiere von fleischbetonten Rassen, z. B. Fleckvieh, können bereits in der Aufzucht und Anfangsmast intensiv gefüttert werden. Bei milchbetonten Rassen, z. B. Schwarzbunten, empfiehlt es sich, in der Aufzucht und Vormast weniger intensiv zu versorgen, damit keine zu frühe Verfettung eintritt und auf ein höheres Mastendgewicht gemästet werden kann.
In die nachfolgenden **Rationsbeispiele** gehen Futtermittel mit ein, die den Bedarf

Tabelle 85: Futterplan für die Hauptmast mit Maissilage (ca. 35 % T, 630 StE/kg T, 17 % Rohfaser), Deutsches Fleckvieh, 200 – ca. 650 kg LG

Futter-wochen	Gewichts-bereich kg LG	tägliche Futtermengen in kg T-Auf-nahme	Kraft-futter	Mais-silage	Stroh
15.–18.	200–240	5,0	2,0	9	0,3
19.–22.	240–280	5,8	2,2	10	0,3
23.–26.	280–320	6,5	2,3	12	0,3
27.–30.	320–360	7,0	2,4	13	0,3
31.–34.	360–395	7,6	2,5	15	0,3
35.–38.	395–435	7,9	2,75	15	0,3
39.–42.	435–470	8,3	3,0	16	0,3
43.–46.	470–510	9,0	3,25	17	0,3
47.–50.	510–550	9,2	3,5	17	0,3
51.–54.	550–585	9,4	3,75	17	0,3
55.–58.	585–620	9,6	4,0	17	0,3
59.–62.	620–650	9,6	4,0	17	0,3
336 Masttage	455 kg Zuwachs	Verbrauch in dt:	10	49	1
tägliche Zunahmen: ca. 1350 g, StE/kg T: 684					

Zusätzlich werden den Bullen täglich 100–125 g Mineralfutter (20–22 % Ca5 % P, 8 % Na) gefüttert.

- Kraftfutter (28 % RP) mit 40 % Sojaextraktionsschrot, Getreideanteile: 30 % Körnermais und 30 % Gerste oder Weizen.
- Die tägliche Kraftfuttermenge sollte auf 3 Gaben über den Tag verteilt werden, um eine gute Grundfutteraufnahme zu erhalten.
- Die Wasserversorgung ist je Bucht durch zwei Tränkevorrichtungen zu gewährleisten.

abdecken und kostengünstig sind. Die Versorgung lehnt sich an die DLG-Richtwerte für die Bullenmast an.

Die Rationsbeispiele sind somit nicht als Norm, sondern als zweckmäßige Versorgung mit einzelnen Futtermitteln zu verstehen.

Die Intensivmast mit Maissilage als alleinigem Grundfutter wird in Tabelle 85 dargestellt. Danach folgen weitere Beispielsrationen (Tabelle 86–91) für die Intensimast, wobei Maissilage teilweise durch andere Futtermittel ersetzt ist.

Als Kraftfutter können eine Reihe von Futtermitteln zur Energie- und Eiweißergänzung eingesetzt werden, z. B. betriebseignes Getreide oder speziell hergestellte Rindermastfutter. Aus Gründen der Vereinfachung und Vergleichbarkeit wird als Kraftfutter nur Getreide (Gerste/Weizen) und Sojaextraktionsschrot (44% Rohprotein) einbezogen.

Tabelle 86: Futterplan für die Hauptmast mit Maissilage (ca. 35 % T, 630 StE/kg T, 17 % Rohfaser), Biertreber, siliert (25 % T), Deutsches Fleckvieh, 200–ca. 650 kg LG

Futter-wochen	Gewichts-bereich kg LG	tägliche Futtermengen in kg				
		T-Aufnahme	Kraft-futter	Mais-silage	Bier-treber	Stroh
15.–18.	200–240	5,0	2,0	7	2	0,3
19.–22.	240–280	5,8	2,2	9	2	0,3
23.–26.	280–320	6,5	2,3	10	3	0,3
27.–30.	320–360	7,0	2,4	11	3	0,3
31.–34.	360–395	7,6	2,5	12	4	0,3
35.–38.	395–435	7,9	2,75	12	4	0,3
39.–42.	435–470	8,3	3,0	12	5	0,3
43.–46.	470–510	9,0	3,25	13	5	0,3
47.–50.	510–550	9,2	3,5	13	5	0,3
51.–54.	550–585	9,5	3,75	13	5	0,3
55.–58.	585–620	9,7	4,0	14	5	0,3
59.–62.	620–650	9,7	4,0	14	5	0,3
336 Masttage	454 kg Zuwachs	Verbrauch in dt:	10	40	14	1
tägliche Zunahmen: ca. 1350 g, StE/kg T: 674						

Zusätzlich werden den Bullen täglich 100–125 g Mineralfutter (20–25 % Ca, 5 % P, 8 % Na) und 50 g Kohlensaurer Futterkalk zur besseren Calciumversorgung gefüttert.

- Kraftfutter (28 % RP) mit 40 % Sojaextraktionsschrot, Getreideanteile: 30 % Körnermais und 30 % Gerste, Weizen oder Trockenschnitzel.
- Die tägliche Kraftfuttermenge sollte auf 3 Gaben über den Tag verteilt werden, um eine gute Grundfutteraufnahme zu erhalten.
- Biertreber ist, gut siliert, ein sehr schmackhaftes Futtermittel. Die Nährstoffkonzentration liegt bei knapp 600 StE/kg T. Deshalb sollten die täglichen Futtermengen begrenzt werden, da sonst zuviel gute Maissilage aus der Ration verdrängt wird.
- Die Wasserversorgung ist durch zwei Tränkevorrichtungen je Bucht zu gewährleisten.

Die Intensität in den Futterplänen orientiert sich am Bedarf für Fleckviehtiere bzw. entsprechenden Kreuzungen. Werden Tiere milchbetonter Zweinutzungsrassen gemästet, sollte die Getreidegabe je nach Typ der Tiere um 1–1,5 kg reduziert werden.

Die Rationsbeispiele werden bis zu einem Gewicht von mehr als 650 kg angegeben.

Das bevorzugte Mastendgewicht bei Zweinutzungsrassen liegt allerdings zwischen 620 und 640 kg. Höhere Gewichte werden in der Regel bei spätreiferen Fleischrassen angestrebt.

Tabelle 87: Futterplan für die Hauptmast mit Maissilage (ca. 35% T, 630 StE/kg T, 17% Rohfaser), Kartoffelprodukte, siliert (25% T), Deutsches Fleckvieh, 200 – ca. 650 kg LG

Futter-wochen	Gewichts-bereich kg LG	tägliche Futtermengen in kg T-Auf-nahme	Kraft-futter	Mais-silage	Kartoffel-produkte	Stroh
15.–18.	200–240	5,0	2,0	7	2	0,3
19.–22.	240–280	5,8	2,2	9	2	0,3
23.–26.	280–230	6,5	2,3	10	3	0,3
27.–30.	320–360	7,0	2,4	11	3	0,3
31.–34.	360–400	7,6	2,5	12	4	0,3
35.–38.	400–440	7,9	2,75	12	4	0,3
39.–42.	440–480	8,3	3,0	12	5	0,3
43.–46.	480–520	9,0	3,25	13	5	0,3
47.–50.	520–560	9,2	3,5	13	5	0,3
51.–54.	560–595	9,5	3,75	13	5	0,3
55.–58.	595–630	9,7	4,0	14	5	0,3
59.–60.	630–650	9,7	4,0	14	5	0,3
322 Masttage	451 kg Zuwachs	Verbrauch in dt:	9,6	38	13	1

tägliche Zunahmen: ca. 1400 g, StE/kg T: 698

Zusätzlich werden den Bullen täglich 100–125 g Mineralfutter (20–25% Ca, 5% P, 8% Na) und 50 g Kohlensaurer Futterkalk zur besseren Calciumversorgung gefüttert.

- Kraftfutter (28% RP) mit 40% Sojaextraktionsschrot, Getreideanteile: 30% Körnermais und 30% Gerste, Weizen oder Trockenschnitzel.
- Kartoffelprodukte sind Pülpe (Restsubstanz aus der Stärkegewinnung), Kartoffelmus (aus Schalenteilen und Abfällen aus der Kartoffelchips-Herstellung) oder frische Kartoffeln.
- Die tägliche Kraftfuttermenge sollte auf 3 Gaben über den Tag verteilt werden, um eine gute Grundfutteraufnahme zu erhalten.
- Die Wasserversorgung ist durch zwei Tränkevorrichtungen je Bucht zu gewährleisten.

Tabelle 88: Futterplan für die Hauptmast mit Maissilage (ca. 35 % T, 630 StE/kg T, 17 % Rohfaser), Preßschnitzel, siliert (25 % T), Deutsches Fleckvieh, 200 – ca. 650 kg LG

Futter-wochen	Gewichts-bereich kg LG	tägliche Futtermengen in kg T-Auf-nahme	Kraft-futter	Mais-silage	Preß-schnitzel	Stroh
15.–18.	200–240	5,0	2,0	7	2	0,3
19.–22.	240–280	5,7	2,2	8	3	0,3
23.–26.	280–320	6,5	2,3	9	4	0,3
27.–30.	320–360	7,0	2,4	11	4	0,3
31.–34.	360–400	7,6	2,5	11	5	0,3
35.–38.	400–440	7,9	2,75	12	5	0,3
39.–42.	440–480	8,3	3,0	12	5	0,3
43.–46.	480–520	9,0	3,25	13	6	0,3
47.–50.	520–560	9,2	3,5	13	6	0,3
51.–54.	560–595	9,4	3,75	13	6	0,3
55.–58.	595–630	9,6	4,0	12	7	0,3
59.–60.	630–650	9,6	4,0	12	7	0,3
322 Masttage	451 kg Zuwachs	Verbrauch in dt:	9,6	36	16	1
tägliche Zunahmen: ca. 1400 g, StE/kg T: 702						
Zusätzlich wird den Bullen täglich 100–125 g Mineralfutter (12–15% Ca, 8% P, 8% Na) verabreicht. ▶ Kraftfutter (28% RP) mit 40% Sojaextraktionsschrot, Getreideanteile: 30% Körnermais und 30% Gerste oder Weizen.						

Abb 30: Intensiv gemästete Bullen.

Tabelle 89: Futterplan für die Hauptmast mit Maissilage (ca. 35 % T, 630 StE/kg T, 17 % Rohfaser), Maiskornschrot, siliert (60 % T, 900 StE/kg T), Deutsches Fleckvieh, 200 – ca. 650 kg LG

Futter-wochen	Gewichts-bereich kg LG	tägliche Futtermengen in kg T-Auf-nahme	Kraft-futter	Mais-silage	Maiskorn-schrot	Stroh
15. – 18.	200 – 240	4,0	2,0	7	0,8	0,3
19. – 22.	240 – 280	5,5	2,0	9	0,8	0,3
23. – 26.	280 – 320	6,2	2,0	10	1,2	0,3
27. – 30.	320 – 360	6,8	2,2	11	1,2	0,3
31. – 34.	360 – 400	7,3	2,4	12	1,5	0,3
35. – 38.	400 – 440	7,7	2,6	12	1,5	0,3
39. – 42.	440 – 480	8,2	2,8	12	2,0	0,3
43. – 46.	480 – 520	8,7	3,0	13	2,0	0,3
47. – 50.	520 – 560	9,0	3,3	13	2,0	0,3
51. – 54.	560 – 595	9,2	3,6	13	2,0	0,3
55. – 58.	595 – 630	9,2	3,6	13	2,0	0,3
59. – 60.	630 – 650	9,3	3,6	13	2,0	0,3
322 Masttage	451 kg Zuwachs	Verbrauch in dt:	8,8	37	5,0	1
tägliche Zunahmen: ca. 1400 g, StE/kg T: 714						

Zusätzlich werden den Bullen täglich 100–125 g Mineralfutter (20–22% Ca, 5% P, 8% Na) und 50 g Kohlensaurer Futterkalk zur besseren Calciumversorgung gefüttert.

- Kraftfutter (28% RP) mit 40% Sojaextraktionsschrot, Getreideanteile: 30 % Körnermais und 30 % Gerste oder Weizen.
- Maiskornschrot wird aus Körnermais gedroschen, mit einer CCM-Mühle gemahlen und einsiliert. Es ist ein hochwertiges Futter und zur Energieaufwertung der Maissilage bestens geeignet. Maiskornschrot kann auch während der Maissilierung in mehreren Schichten eingebracht werden. Die Menge der Beigabe richtet sich nach dem Kolbenanteil in der Silage.
- In der Praxis werden je ha Silomais mindestens 30 dt frische Maiskörner bei der Silierung beigegeben. Zur Entnahme ist eine Silofräse von Vorteil.
- Die tägliche Kraftfuttermenge sollte auf 3 Gaben über den Tag verteilt werden, um eine gute Grundfutteraufnahme zu erhalten.
- Die Wasserversorgung ist je Bucht durch zwei Tränkevorrichtungen zu gewährleisten.

Tabelle 90: Futterplan für die Hauptmast mit Maissilage (ca. 35 % T, 630 StE/kg T, 17 % Rohfaser), Kartoffelschlempe (5,5 % T, 500 StE/kg T), Deutsches Fleckvieh, 200 – ca. 650 kg LG

Futterwochen	Gewichtsbereich kg LG	tägliche Futtermengen in kg T-Aufnahme	Kraftfutter	Maissilage	Kartoffelschlempe	Stroh
15.–18.	200–240	4,8	2,0	7	10	0,3
19.–22.	240–280	5,2	2,2	7	10	0,3
23.–26.	280–320	6,7	2,3	10	15	0,3
27.–30.	320–355	7,0	2,4	11	15	0,3
31.–34.	355–390	7,6	2,5	13	15	0,3
35.–38.	390–425	8,1	2,75	13	20	0,3
39.–42.	425–460	8,7	3,0	13	20	0,3
43.–46.	460–495	8,9	3,25	14	20	0,3
47.–50.	495–530	9,1	3,5	14	20	0,3
51.–54.	530–565	9,3	3,75	14	20	0,3
55.–58.	565–600	9,5	4,0	14	20	0,3
59.–62.	600–635	9,5	4,0	14	20	0,3
63.–64.	635–650	9,5	4,0	14	20	0,3
350 Masttage	455 kg Zuwachs	Verbrauch in dt:	10,6	42	60 hl	1,1
tägliche Zunahmen: ca. 1300 g, StE/kg T: 668						

Zusätzlich wird den Bullen täglich 100–125 g Mineralfutter (20–22 % Ca, 5 %P, 8 % Na) und 50 g Kohlensaurer Futterkalk zur besseren Calciumversorgung gefüttert.

- Kraftfutter (25 % RP) mit 30–40 % Sojaextraktionsschrot, Getreideanteile: ½ Körnermais und ½ Gerste oder Weizen.
- Kartoffelschlempe wird in warmem Zustand von den Bullen gern aufgenommen. Die tägliche Futtermenge soll in 2 Mahlzeiten angeboten werden.
  Fütterungstechnik: Schlempe in den blanken Trog laufen lassen und dem Lebendgewicht der Bullen entsprechend zuteilen. Aufnahmezeit: ca. 30 min; anschließend Reste verteilen und 0,5 kg Kraftfutter/Tier zugeben.
  Mit dieser Fütterungstechnik ist die Schlempemenge in ca. 1 Stunde ganz aufgenommen und es kann dann Maissilage ohne Beeinträchtigung durch dieses Naßfutter angeboten werden.
- Die tägliche Kraftfuttermenge sollte auf 3 Gaben über den Tag verteilt werden, um eine gute Grundfutteraufnahme zu erhalten.
- Die Wasserversorgung ist je Bucht durch zwei Tränkevorrichtungen zu gewährleisten.

Tabelle 91: Futterplan für die Hauptmast mit Maissilage (ca. 35 % T, 630 StE/kg T, 17 % Rohfaser), Zuckerrübenblatt (18 % T, 500 StE/kg T), Deutsches Fleckvieh, 200 – ca. 650 kg LG

Futterwochen	Gewichtsbereich kg LG	tägliche Futtermengen in kg				
		T-Aufnahme	Kraftfutter	Maissilage	Zuckerrübenblatt	Stroh
15.–18.	200–240	4,9	2,0	7	2	0,3
19.–22.	240–280	5,6	2,2	9	2	0,3
23.–26.	280–320	6,3	2,3	10	3	0,3
27.–30.	320–355	6,8	2,4	11	3	0,3
31.–34.	355–390	7,3	2,5	12	4	0,3
35.–38.	390–425	7,6	2,75	12	4	0,3
39.–42.	425–460	8,1	3,0	12	5	0,5
43.–46.	460–495	8,9	3,25	14	5	0,5
47.–50.	495–530	9,1	3,5	14	5	0,5
51.–54.	530–565	9,3	3,75	14	5	0,5
55.–58.	565–600	9,7	4,0	14	5	0,5
59.–62.	600–635	9,7	4,0	14	5	0,5
63.–64.	635–650	9,7	4,0	14	5	0,5
350 Masttage	455 kg Zuwachs	Verbrauch in dt:	10,6	42	14	1,5
tägliche Zunahmen: ca. 1300 g, StE/kg T: 659						

Zusätzlich wird den Bullen täglich 100–125 g Mineralfutter (10–12 % Ca, 8 % P, 8 % Na gefüttert.

- Kraftfutter (25% RP) mit 30–40 % Sojaextraktionsschrot, Getreideanteile: ½ Körnermais und ½ Gerste oder Weizen.
- Die tägliche Kraftfuttermenge sollte auf 3 Gaben über den Tag verteilt werden, um eine gute Grundfutteraufnahme zu erhalten.
- Gut siliertes Zuckerrübenblatt ist ein sehr schmackhaftes Futtermittel. Die Nährstoffkonzentration beträgt max. 550 StE/kg T, deshalb sollten die täglichen Futtermengen begrenzt werden. Der Schmutzanteil (Rohaschegehalt) sollte nicht über 10 % in der Trockenmasse sein, sonst sind Durchfälle unvermeidlich. Bei verschmutztem Rübenblatt sind die täglichen Futtermengen zu kürzen. Die Beschaffenheit des Kotes gibt Auskunft über die Qualität der Zuckerrübenblattsilage.
- Die Beifütterung von Heu oder Stroh ist bei dieser Futterration sehr wichtig, um die Speichelbildung zu fördern.
- Die Wasserversorgung ist je Bucht durch zwei Tränkevorrichtungen zu gewährleisten.

Extensive Bullenmast

Die bereits angesprochenen EG-Agrarbeschlüsse können in einigen Betrieben die extensive Bullenmast durch die vorhandene Prämienregelung interessant machen. Bei diesem Verfahren wird weniger teures Kraftfutter eingesetzt. Der Grundfutteranteil ist dann entsprechend höher. Außerdem können weniger konzentrierte Grundfutter besser verwertet werden.

Fressererzeugung

Die Durchführung der **Aufzucht** unterscheidet sich grundsätzlich nicht von der bei der intensiven Produktion. Es ist jedoch unwirtschaftlich und unnötig, Bullenkälber, die in der Hauptmast extensiv gefüttert werden sollen, in der Fresseraufzucht mit teurem Futter intensiv zu versorgen. Die Tränkedauer ist deshalb um 2 Wochen kürzer, bei gleichzeitig niedrigerer Tränkemenge (Tabelle 92). Der Verbrauch an Milchaustauscher/Kalb sinkt so von 38 kg

Tabelle 92: Tränke- und Futterplan für die extensive Aufzucht bei einem Ankaufsgewicht von 80–90 kg (tägliche Zunahme 950–1000 g)

Futter wochen	Lebend-gewicht kg	MAT-Tränke l[1])	Kälberaufzuchtfutter kg	Soja-schrot kg	Heu kg	Mais-silage kg[2])
1.	85– 88	6	0,1	–	0,2	0,1
2.	88– 92	6	0,2	–	0,2	0,2
3.	92– 96	6	0,4	–	0,2	0,4
4.	96–101	6	0,6	–	0,3	0,6
5.	101–106	6	0,8	–	0,3	0,8
6.	106–111	4	1,0	–	0,3	1,0
7.	111–117	2	1,2	–	0,3	1,5
8.	117–123	2	1,5	–	0,3	2,0
9.	123–130		1,4	0,1	0,3	2,5
10.	130–137		1,3	0,2	0,3	3,0
11.	137–145	–	1,2	0,3	0,3	4,0
12.	145–153	–	1,1	0,4	0,3	5,0
13.	153–162	–	1,0	0,5	0,3	6,0
14.	162–171	–	0,8	0,7	0,3	7,0
15.	171–180	–	0,6	0,9	0,3	8,0
16.	180–190	–	0,5	1,0	0,3	9,0
gesamt		27 kg MAT	96	30	32	360

[1]) Milchaustauschfutter mit 18% Fett. [2]) Maissilage: 30% t, 600 StE/kg T.

Grundsätzliches zur **Aufzucht von zugekauften Kälbern:**

- Mit der Heubeifütterung zur Stimulierung des Pansens ist rechtzeitig zu beginnen.
- Die Tränketemperatur von ca. 40°C ist einzuhalten und laufend zu kontrollieren. Eine zu hohe Tränketemperatur kann zu Durchfällen führen.
- Gründliche Sauberkeit ist Voraussetzung für eine erfolgreiche Aufzucht!

bei der intensiven auf ca. 27 kg bei der extensiven Aufzucht ab. Auch die eingesetzte Kraftfuttermenge ist um mehr als 10 % geringer.

Hauptmast

Die Wirtschaftlichkeit der extensiven Bullenmast ist in hohem Maße von der Höhe der Prämien abhängig. Um die volle Prämie zu erhalten, müssen die Tiere zur Zeit ca. 23 Monate alt werden. Diese relativ lange Mastdauer macht eine niedrigere Mastintensität notwendig.

Bei diesem Verfahren werden verstärkt Grundfuttermittel mit geringerer Energiekonzentration eingesetzt, die in der intensiven Bullenmast kaum Bedeutung haben. Für Bullenmastbetriebe auf Grenzstandorten könnte dies eine Alternative sein.

Wenig Erfahrung gibt es bisher mit der Vermarktung dieser extensiv gemästeten, älteren Tiere.

Tabelle 93: Futterplan für die extensive Hauptmast mit Maissilage (30% T, 550 StE/kg T, 25% Rohfaser) und Grassilage (35% T) von 190 – ca. 670 kg LG (tägliche Zunahmen: unter 900 g)

Futter-wochen	mittleres Lebendgewicht kg	tägliche Futtermengen in kg T-Aufnahme	Kraft-futter	Mais-silage	Gras-silage	Stroh
17.–31.	245	6,0	1,0	11	2,5	1
32.–75.	430	8,7	0,5	17	4	2
76.–92.	610	10,4	2,0	20	5	1
Verbrauch in dt:			5	88	21	8

Zusätzlich wird den Bullen täglich 80–100 g Mineralfutter (20–22 % Ca, 5 % P, 8 % Na) verabreicht.

- ▶ Kraftfutter (28% RP) mit 50% Sojaextraktionsschrot, Getreideanteile: 50% Gerste oder Weizen.
- ▶ Die Grassilage sollte gut angewelkt, sauber und sorgfältig siliert werden. Ein T-Gehalt von mindestens 35 % ist anzustreben.
- ▶ Die Wasserversorgung ist durch zwei Tränkevorrichtungen je Bucht zu gewährleisten.

Tabelle 94: Futterplan für die extensive Hauptmast mit Grassilage (35% T, 550 StE/kg T, 25% Rohfaser) von 190 – ca. 670 kg LG (tägliche Zunahmen: unter 900 g)

Futter-wochen	mittleres Lebendgewicht kg	tägliche Futtermengen in kg T-Aufnahme	Kraft-futter	Gras-silage	Stroh Heu
17. – 31.	245	6,0	1	12	1
32. – 75.	430	8,8	0	20	2
76. – 92.	610	10,4	2	22	1
Verbrauch in dt:			3,5	100	8

Tabelle 95: Futterplan für die extensive Hauptmast mit Grassilage (35% T, 500 StE/kg T, 27,5% Rohfaser) von 190 – ca. 670 kg LG (tägliche Zunahmen: unter 900 g)

Futter-wochen	mittleres Lebendgewicht kg	tägliche Futtermengen in kg T-Aufnahme	Kraft-futter	Gras-silage	Stroh Heu
17. – 31.	245	6,0	1,5	11	1
32. – 75.	430	8,8	1,5	16	2
76. – 92.	610	10,4	2,0	22	1
Verbrauch in dt:			9	87	8

Zusätzlich werden den Bullen täglich 80–100 g Mineralfutter (15% Ca, 5% P, 8% Na) verabreicht.

- ▶ Kraftfutter mit wenig Sojaextraktionsschrot und hohem Getreideanteil oder Milchleistungsfutter.
- ▶ Die Grassilage sollte gut angewelkt, sauber und sorgfältig siliert werden. Ein T-Gehalt von mindestens 35% ist anzustreben.
- ▶ Die Wasserversorgung ist durch zwei Tränkevorrichtungen je Bucht zu gewährleisten.

Abb. 31: Ochsen können sehr gut auf der Weide gemästet werden.

Ochsenmast

Grundsätzliches für die Mast von Ochsen

Die **Wachstumskapazität** von Ochsen liegt zwischen der von Bullen und Färsen. Im Vergleich zu Bullen ist bei gleichem Nährstoffangebot mit etwa 15 % niedrigeren täglichen Zunahmen zu rechnen, wobei die Differenz bei knapper Nährstoffversorgung näher bei 10 % und bei sehr intensiver Mast eher bei 20 % liegt. Wie sich in einem vergleichenden Mastversuch von Fleckviehtieren (Abb. 32) gezeigt hat, ist bei intensiver Ochsenmast vor allem ab einem Gewicht von 500 kg eine deutlich abfallende Zuwachsleistung zu erwarten.

In der **Futteraufnahme** besteht zwischen Bullen und Ochsen bis zu einem Gewicht von 350–400 kg kein Unterschied (Abb. 33). Danach ist bei Ochsen mit einem geringeren Verzehrsanstieg zu rechnen, die T-Aufnahme bleibt gegenüber Bullen täglich um 0,5–1 kg T zurück.

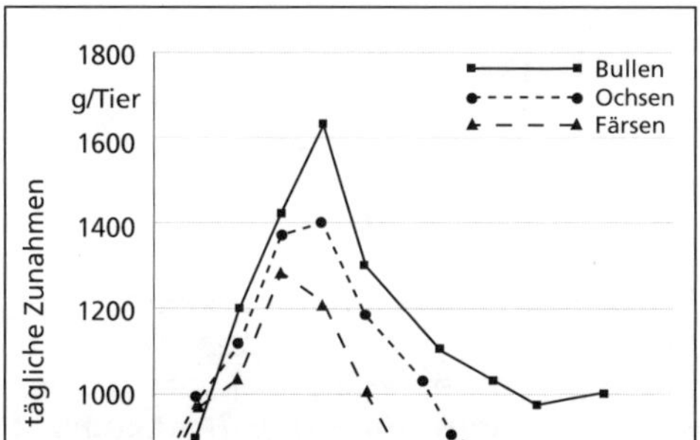

Abb. 32 Wachstumsverlauf bei Bullen, Ochsen und Färsen mit steigender Lebendmasse (SCHWARZ, KIRCHGESSNER, 1990).

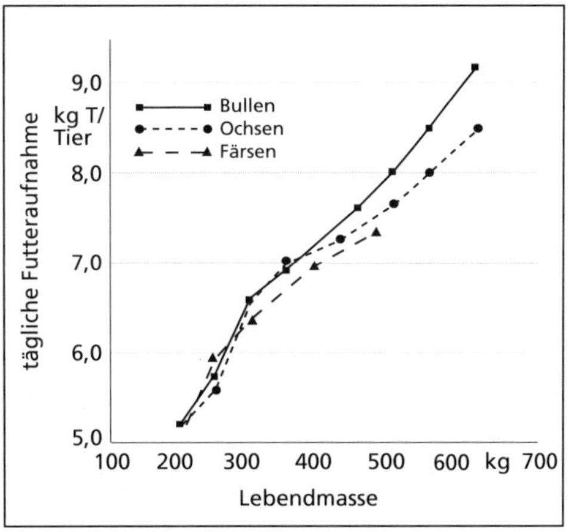

Abb. 33 Verlauf der Gesamtfutteraufnahme bei Bullen, Ochsen und Färsen mit steigender Lebendmasse (SCHWARZ, KIRCHGESSNER, 1990).

Die **Futterverwertung** verschlechtert sich gegenüber Bullen bereits ab 200–250 kg Lebendgewicht. Bis etwa 500 kg beträgt die Differenz etwa 10%. Der Futterverbrauch/kg Zuwachs steigt von da an drastisch, was auf die stark zunehmende Körperfetteinlagerung zurückzuführen ist.

Die Vorzüglichkeit von Ochsen liegt in der besseren **Fleischqualität** begründet. So ist das Fleisch stärker marmoriert, das Bindegewebe weniger fest und die Muskelfaser feiner als bei Bullen. Demgegenüber muß aber eine stärkere Verfettung des Schlachtkörpers in Kauf genommen werden.

Unter heutigen Preisen und Kosten ist die Ochsenmast aber nur bei vertraglicher Regelung mit Vermarktern im Rahmen von Markenfleischprogrammen oder bei Selbstvermarktung wirtschaftlich vertretbar.

Ausschlaggebend für die Bedeutung der Ochsenmast ist die Preisrelation zwischen Bullen- und Ochsenfleisch. Zusätzlich könnte noch die leichtere Handhabung von Ochsen gegenüber Bullen (Kastration!) der Grund dafür sein, daß auf Ochsenmast umgestellt wird. Außerdem könnte Ochsenmast dann interessant werden, wenn extensive Grünlandflächen zur Verfügung stehen, die mit Ochsen beweidet werden können.

Ansprüche des Marktes: Die Anforderungen des Marktes an Qualitätsochsenfleisch sind sehr hoch, es sind u.a.:

- **Ausformung des Schlachtkörpers:** Es ist erwünscht, daß etwa 60 % der geschlachteten Tiere in die Fleischigkeitsklasse R, 30 % in U und weniger als 10 % in O fallen. Dies ist nur bei entsprechender Fütterung und einem guten Tiermaterial möglich.
- **Fettabdeckung:** Ideal wäre die Fettklasse 3. Unerwünscht ist die Klasse 4, die deshalb bereits mit einem Abschlag versehen wird. Da die Ochsen aber sehr schnell zur Verfettung neigen, muß auf die Höhe der Energie- und Nährstoffversorgung in den einzelnen Mastabschnitten besonders geachtet werden.
- **Schlachtgewicht:** Das erwünschte Schlachtgewicht liegt zwischen 310 und 340 kg. Die Ausschlachtung beträgt 56–57 %.
- **Mastendgewicht:** Bei der Produktion von Qualitätsochsen darf das Mastendgewicht etwa 550–600 kg betragen.
- **Lebensalter:** Der Markt verlangt einen jungen Schlachtkörper, das Lebensalter sollte zwischen 17 und 20 Monaten liegen.
- **Tägliche Zunahmen:** Die Intensität muß so ausgelegt werden, daß (gerechnet ab Kalb) 900–1000 g tägliche Zunahmen erreicht werden.
- **Fleischfarbe:** Der Vermarkter verlangt ein helles Fleisch und ebenfalls eine helle Fettfarbe. Sie werden als Parameter für einen jungen Schlachtkörper mit herangezogen.

Haltung – Die Ochsen können wie Bullen in Laufbuchten aufgestallt werden. Wegen des fehlenden Geschlechtstriebes (Kastration) verhalten sie sich sehr ruhig. Die Verluste und auch die Verletzungsgefahr ist deswegen deutlich niedriger als bei Bullen.

Die Kastration erfolgt nach der Fresseraufzucht mit einem Gewicht von ca. 180–220 kg. Eine spätere Kastration bringt keine Vorteile. Wenn sie blutig erfolgt, ist es günstig, wenn die Tiere etwa 1 Woche auf Stroh stehen, da die Infektionsgefahr dann deutlich geringer ist.

Fütterung – Die notwendige Intensität in der Fresseraufzucht hängt vom Niveau der Hauptmast ab.

Wird eine intensive Mast mit täglichen Zunahmen von etwa 1000 g angestrebt, muß auch die Fresseraufzucht entsprechend sein. Die Tiere sollen dabei nach derselben Methode aufgezogen werden, wie männliche Kälber für die intensive Bullenmast. Die Zunahmen in der Fresseraufzucht betragen dann etwa 1100 g.

Soll die Ochsenmast »verhalten« durchgeführt werden (die täglichen Zunahmen liegen dabei etwa bei 900 g), können auch in der Fresseraufzucht die Zunahmen niedriger liegen. Die Aufzuchtintensität bei den Fressern ist dann die gleiche wie für die extensive Bullenmast.

Mastniveau

Höchste Intensität

Beste Maissilagen mit Trockenmassegehalten von über 33 % und hohem Kolbenanteil weisen eine Energiekonzentration von mindestens 630 StE/kg Trockenmasse auf. Zu diesen Silagen ist zusätzlich noch etwa 1 kg eiweißreiches Kraftfutter zur Proteinergänzung notwendig.

Diese Ration ist aber für Ochsen zu energiereich. Bei der Verfütterung würden die Tiere zu Beginn der Mast gut wachsen, aber auch schnell verfetten. Das notwendige Mastendgewicht liegt etwa zwischen

Tabelle 96: Beispielsration für die Ochsenmast (in kg Futter), hohe Mastintensität

Futtermittel	Lebendgewicht 250 kg	350 kg	500 kg
Ration I			
Maissilage 25 % T	12	17	20
Sojaextraktionsschrot	1	1	1
Gerste	1	1	1
Mineralfutter (16–18 % Ca, 4–6 % P)	0,1	0,1	0,1
Ration II			
Maissilage 25 % T	8	10	12
Grassilage	8	8	8
Gerste	1	1	1,5
Sojaextraktionsschrot	–	0,5	0,5
Mineralfutter (16–18 % Ca, 4–6 % P)	0,1	0,1	0,1

450 und 470 kg. Bei dieser Intensität entsteht ein Produkt, das vom Markt nicht nachgefragt bzw. entsprechend bezahlt wird. Wenn auf einem Betrieb nur dieses Grundfutter zur Verfügung steht, ist eine intensive Bullenmast, aber keine Ochsenmast empfehlenswert. Sollen Ochsen gemästet werden, muß diese Maissilage mit Heu, Stroh oder ähnlich energiearmen Komponenten verdünnt werden.

Hohe Mastintensität

Diese Intensität ist vor allem für mittlere bis gute Ackerbaustandorte, die über Grundfutter mit hoher Energiedichte, etwa 590–600 StE/kg T verfügen, zu empfehlen.

Hierfür kommen in erster Linie **gute Maissilagen** mit T-Gehalten von 28–33 % oder auch Kombinationen von energiereicher Maissilage (mehr als 630 StE/kg T) **mit Grundfutter** mittlerer Energiedichte (z. B. Gras, Grassilage, Zwischenfruchtsilage) in Frage (Tabelle 96). Ebenfalls gut einsetzbar sind Ganzpflanzensilagen aus Getreide mit geringerem Strohanteil.

Ein Teil der Ration kann bei dieser Intensität auch aus Zuckerrübenblattsilage, Grascobs, Kartoffeln, Kartoffelschlempe, Biertreber oder Futterrüben bestehen. Die Höhe des Einsatzes dieser Futtermittel hängt von den übrigen Rationskomponenten ab.

Die Gesamtration muß eine Energiekonzentration von über 600 StE aufweisen. Durch eine entsprechende Rationsberechnung werden die Mengen der einzelnen Futtermittel, die verfüttert werden sollen, ermittelt. Die Kraftfutterzulage liegt etwa bei 1,5–2 kg/Tier und Tag.

Den durchwegs im Stall gemästeten Tieren muß das Futter stets frisch und in ausreichender Menge zur Verfügung stehen.

Bei mittleren, täglichen Zunahmen von etwa 1000 g wird die Schlachtreife mit ca. 17 Monaten erreicht. Das Gewicht beträgt dann etwa 550 kg. Das Schlachtgewicht liegt bei 300–320 kg.

Mittlere Intensität

Diese Intensität eignet sich vor allem für Übergangsstandorte zwischen Grünland und Ackerbau bzw. für Standorte mit gutem Grünland. Unter bestimmten betrieb-

Tabelle 97: Beispielsration für die Ochsenmast (in kg Futter), mittlere Intensität

Futtermittel	Lebendgewicht 250 kg	350 kg	500 kg
Grassilage	14	17	8
Maissilage	–	–	16
Gerste	–	–	1
Mineralfutter	0,1	0,1	0,1

lichen Voraussetzungen ist diese Mastmethode vorteilhaft.
Es besteht die Möglichkeit, das *kompensatorische Wachstumsvermögen* der Tiere auszunutzen, d.h. eine geringere Intensität in der Vorperiode wird durch höhere Zunahme in der Hauptperiode ausgeglichen. In der Vorperiode wird dabei eine geringere Menge teures Futter eingesetzt und in der Hauptperiode mehr billiges verfüttert. Die Mast wird dadurch insgesamt verbilligt.
Das Mastende wird bei einem Lebensalter von etwa 23 Monaten erreicht, d.h. mit dieser Methode kann die volle Bullenprämie ausgeschöpft werden.
Im ersten Teil der Mast werden die Tiere entweder auf der Weide gehalten, oder es wird Gras bzw. Grassilage im Stall gefüttert (Tabelle 97). Eine zusätzliche Kraftfuttergabe ist nicht notwendig. Die täglichen Zunahmen sind während dieser Phase relativ gering. Sie liegen bei ca. 600 g.
Danach wird gezielt ausgemästet. Die Ochsen erreichen dann ein Endgewicht von ca. 600 kg. Dies entspricht einem Schlachtgewicht von 330–340 kg. Zur Ausmast ist ein Grundfutter von mittlerer Energiedichte mit etwa 540–550 StE/kg Trockenmasse notwendig. Gleichzeitig erfolgt eine Beifütterung mit ca. 2 kg Kraftfutter. Durch diese Methode werden in der Endmast tägliche Zunahmen von 1000–1100 g erreicht.
Als **Grundfutter** kommen Maissilagen mittlerer bis guter Qualität, sowie gute Gras-, Leguminosen-, Rübenblatt- und Getreideganzpflanzensilage in Frage.
Wenn die Ausmast mit carotinarmen Futtermitteln wie Maissilagen oder Ganzpflanzensilagen erfolgt und mindestens 3–4 Monate dauert, wird die Gelbfärbung des Fettes deutlich reduziert (siehe Abb. 34, Seite 167).

Kraftfutterergänzung

Je nach *Energiekonzentration* des Grundfutters und gewünschter Mastintensität muß eine Energieergänzung über Kraftfutter erfolgen. Im Vergleich zur Bullenmast liegen die Kraftfuttergaben um durchschnittlich 1 kg/Tier und Tag niedriger.
Gleichzeitig muß auch eine bedarfsgerechte *Rohproteinzufuhr* erfolgen. Da für die Ochsenmast noch keine Bedarfszahlen vorliegen, wird empfohlen, die geltenden Richtwerte für Bullen hinsichtlich Rohprotein-, Vitamin- und Mineralstoffergänzung zugrunde zu legen.
In den Tabellen 96 und 97 sind **Futterpläne** für Mastochsen der Rasse Fleckvieh und Gebrauchskreuzungen bei unterschiedlichem Grundfutter und verschiedener Mastintensität zusammengestellt. Die angegebenen Daten sind nur als Richtwerte zu verstehen, d.h. sie beziehen sich auf durchschnittliches Tiermaterial und auf übliche Produktions- und Haltungsbedingungen.
Eine wiederkäuergerechte Fütterung muß bei allen Rationen gewährleistet sein. Dieses Ziel wird in der Praxis aufgrund des hohen Grundfutteranteils in den meisten Fällen erreicht.
Eine Rauhfutterergänzung ist lediglich bei strukturarmem Grundfutter (z.B. Rübenblattsilage) notwendig. Eine tägliche Gabe von 0,3–0,5 kg Heu oder Stroh wirkt sich jedoch auch bei anderen Rationen positiv auf die Pansentätigkeit aus.

Färsenmast

Grundsätzliches zur Mast von Färsen

Das **Muskelansatzvermögen** von Färsen ist deutlich geringer als das von Mastbullen oder Ochsen (siehe Abb. 32). Allerdings liegen die Futteransprüche bei Färsen auch wesentlich niedriger als bei den beiden anderen Gruppen. Die notwendige Nährstoffkonzentration erlaubt es, überwiegend Grundfutter einzusetzen.

Unterschiede bestehen auch im **Zunahmeverlauf**. Wenn die Färsen intensiv gemästet werden, erreichen sie die höchsten Tageszunahmen mit 250 kg Lebendgewicht. Ochsen und Bullen erreichen dieses Maximum erst mit etwa 300 kg. Zudem verfetten Färsen schneller als Ochsen und Bullen.

Von Schwarz (1988) wurden Richtzahlen für die Mast weiblicher Rinder abgeleitet (Tabellen 98 und 99). In Abhängigkeit vom Lebendgewicht ist dabei der **Energiebedarf** für unterschiedliche Tageszunahmen angegeben.

Für die **Proteinversorgung** wurden ebenfalls Richtzahlen von Schwarz (1988) angegeben. Bei der Proteinversorgung wurde eine Abbaubarkeit des Proteins von 75–80 % unterstellt.

Der Bedarf an **Mineral**- und **Wirkstoffen** muß bei den hohen Leistungsanforderungen ebenfalls abgedeckt sein. Fehlernährung führt sonst zu Leistungsminderungen. Bei maissilagereichen Rationen ist zur Ergänzung eine Mineralfuttergabe von ca. 80–100 g (Ca:P = 4:1) notwendig.

Wenn an die Mastrinder auch Grassilage verfüttert wird, ist der zusätzliche Bedarf niedriger. Wenn etwa 50 % der Ration aus

Tabelle 98: Richtzahlen zur Versorgung mit Nettoenergie von weiblichen Mastrindern (Angaben in StE/Tier und Tag)

Lebendgewicht kg	Tageszunahmen 600 g	800 g	1000 g	1200 g
150 (125–175)	–	2200	2500	–
200 (175–225)	–	2600	2900	3200
250 (225–275)	2750	3050	3350	3650
300 (275–325)	3150	3500	3800	–
350 (325–375)	3550	3900	4250	–
400 (375–425)	3950	4300	4700	–
450 (425–475)	4250	4600	–	–
500 (475–500)	4650	5000	–	–

Tabelle 99: Richtzahlen zur Rohproteinversorgung von weiblichen Mastrindern (Angaben in g/Tier und Tag)

Lebendgewicht kg	Tageszunahmen 600 g	800 g	1000 g	1200 g
150 (125–175)	–	520	550	–
200 (175–225)	–	560	620	680
250 (225–275)	580	640	700	750
300 (275–325)	650	720	800	–
350 (325–375)	720	800	880	–
400 (375–425)	810	890	970	–
450 (425–475)	880	950	–	–
500 (475–500)	960	(1030)	–	–

Grassilage besteht und der Rest aus Maissilage, reicht eine Gabe von etwa 60–80 g (Ca:P etwa 3:1) für den Bedarf aus.

Mastmethoden

Intensivmast

Eine Intensivmast von Färsen, z. B. mit bester Maissilage, würde ein sehr frühes Schlachtalter notwendig machen. Das Mastendgewicht läge dann etwa bei 400–420 kg. Dieses Gewicht entspricht aber nicht den Marktansprüchen. Der Markt wünscht Tiere mit mindestens 500 kg Lebendgewicht.

Für die Färsenmast bietet sich eine mittelintensive oder extensive Mast an. Diese angeführten Beispiele gelten für Zweinutzungsrassen, z. B. Fleckvieh oder für Gebrauchskreuzungen zwischen milchbetonten Zweinutzungsrassen (z. B. Schwarzbunten) und Fleischrassen.

Mittelintensive Mast

Ziel sind tägliche Zunahmen von ca. 850 g, das angestrebte Mastendgewicht liegt bei 450–500 kg Lebendgewicht.

Bei diesem Mastverfahren sollen bis etwa 350 kg Lebendgewicht weniger konzentrierte Grundfuttermittel eingesetzt bzw. die Ration verdünnt werden. Dadurch wird ein zügiges Wachstum erreicht, gleichzeitig aber eine frühzeitige Verfettung verhindert.

Futtermittel – Es können dabei u.a. verwendet werden:

- Grassilage,
- Zwischenfruchtsilage,
- Ganzpflanzensilage mit mittlerem Strohanteil,
- Wiesengras,
- Maissilage mit 25% Trockenmasse und mittlerem Energiegehalt.

Die Nährstoffkonzentration dieser Futtermittel für die sog. Vormast liegt etwa bei 530–560 StE/kg Trockenmasse.

Ab einem Lebendgewicht von ca. 350 kg erfolgt die **Ausmast**. In dieser Phase werden Futtermittel eingesetzt, deren Energiekonzentration etwa bei 600 StE und darüber liegen (Tabelle 100).

Im einzelnen bieten sich dazu an:

- Körnerreiche Maissilage,
- Preßschnitzelsilage mit dem notwendigen Strukturausgleich,
- Ganzpflanzensilage mit geringem Strohanteil.

Tabelle 100: Beispielsration für die Färsenmast bei Stallhaltung (Fleckvieh) (mittlere tägliche Zunahme: 850 g, Mastendgewicht: 500–550 kg

Lebendgewicht kg	tägliche Futtermengen in kg				
	T-Aufnahme	Maissilage (30% T)	Grassilage (35% T)	Getreide	Sojaextraktionsschrot
150	4,0	4,0	7,0	–	0,5
250	5,8	7,0	10,0	–	0,5
350	6,8	9,0	10,0	0,5	0,5
450	7,4	14,0	5,0	1,0	0,5
500	7,8	16,0	5,0	1,0	0,5
550	8,0	16,0	6,0	1,0	0,5
dazu ca. 80 g Mineralfutter/Tag (Ca:P = 3:1)					

Des weiteren können in gewissen Anteilen Biertreber verwendet werden. Dabei ist es notwendig, auf den Strukturausgleich zu achten. In begrenzter Menge kann auch gute Grassilage, bzw. Gras eingesetzt werden. Der Proteingehalt der Ration wird dadurch erhöht, ohne die Energiekonzentration wesentlich zu senken.

In der Endmast steigt die notwendige **Kraftfuttermenge**. Der Kraftfuttertyp orientiert sich dabei an der Nährstoffzusammensetzung des Grundfutters.

Weidenutzung – Für die mittelintensive Färsenmast eignet sich in der Vormastperiode auch die Weide.

Dabei ist es möglich, billiges Weidegras sinnvoll zu verwerten. Beim Weideauftrieb sollen die Tiere mindestens 9 Monate alt sein. Ein Wachstumsknick zu Beginn der Weideperiode tritt dann nicht ein. Dieser hätte eine deutliche Reduzierung der täglichen Zunahmen zur Folge. Die gewünschte Intensität wäre so kaum noch erreichbar.

Die Tiere sollen bei Weidebeginn aber nicht älter als 12 Monate sein, um nach Beendigung des Weidesommers noch genügend Zeit für eine *intensive Ausmast* im Stall zu haben. Nur so kann ein junger Schlachtkörper erzeugt werden.

Für die Färsenmast bieten sich deshalb Kälber an, die im Sommer geboren sind. Sie können im darauffolgenden Jahr geweidet werden und der anschließende Winter steht für eine intensive Ausmast zur Verfügung.

Als Zunahmeniveau in der Kälberaufzucht während des 1. Winters werden dabei 800 g/Tier und Tag angestrebt. Wenn gutes Weidegras zur Verfügung steht, ist während des Sommers keine zusätzliche Beifütterung notwendig. Die angestrebten täglichen Zunahmen liegen bei ca. 600 g.

Nach dem Weideabtrieb erfolgt die **Ausmast**. Dabei wird Maissilage zur freien Aufnahme angeboten und zusätzlich 1–1,5 kg proteinreiches Kraftfutter. Die täglichen Zunahmen liegen über 900 g. Die Ausmast dauert bei den im Sommer geborenen Kälbern noch 4–5 Monate. Diese Zeit reicht aus, um den notwendigen Muskelansatz zu erreichen und eine gewünschte Fettabdeckung zu bilden.

Wegen des hohen Carotingehaltes im Weidegras kommt es zu einer **Gelbfärbung des Fettes**. Die Ausmast mit der carotinarmen Maissilage führt dazu, daß sich die Gelbfärbung des Fettes wieder verliert.

In Abb. 34 ist die Gelbfärbung des Fettes in Abhängigkeit vom Alter bei der Futterumstellung, und von der Dauer der Ausmast mit Maissilage aufgezeigt. Die Vormast wurde dabei mit einem ß-carotinreichen Futtermittel durchgeführt. Aus dieser Abb. ist erkennbar, daß sich die Gelbfärbung (Extinktionswert) bei einer Ausmast über 120 Tage mit der ß-carotinarmen Maissilage etwa halbiert.

Ebenso ist ersichtlich, wie sich die Färbung steigert. Je länger Tiere mit carotinhaltigen Futtermitteln versorgt werden, desto intensiver ist die Färbung. Der Abbau erfolgt dann parallel. Auch nach 120 Tagen ist der Abstand zwischen den Gruppen noch gleich groß. Unabhängig von der Gelbfärbung wird gleichviel Farbton abgebaut.

Wenn während der Endmast Grassilage oder ähnlich carotinreiche Futtermittel eingesetzt werden, ist die Reduzierung der Fettfärbung entsprechend niedriger.

Extensive Mast

Hier sind tägliche Zunahmen von etwa 600 g das Ziel; das angestrebte Mastendgewicht liegt bei 500–550 kg Lebendgewicht.

Die extensive Mast wird überwiegend mit Gras oder Grassilage durchgeführt.

Bei dieser Methode kann das *kompensatorische Wachstum* der Tiere ausgenutzt werden. Dies läuft folgendermaßen ab: Eine Phase geringer Zunahmen durch eine reduzierte Nährstoffversorgung kann

Tabelle 101: Extensive Färsenmast am Beispiel von Kälbern, die im Sommer geboren sind

	1. Winter	1. Sommer	2. Winter	2. Sommer
Geburt im Sommer	Aufzucht Heu Grassilage Kraftfutter tägliche Zunahme ca. 700 g	Weide tägliche Zunahme ca. 600 g	Grassilage Heu tägliche Zunahme ca. 500 g	Weide tägliche Zunahme ca. 700 g

durch eine nachfolgend überhöhte Zufuhr wieder gänzlich ausgeglichen werden.

Dies kann wirtschaftlich sein, wenn in der ersten Phase teure Futtermittel eingespart werden können und dann billigere, in höherem Maße eingesetzt, den vorherigen Einbruch in den Zunahmen wieder gänzlich ausgleichen.

Beispiel: Winterfutter ist oft teuer, im Winter erfolgt deswegen nur eine verhaltene Versorgung. Die täglichen Zunahmen betragen nur etwa 500 g. Im Frühjahr kommen die Tiere auf die Weide, wo mit billigem, gutem Gras dieser Rückstand bis zum Ende des Sommers wieder aufgeholt werden kann.

Durch den Einsatz von hohen Mengen an Grasprodukten ist eine Gelbfärbung des Fettes wegen der hohen ß-Carotin-Aufnahme unvermeidlich.

Wenn die Mast mit guter Grassilage durchgeführt wird, ist eine **Kraftfutterbeifütterung** nur im 1. Lebensjahr notwendig.

Im 2. Mastjahr muß Kraftfutter nur bei mangelnder Grundfutterqualität eingesetzt werden.

Für die extensive Färsenmast eignet sich die **Weidehaltung** sehr gut. Im Sommer geborene Kälber können dabei sogar 2 Weideperioden nutzen (Tabelle 101).

Nach einer herkömmlichen Aufzucht gehen sie im Frühjahr auf die Weide. Eine Beifütterung ist bei guter Futterqualität nur bei längeren Regenperioden oder sonstiger Futterknappheit notwendig. Die täglichen Zunahmen im 1. Weidesommer liegen etwa bei 600 g.

Während der Winterfütterung werden Grassilage und Heu eingesetzt. In diesem Abschnitt besteht aber auch die Möglichkeit, zum Teil Futter von extensivierten Flächen (»Kulapheu«) zu verwenden. Die täglichen Zunahmen können dann bei 400–450 g liegen.

Im 2. Weidesommer ist die Grasaufnahme bereits relativ hoch. Bei guter Qualität kann eine tägliche Zunahme von 600 g und mehr erreicht werden. Die verhaltene Winterfütterung wird so wieder ausgeglichen. Am Ende des 2. Weidesommers gehen die Tiere dann zum Schlachten.

Färsenmast mit Vornutzung

Dieses Verfahren kommt weniger für spezialisierte Rindermäster in Frage, sondern eher für den Milchviehbetrieb, der es gewohnt ist, mit Kälbern umzugehen.

Als **vorgenutzte Färsen** können Tiere verkauft werden, die einmal abgekalbt haben und deren Dornfortsätze noch nicht stark verknöchert sind. Dies dürfte bis zu einem Alter von maximal 30 Monaten der Fall sein.

Die Färsenmast mit Vornutzung ist eine Kombination zwischen der Rindfleischerzeugung und der Kälberproduktion. Dies

wird immer dann angewandt, wenn die Kälberpreise hoch sind und gleichzeitig das Fleisch von vorgenutzten Färsen noch entsprechend bezahlt wird.
Die Tiere werden bei einem Gewicht von etwa 320–400 kg erstmals belegt. Ihr Alter schwankt dabei zwischen 16 und 20 Monaten. Bei der Abkalbung sind diese Tiere dann 25–29 Monate alt und 470–530 kg schwer.
Die **Aufzucht** erfolgt wie bei Zuchttieren. Erfolgt sie zu intensiv, kommt es zu einer frühzeitigen Verfettung. Dies würde dann zu Problemen bei der Fruchtbarkeit und Abkalbung führen. Eine extensive Aufzucht dagegen verursacht eine verspätete Entwicklung. Eine frühe Abkalbung, die zu jungen Schlachtkörpern führt, wäre nicht mehr möglich.
Es wird deshalb empfohlen, während der Aufzucht überwiegend Grasprodukte einzusetzen, bzw. die Tiere im Sommer zu weiden. Eine Beifütterung von Kraftfutter ist im 1. Jahr notwendig. Die Menge ist so hoch wie bei den Aufzuchttieren. Wenn dem Betrieb Maissilage zur Verfügung steht, soll diese während der Aufzucht nur verhalten eingesetzt werden. Die hohe Energiekonzentration von Maissilage führt sonst zur Überversorgung.
Die **Ausmast** beginnt erst nach der Abkalbung. Die Tiere müssen dann möglichst schnell schlachtreif gemacht werden.
Das Trockenstellen wird erleichtert, wenn die Tiere gar nicht gemolken werden. Dadurch wird wertvolle Zeit gewonnen.
Als Mastdauer stehen nach der Kalbung etwa 2–3 Monate »zur Verfügung«. In dieser Zeit wird schwerpunktmäßig energiereiches Grundfutter eingesetzt. Wenn im Betrieb Maissilage vorhanden ist, ist dieses Grundfutter sehr gut für die Ausmast geeignet, muß aber entsprechend mit Protein ergänzt werden.
Dazu eignet sich entweder Grassilage oder auch die Beifütterung von Sojaextraktionsschrot bzw. Ackerbohnen. Bei dieser Mastmethode gelten die gleichen Anforderungen wie bei der Mast von Schlachtkühen (Seite 168).

Abb. 34: Gelbfärbung des Fettes in Abhängigkeit vom Alter bei der Futterumstellung und von der Dauer der Ausmast mit Maissilage (KÖGEL, 1991).

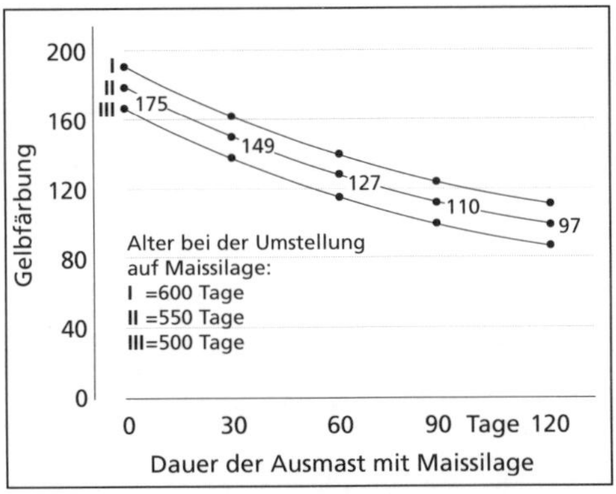

Abb. 35: Intensive Mast von Färsen.

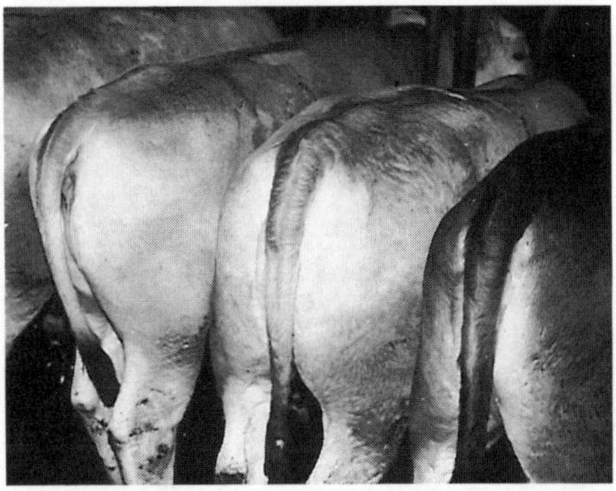

Ausmast von Schlachtkühen

In Milchviehbetrieben scheiden jährlich etwa 20–30% der Kühe aus. Die Gründe dafür sind vielfältig. Es sind zum Teil Fruchtbarkeitsprobleme oder sonstige gesundheitliche Schwierigkeiten, aber auch schwache Leistungen, die zum Abgang führen.

Wenn im Betrieb Futter, Standplätze usw. vorhanden sind, ist es sinnvoll, diese Tiere auszumästen. Fehlen diese Voraussetzungen, oder konkurrieren die Mastkühe mit »milchgebenden« Kühen z.B. um den Standplatz, ist die Ausmast unwirtschaftlich.

Durch die Ausmast von Kühen wird das Schlachtgewicht erhöht und die Klassifizierung des Schlachtkörpers verbessert. Der Erlös für diese Tiere ist dann deutlich besser.

Im folgenden sind die **Ergebnisse eines Kuhmastversuches** dargestellt. Für einen Fütterungsversuch wurden von der Landesanstalt für Tierzucht, Grub, 120 zum Schlachten vorgesehene, trockengestellte Kühe gekauft.

Dreißig davon wurden sofort geschlachtet. In der Tabelle 102 sind deren Schlachtdaten aufgeführt. Sie werden dabei als Gruppe »Blaue«, d.h. fettarme Schlachtkörper dargestellt. Die Klassifizierung dieser zufällig ausgewählten Kühe zeigt eine Einordnung in »O« auf.

Die Gruppe I dieses Versuches, ebenfalls 30 Tiere, wurde etwa 100 Tage nur mit Grundfutter, Maissilage und Grassilage, gemästet. Der Milcherzeugungswert dieser Ration lag bei 10 kg Milch. Von dieser Gruppe wurden tägliche Zunahmen von etwa 900 g erreicht. Die Klassifizierung verbesserte sich von O auf R, die Ausschlachtung um ca. 4%. Steigend war auch der Fettanteil, aufgezeigt am Beispiel Nierenfett. Bei den Preisverhältnissen des Jahres 1990 stieg der Preis/kg Schlachtgewicht von 4,96 auf 6,06 DM an.

Den Gruppen II und III wurden 2,5 bzw. 5 kg Kraftfutter/Tier und Tag beigefüttert. Der Milcherzeugungswert nach der Energie lag in diesen Gruppen bei 15 kg (Gruppe II) und 20 kg (Gruppe III). Die zusätzliche Kraftfuttergabe führte zu einer Steigerung der täglichen Zunahme auf ca. 1100 und 1250 g. Auch die Klassifizierung verbesserte sich. Bei der Gruppe II wurde im Durchschnitt + R erreicht. Der Klam-

Tabelle 102: Ergebnisse des Kuhmastversuches (120 Fleckviehkühe, Röhrmoser 1989)

Merkmale		Gruppen			
		(»Blaue«) 0	I	II	III
Lebendgewicht					
Mastanfang	kg	567	559	566	573
Mastende	kg	–	646	653	696
Gewichtszuwachs	kg	–	89	107	123
tägliche Zunahme	g	–	910	1090	1250
Klassifizierung[1])		O (3,94)	R (3,0)	+R (2,75)	U-R (2,5)
Ausschlachtung	%	48,41	52,88	53,83	53,66
Fett (Nieren)	kg	2,27	7,53	8,66	11,33
Notierung (Geschlachtet-Vermarktung)	DM	4,96	6,06	6,16	6,26

[1]) E = 1, U = 2, R = 3, O = 4, P = 5.

merausdruck 2,75 bedeutet folgendes: Die EUROP-Klassifizierung wurde in Nummern ausgedrückt, wie aus der Tabelle 102 ersichtlich, wobei E gleich 1, U gleich 2 usw. gesetzt wurde.
Der Wert 2,75 sagt aus, daß diese Gruppe im Durchschnitt eine Klassifizierung erreichte, die zwischen U und R lag, allerdings näher bei R. In der Gruppe III lag sie genau zwischen U und R bei 2,5.
Durch den Kraftfutterzusatz von Gruppe I zu II stieg die Ausschlachtung um ca. 1 % an (eine weitere Erhöhung der Kraftfuttermenge brachte dann aber keine zusätzliche Verbesserung).
Durch die Steigerung von 2,5 auf 5 kg Kraftfutter stieg zwar die Zunahme, aber auch die Verfettung deutlich an.
Von den Schlachtkühen sind etwa 30–40% nicht optimal ausgemästet. Anzustreben sind **Schlachtkörper** mit mindestens Fleischigkeitsklasse R und der Fettgewebeklasse 3. Schlachtkörper von nicht ausgemästeten Tieren werden in der Regel in die Fleischigkeitsklasse O und in die Fettgewebeklasse 1 oder 2 eingestuft. Lebend vermarktet entspricht dies etwa Klasse B.
Anzustreben ist eine **Kurzmast** von ca. 100 Tagen, bei einer durchschnittlichen *täglichen Zunahme* von etwa 1000 g.
Die Ausmast sollte größtenteils mit betriebseigenem Futter und einer notwendigen Kraftfutterergänzung erfolgen (Tabelle 103). Dadurch kann die Ration deutlich verbilligt werden. Hohe Kraftfuttermengen (Versuchsgruppe III) erhöhen bei mastfähigen Tieren zwar die Tageszunahmen, sind aber teuer und oft nicht wirtschaftlich.
Am besten eignen sich für die Mast rahmige Kühe, die gesund sind und vor allem ein gesundes Beinwerk haben. Eine untergeordnete Rolle spielt das Alter der Tiere.
Hohe Zunahmen sind nur dann zu erzielen, wenn die Kühe trockengestellt werden. Umgerechnet auf den Zuwachs »kostet« jeder Liter Milch je Tag etwa 70–80 g Zunahmen. Bei eutergesunden Kühen stellt das Trockenstellen bis zu einer Leistung von etwa 15 kg Milch/Tag in der Regel kein Problem dar. Erst wenn die Kuh sicher trockengestellt ist, wird die Nährstoffzufuhr erhöht.
Auch bei Erstlingskühen empfiehlt sich die Ausmast. Immer mehr Betriebe gehen dazu über, alle weiblichen Tiere aufzuziehen, zu decken und nach der ersten Kalbung schärfer zu selektieren. Die Entscheidung über die Verwendung der Kuh sollte bald nach der Kalbung fallen, möglichst noch in der Biestmilchzeit. Je weniger die Kuh in Milch kommt, desto leichter ist sie trockenzustellen.
Der Energiebedarf für etwa 1000 g tägliche Zunahmen entspricht dem einer Kuh mit etwa 15 kg Milchleistung/Tag.
Obwohl der Zuwachs zum Großteil aus Fett besteht, darf auch die Rohproteinversorgung nicht vernachlässigt werden. Liegt der Rohproteingehalt der Gesamtration unter 12% in der Trockenmasse, verschlechtert sich die Verdaulichkeit der Ra-

Tabelle 103: Beispielsrationen für die Mast von Kühen

Futtermittel	Futtermenge kg/Tag
Maissilage (30% T)	16–18
Grassilage (35% T)	16
Getreideschrot	1–2
Maissilage (30% T)	25–30
Heu	2
Milchleistungsfutter III[1])	2
Maissilage (30% T)	18–20
Kartoffelschlempe	40
Heu	5
Getreideschrot	1–2
Grassilage (35% T)	25
Heu	2
Getreideschrot	3

[1]) Oder 1 kg Sojaextraktionsschrot und 1 kg Getreideschrot.

tion. Maissilage enthält nur 8% Rohprotein in der Trockensubstanz und ist deshalb nicht optimal als alleiniges Grundfutter. Wenn gute Grassilage, Kartoffelschlempe oder Biertreber zur Maissilage verfüttert werden, kann der Rohproteinbedarf aus dem Grundfutter voll gedeckt werden.

Steht im Grünlandbetrieb keine Maissilage oder kein ähnlich energiereiches Futtermittel wie Preßschnitzelsilage zur Verfügung, ist das Zunahmeniveau von 1000 g/Tag nur mit höheren Getreide- oder Trockenschnitzelmengen zu erreichen.

Die Kuhmast ist auf der **Weide** ebenfalls möglich. Für hohe tägliche Zunahmen müssen jedoch folgende Voraussetzungen gegeben sein: Weidereifes Gras, hohes Futterangebot bzw. relativ hoher Weiderest, gegebenenfalls Beifütterung von Kraftfutter.

Die Weidereife ist erreicht, wenn das Futter im Schossen ist. Das Kraftfutter muß energiereich sein. Oft werden auf der Weide ohne Kraftfutter tägliche Zunahmen von 700–800 g erreicht. Bei sehr jungem Gras sollte Heu oder Stroh zum Strukturausgleich angeboten werden.

Mäster, die sich auf die Mast von Kühen spezialisiert haben und sie zukaufen, müssen besonders auf deren Gesundheitszustand achten. Das Problem dabei ist, daß sie die gesundheitliche »Vorgeschichte« der Tiere nicht kennen. Die Kühe werden dabei langsam (1 Woche) auf die Futtersituation im Mastbetrieb umgestellt. In der Regel nehmen sie während dieser Zeit kaum etwas zu.

Die **Mastdauer** hängt stark vom Körperzustand zu Mastbeginn ab. Sie ist deshalb bei einzelnen Tieren sehr unterschiedlich. Spezialisierte Mäster verkaufen die ersten Tiere oft bereits nach 70 Tagen und die letzten nach 120 Tagen.

Der Schlachtkörper soll gut angefettet sein, aber nicht in die Fettklasse 4 »rutschen«.

Abb. 36: Die gleiche Schlachtkuh zu Beginn (links) und am Ende der Ausmast.

Deklaration von Futtermitteln

Die Deklaration von Futtermitteln ist in der Futtermittel-Verordnung genau geregelt. Sie liefert dem Landwirt Informationen über Inhaltsstoffe, aber auch über den Einsatz des Futters.

Vorschriften zu Einzelfuttermitteln

In der Futtermittel-Verordnung sind alle gesetzlich zugelassenen Einzelfuttermittel aufgeführt. Darin sind die nötigen Bezeichnungen angeführt, die anzugebenden Inhaltsstoffe sowie Inhaltsstoffe, die zusätzlich angegeben werden dürfen, und die nötigen Gehalte beim Normtyp.
Zusätzlich können andere Anforderungen bestehen, z. B. ein maximaler Wassergehalt.

Sojaextraktionsschrot, dampferhitzt Normtyp, Einzelfuttermittel	
Rohprotein	44%
Rohfett	1%
Rohfaser	7%

Abb. 37: Beispiel für die vorgeschriebene Deklaration eines Einzelfuttermittels.

- Bezeichung: Sojaextraktionsschrot.
- Anzugebende Inhaltsstoffe: Rohprotein, Rohfett, Rohfaser.
- Inhaltsstoffe, die zusätzlich angegeben werden dürfen:
  Rohasche und Wasser (im Beispiel nicht angegeben).
- Anforderung: Wassergehalt max. 13%.
- Zusätzliche Forderung beim Normtyp: Rohproteingehalt mindestens 43%.

Als anzugebende Inhaltsstoffe gelten fast immer Rohprotein und Rohfaser. Bei bestimmten Futtermitteln kann aber auch die Angabe von Rohfett, von Stärke, Lysin bzw. einzelnen Mineralstoffen zwingend sein.

Vorschriften bei Mischfuttermitteln

Aus der Bezeichnung des Futtermittels muß hervorgehen, ob das Mischfuttermittel als Alleinfuttermittel, Ergänzungsfuttermittel, Mineralfuttermittel usw. bestimmt ist, und für welche Tierart es verwendet werden darf. Im Beispiel der Abb. 38 (Seite 172) ist ein Ergänzungsfuttermittel für Milchkühe angeführt.
»Milchleistungsfutter I« muß im Beispiel deswegen angeführt sein, weil es sich bei diesem Mischfuttermittel um einen in der Futtermittel-Verordnung aufgeführten und festgelegten Mischfuttertyp handelt.

Vorgeschriebene Angaben über Inhaltsstoffe

Bei Ergänzungsfuttermitteln für Rinder müssen die Gehalte an Rohprotein, Rohfett, Rohfaser und Rohasche angegeben sein. Zusätzlich können noch Mineralstoffgehalte angegeben werden, im obigen Beispiel Calcium und Phosphor.

Zusatzstoffe

Diese Substanzen werden Futtermitteln zugesetzt, damit sie bestimmte Eigenschaften erreichen oder Wirksamkeiten ermöglichen.
In der Futtermittel-Verordnung ist genau geregelt, welche Zusatzstoffe eingesetzt werden dürfen. Zusätzlich ist festgeschrieben, an welche Tierart sie verfüttert werden dürfen, bis zu welchem Höchstalter sie eingesetzt werden können, und wie hoch der Gehalt von Zusatzstoffen im Futter sein darf. Auch Wartezeiten bzw. zusätzliche Bestimmungen sind hier genau festgelegt.
Zu den Zusatzstoffen zählen alle *Leistungsförderer*, das sind Stoffe, die das Wachstum verbessern.
So darf z.B. der Leistungsförderer Monensin-Natrium nur bei Mastrindern einge-

Herstellung gemäß „Aflatoxin-Vereinbarung" mit dem Milchwirtschaftlichen Verein Baden-Württemberg e.V. Unter ständiger Kontrolle der HVA Weihenstephan

Milchviehfutter 160

Milchleistungsfutter II, zu ausgeglichenen Grundfutterrationen (Ergänzungsfuttermittel für Milchkühe)

Inhaltsstoffe:

Rohprotein:	16,00 %	Calcium:	0,80
Fett:	3,00 %	Phosphor:	0,40
Rohfaser:	15,00 %	Natrium:	0,25
Rohasche:	7,50 %		
Energiegehalt:	6,9 MJ NEL/kg		

Zusatzstoffe je kg:

Vitamin A:	10.000 i.E.
Vitamin D-3:	1.000 i.E.
Kupfer:	8 mg

Zusammensetzung:

Weizengrießkleie, Kokoskuchen/Expeller, Sojabohnenschalen, Melasseschnitzel, Rapsextraktionsschrot, Malzkeime, Sonnenblumenextraktionsschrot, Mais, Weizen, Gerste, Zuckerrübenmelasse, Vitamin-Mineralstoffvormischung, Pflanzenfett.

4 Monate vor dem angegebenen Mindesthaltbarkeitsdatum hergestellt. Einschließlich Vitamine mindestens haltbar bis: (bei sachgerechter Lagerung) ....

Nettogewicht: 50 kg / Lieferschein

Fütterungsempfehlung:
MLF mit ausgeglichenem Verhältnis Eiweiß/Energie als Ergänzung zu Rationen mit geringem Eiwei^überschuß (z.B. Grünfutter, weniger gute Grassilage, weniger gutes Heu)

M 160

Mindestens haltbar bis: Jan. Feb. März April Mai Juni Juli Aug. Sept. Okt. Nov. Dez. 1993

Abb. 38: Vorschriften zu Mischfuttermitteln am Beispiel eines Sackanhängers.

setzt werden. In 1 kg Futter müssen dabei mindestens 10 mg, aber es dürfen nicht mehr als 40 mg enthalten sein.
Zusätzlich ist noch die Höchstmenge in der Tagesration festgelegt. Sie darf aber 140 mg für 100 kg Tierkörpergewicht und 6 mg für jeweils 10 kg Tierkörpergewicht darüber nicht überschreiten.
Weitere Zusatzstoffe sind z.B. die *Antioxidantien* und *Zusatzstoffe zur Verhütung von Krankheiten*, z.B. Coccidiose bei Geflügel. Auch die zugelassenen *Konservierungsstoffe* sind hier angeführt. In diese Gruppe werden weiterhin die *Spurenelemente* und *Vitamine* eingereiht. Auf dem Sackanhänger der Abb. 38 ist deswegen unter Zusatzstoffen der Gehalt der Vitamine A und D aufgeführt, sowie der Gehalt vom Spurenelement Kupfer.
Wenn der Gehalt an Vitamin A und D angegeben ist, muß der »Endtermin der Garantie des Gehaltes bzw. die Haltbarkeitsdauer vom Herstellungsdatum an« angegeben werden.
Im Beispiel der Abb. 38 ist die Haltbarkeit der Vitamine bis 4 Monate nach der Herstellung angegeben. Diese Angabe der Herstellung ermöglicht es, die Haltbarkeit der Vitamine zu überprüfen.

Vorgeschriebene Angaben über die Zusammensetzung

Bei Mischfuttermitteln müssen die enthaltenen Einzelfuttermittel in absteigender Reihenfolge ihrer Gewichtsanteile aufgeführt werden. Im Beispiel der Abb. 38 ist der Anteil von Weizengrießkleie in diesem Mischfuttermittel besonders hoch. Kokoskuchen ist in geringerer, Sojabohnenschalen in noch geringerer Menge eingemischt usw.
Im Beispiel dürfte der Hersteller aber auch den genauen Anteil der einzelnen Komponenten angeben. Geschieht dies, muß der genaue Prozentanteil für *alle* enthaltenen Einzelfuttermittel angegeben werden.
Weiterhin muß das Nettogewicht angegeben werden. Dies kann entweder auf dem Sackanhänger oder muß bei loser Anlieferung auf dem Lieferschein vermerkt sein.
Der Energiegehalt kann angegeben werden. Im Beispiel, einem Milchleistungsfutter, wird er in MJ NEL angegeben.
Des weiteren muß der Name und die Anschrift des Herstellers auf dem Sackanhänger bzw. dem Lieferschein vermerkt sein.
Auf dem Beispielssackanhänger sind Fütterungsempfehlungen vermerkt. Beim Einsatz von Mischfuttermitteln muß der Verwendungszweck und Hinweise für eine sachgerechte Verwendung, z.B. Verwendungsbereich, tägliche Futtermenge usw. angegeben werden.

Preiswürdigkeit von Futtermitteln

Grundsätzliches

Wenn Futterrationen bzw. Mischungen zusammengestellt werden, besteht die Möglichkeit, unter verschiedenen Futtermitteln auszuwählen. Der Austauschbarkeit sind allerdings Grenzen gesetzt. Begrenzungen können z. B. unterschiedliche Schmackhaftigkeit zwischen zwei Futtermitteln sein.
Wenig Sinn hat die Berechnung der Preiswürdigkeit, wenn ein Futtermittel deutlich schlechter aufgenommen wird als das andere. Wenn in diesem Falle die Preiswürdigkeit zur Kaufentscheidung führt, ist die Entscheidung falsch. Die reduzierte Futteraufnahme führt dann zu Leistungsdepressionen und diese wiederum verschlechtern die Wirtschaftlichkeit trotz eines vielleicht niedrigeren Preises beträchtlich.
Innerhalb der sinnvollen Austauschbarkeit entscheidet die Preiswürdigkeit über den Umfang der Verwendung einzelner Futtermittel. Die Preiswürdigkeit umschreibt dabei den Geldwert, den ein einzelnes Futtermittel aufgrund seines Nährstoffgehaltes im Vergleich zu anderen hat.
Für die Berechnung der Preiswürdigkeit gibt es eine ganz *einfache Divisionsmethode*, die sich nur auf einen wesentlichen Nährstoff bezieht.
Sehr viel komplexer ist dann eine *Futtermitteloptimierung*. Diese ist nur mit Hilfe von Fütterungsprogrammen möglich. In die Bewertung gehen dabei eine Reihe von Inhaltsstoffen und eine Reihe von Futtermitteln ein. Das Ergebnis ist eine optimierte Mischung.

Divisionsmethode

Der einfachste Preisvergleich ist mit der Divisionsmethode möglich. Zur Beurteilung wird dabei nur ein wesentlicher Nährstoff herangezogen.
Sinnvoll ist diese Methode, wenn z. B. zwei Eiweißfuttermittel miteinander verglichen werden, oder zwei energiereiche Futtermittel zur Disposition stehen. Dieser Vergleich kann auch eingesetzt werden, wenn z. B. zwei phosphorhaltige Mineralstoffmischungen verglichen werden sollen.
Durch eine einfache Division wird errechnet, wieviel 1 kg des interessierenden Nährstoffes, z.B. Rohprotein, in den zu vergleichenden Futtermitteln kostet.
Beispiel : Die Preiswürdigkeit des Rohproteins in den Ackerbohnen soll mit der von Sojaextraktionsschrot verglichen werden:
1 kg Ackerbohnen enthält 0,27 kg Rohprotein und kostet 0,28 DM. 1 kg Rohprotein in den Ackerbohnen kostet 0,28:0,27 = 1,04 DM.
1 kg Sojaextraktionsschrot enthält 0,44 kg Rohprotein und kostet 0,50 DM. 1 kg Rohprotein des Sojaextraktionsschrotes kostet 0,50:0,44 = 1,14 DM.
Im Soja-Futter ist das Rohprotein also teurer. Es dürfte höchstens 0,46 DM/kg kosten (1,04:0,44), wenn das Rohprotein genauso preisgünstig sein soll, wie es in den Ackerbohnen eingekauft werden kann.
Aus dem Beispiel ist erkennbar, daß die Preiswürdigkeit eine wertvolle Entscheidungshilfe sein kann, wenn eine Wahlmöglichkeit beim Einkauf besteht.

Futtermitteloptimierung

Bei der Futtermitteloptimierung werden nicht nur zwei Nährstoffe berücksichtigt, sondern eine ganze Reihe von Nährstoffen und Spurenelementen. Aus einer Vielzahl von Futtermitteln kann dabei die

Mischung berechnet werden, die den Bedarf der Tiere möglichst kostengünstig abdeckt. Die Wirtschaftlichkeit der Tierhaltung wird dadurch verbessert.
Die Futtermitteloptimierung wird mit einem Fütterungsprogramm durchgeführt. Aus der Vielzahl der möglichen Kombinationen zwischen den einzelnen Futtermitteln wird dabei die kostengünstigste Lösung errechnet.
Ein Optimieren ist grundsätzlich bei allen Grund- und Kraftfuttermischungen und für alle Tierarten möglich, bei denen zum einen der Bedarf der Tiere und zum anderen die Inhaltsstoffe einzelner Futtermittel bekannt sind.
In eine Optimierung gehen die Futtermittel ein, die sinnvollerweise an eine bestimmte Tierart verfüttert werden sollen. Dies können sowohl Futtermittel sein, die auf dem Betrieb vorhanden sind, aber auch solche, die kostengünstig zugekauft werden können. Darüber hinaus müssen noch Futtermittel in die Optimierung mit aufgenommen werden, die zur Bedarfsdeckung des Tieres unbedingt notwendig sind. Das kann z. B. Mineralfutter sein.
Jedes Optimierungsprogramm kann nur auf die Informationen zurückgreifen, die im Programm enthalten sind. Ein Optimierungsergebnis wird deswegen umso besser sein, je mehr fachliche Informationen bei den Vorgaben eingearbeitet wurden. Neben den Inhaltsstoffen eines Futtermittels gilt es, noch eine Menge anderer Dinge zu beachten.
Ein überhöhter Anteil an Ackerbohnen z.B. kann wegen des herben Geschmackes bei Milchkühen zu einer verminderten Futteraufnahme führen. Es ist deshalb notwendig, für eine Mischung eine Obergrenze für den Ackerbohnenanteil festzulegen. Aber auch eine Mindestmenge kann notwendig sein, wenn etwa der Landwirt diese Bohnen im eigenen Berieb verwerten will usw.
Es kann aber auch einzelbetriebliche Situationen geben, die eine Abänderung notwendig machen. Ein Betrieb hat z. B. nur eine begrenzte Körnermaismenge zur Verfügung. Um ganzjährig eine geschmackliche Abrundung durch einen gleichbleibenden Anteil zu haben, wird täglich nur eine bestimmte Menge eingesetzt. Auch in diesem Fall kann eine Obergrenze der Einsatzmenge für diesen speziellen Betrieb sinnvoll sein.
Die fachliche Beurteilungsfähigkeit muß also bei der Handhabung von Fütterungsprogrammen unbedingt vorhanden sein.

Beispiel für die Durchführung einer Futtermitteloptimierung:

- Tierauswahl: Für Milchkühe soll eine Kraftfuttermischung berechnet werden.
- Futtermittelauswahl: Im Betrieb stehen folgende Futtermittel zur Verfügung:
  - Gerste
  - Weizen
  - Ackerbohnen
  - Sojaextraktionsschrot
  - Mineralfutter
  - Hafer
  - Maiskörner
  - Melasseschnitzel
- Eingabe von **Futtermittelpreisen** und den gewünschten **Mindest-** und **Höchstanforderungen**: Bei einer ganz »freien« Optimierung wären weder bei den Mindest-, noch bei den Höchstgehalten irgendwelche Einschränkungen notwendig.

Im Beispiel wurden Ackerbohnen mit 10% in die Mischung »gezwungen«.
Des weiteren ist es notwendig, den aktuellen Preis des jeweiligen Futtermittels in die Vorgaben aufzunehmen, um die kostengünstigste Mischung herauszufinden.
Abb. 39 zeigt das Optimierungsergebnis. In die Mischung wurden dabei Gerste, Weizen, Ackerbohnen (erzwungen), Sojaextraktionsschrot, Melasseschnitzel und Mineralfutter aufgenommen. Nicht berücksichtigt wurden Hafer und Mais. Der Vergleich zwischen den Zielwerten und den Gehalten der errechneten Mischung zeigt die optimale Annäherung an die vorgegebenen Zielwerte.

```
ZIFO                                    Ergebnis Mischung Futtermittel (E)

          Bauer Josef            Wiesenfeld          8999 Dorfen
04 1421   Kraftf. Milchkühe       Typ (RP) 2 ; 2.20 kg MEW
1    1000.0  g  Frischmasse       1  Alle Futtermittel    Preis:    37.85 DM/dt

  Num. Futtermittel           Anteil kg   Preis   Tauschw. Mischer    je Tag für
                                          DM/dt    DM/dt    1000  kg   10 Tiere
  4025 Gerste zweizeilig          0.199    32.00    32.01     199        6
  4145 Weizen Körner              0.270    37.00    37.00     270        8
  4305 Ackerbohnen                0.101    39.00    37.84     101        3
  6435 Sojaschrot 44 RP NT        0.206    45.00    45.00     206        6
  6515 Melasseschnitzel           0.193    28.00    28.00     193        6
  8186 Min.fut. Ri. 20/5          0.031    92.00    92.00      31        1
  4065 Hafer Körner                        34.00    25.93
  4205 Maiskörner trocken                  40.00    37.80


nächstes Bild: D         Drucken und Speichern (D)
1=Frischmasse; 2=Trockenmasse; 3=Trockenfutter
```

Abb. 39: Ergebnisausdruck einer Futtermitteloptimierung (ZIFO).

```
ZIFO                                              Rechnen und Ergebnis (R)

          Bauer Josef            Wiesenfeld          8999 Dorfen
04 1421   Kraftf. Milchkühe       Typ (RP) 2 ; 2.20 kg MEW
1    1000.0  g  Frischmasse       1  Alle Futtermittel    Preis:    37.85 DM/dt

  Num. Futtermittel           Anteil kg Inhaltsstoff  Einheit Gehalt    Leistung
  4025 Gerste zweizeilig          0.199 Trockenmasse       g    876.6
  4145 Weizen Körner              0.270 Frischmasse        g   1000.0
  4305 Ackerbohnen                0.101 Rohprotein         g    190.0        2.24
  6435 Sojaschrot 44 RP NT        0.206 NEL               MJ      7.0        2.22
  6515 Melasseschnitzel           0.193 Rohfaser           g     62.6  =%    7.1
  8186 Min.fut. Ri. 20/5          0.031 Kalzium            g      8.7        2.71
  4065 Hafer Körner                     Phosphor           g      5.0        2.93
  4205 Maiskörner trocken               Magnesium          g      2.3        3.81
                                        Natrium            g      3.4        5.72
                                        Mineralfutter      g     31.4
                                        Stärke+Zucker      g    382.0  =%   43.6

         Gesamtsumme:             1.000
nächstes Bild: E         Optimierungsergebnis nach 1792 Rechenschritten.
1=Frischmasse; 2=Trockenmasse; 3=Trockenfutter
```

Abb. 40: Beispielsmischung Futtermitteloptimierung und Tauschwerte (ZIFO).

Der Preis der Beispielsmischung liegt bei 37,85 DM/dt. Die Kompliziertheit der Berechnung ist daran erkennbar, daß dieses Optimierungsergebnis erst nach 1792 Rechenschritten ermittelt werden konnte.

- **Tauschwert** (Substitutionswert): In Abb. 40 ist erkennbar, warum ein Futtermittel nicht in die Mischung aufgenommen wurde. Maiskörner kosten 40,– DM/dt, der Tauschwert oder Substitutionswert liegt allerdings in der berechneten Mischung nur bei 37,80 DM, d. h., erst wenn die Maiskörner 37,80 DM oder weniger kosten, werden sie in diese Mischung mit eingehen. Der aktuelle Preis von 40,– DM ist zu hoch, um in der kostengünstigsten Mischung Verwendung zu finden.

Ergebnisse aus der Fütterungsberatung

Diese Beratung erfaßt die Daten der Fütterung der Betriebe, wertet sie und versucht sie, wenn notwendig, zu korrigieren. Im *internen Vergleich* besteht zudem die Möglichkeit, sich zusätzlich an anderen Beratungsbetrieben zu orientieren.

Allgemeines – Ziel der Fütterungsberatung ist es, die Wirtschaftlichkeit des Betriebes zu verbessern. Dazu ist es nötig, Schwachstellen der Produktionstechnik zu erkennen und abzustellen. Von der Fütterungsberatung wird dabei z.B. versucht, die Versorgung und den Bedarf des Tieres möglichst in Einklang zu bringen.

Der Futtervoranschlag, der Auskunft darüber gibt, welche Menge an Futter zur Verfügung steht, ist der erste Schritt. Die Rationswiegung und die Ermittlung des Nährstoffgehaltes ermöglicht dann die Informationen über den möglichen Milcherzeugungswert aus dem Grundfutter.

Durch gezielte, an der Leistung des einzelnen Tieres ausgerichtete Kraftfutterzuteilung wird dann versucht, den Nährstoffgehalt möglichst exakt abzudecken. Die Milchinhaltsstoffe und der Körperzustand des einzelnen Tieres geben neben der Milchleistung zusätzliche Informationen über den nötigen Bedarf.

Am Ende des Jahres erhält der Betriebsleiter eine Auswertung, in der er seinen Betrieb, bzw. dessen wichtigste Kennzahlen mit anderen Betrieben vergleichen kann. Im angesprochenen Fall sind es alle Betriebe des gleichen Beraters (es könnte auch ein Arbeitskreis sein) und eines Wirtschaftsgebietes (eine Region, die in etwa die gleichen natürlichen Verhältnisse hat). Daraus ergeben sich für den Landwirt wertvolle Informationen. Neben den Zahlen der Milchleistung werden dabei auch solche der Futterwirtschaft und der Flächenausstattung miteinander verglichen (Tabelle 104).

Anmerkung zur Tabelle 104 und Legende: Vergleich zwischen dem Beratungsbetrieb (mit seinen 12 Beratungen), dem Durchschnitt aller 22 Betriebe eines Beraters, und dem Durchschnitt aller Berater des gleichen Erzeugungsgebietes. Dargestellt auf der Grundlage der »Standortkundlichen Landschaftsgliederung von Bayern« nach WITTMANN (1983) haben WÜRFL, DÖRFLER und RINTELEN (1984) Bayern in 48 landwirtschaftliche Erzeugungsgebiete eingeteilt.

Verwendete Abkürzungen:

dt = Dezitonne
GV = Großvieheinheit
ha = Hektar
HFFL = Hauptfutterfläche
LF = Landwirtschaftlich genutzte Fläche
MEW = Milcherzeugungswert
NEL = Nettoenergie-Laktation
T = Trockenmasse

Auswertungsergebnisse – Im Rahmen der »Schwerpunktberatung wirtschaftlicher Rinderfütterung«, einer intensiven Fütterungsberatung, werden jährlich etwa 1200 Betriebe beraten. Um möglichst vielen Betrieben die Möglichkeit dieser Beratung zu geben, wird jeder Betrieb allerdings nur 1 Jahr lang betreut.

Die Ergebnisse dieser Spezialberatung geben wertvolle Aufschlüsse über die möglichen Grundfutterleistungen, über die Effektivität des Kraftfuttereinsatzes usw. Den Auswertungen liegen die Ergebnisse von etwa 8000 bayerischen Milchviehbetrieben zugrunde, die von 1986–1992 die Fütterungsberatung je 1 Jahr lang durchlaufen haben.

Tabelle 105 (Seite 178) zeigt die Grundfutteraufnahme und die Grundfutterleistungen in den jeweiligen Jahren.

Die Grundfutteraufnahme der Beratungsbetriebe aus dem Grundfutter stieg dabei seit 1986 leicht an und beträgt etwa 12,5 kg. Die Grundfutterleistung erhöhte sich in den letzten Jahren von etwa 3100 auf

Tabelle 104: Wirtschaftlichkeit in Milchkuhbetrieben, Ergebnisse aus der »Schwerpunktberatung Rinderfütterung« (siehe Text)

Versuchsgrundlage: Anzahl:		Betrieb 12 Beratungen		Berater 22 Betriebe		Gebiet 47 Betriebe	
Flächen:							
landw. genutzte Fläche	ha	15,6		23,1		22,0	
Hauptfutterfläche							
Rinder	ha = LF %	10,4	67	16,2	72	15,7	72
Grünland	ha = HFFL %	6,7	64	11,3	70	10,5	66
Feldfutter	ha = HFFL %	1,0	10	1,6	10	1,6	11
Mais	ha = HFFL %	2,7	26	3,1	19	3,4	22
Futterrüben	ha = HFFL %	0,0	0	0,3	1	0,2	2
Zwischenfrucht	ha = HFFL %	1,4	13	0,3	2	1,0	7
Rübenblatt	ha = HFFL %	0,0	0	0,0	0	0,2	4
Grundfutterzukauf	dt T = HFFL %	45	4	2	0	4	1
Kuhfutterfläche gesamt	ha = HFFL %	7,1	68	10,9	67	10,4	69
Hauptfutterfläche	ha/GV	0,309		0,413		0,406	
Zusatzgrundfutter korrigiert	ha/GV	0,026		0,003		0,012	
Gesamtfutterfläche korrigiert	ha/GV	0,335		0,416		0,418	
Rinderbestand gesamt:	GV	33,6		39,2		39,0	
Kühe	GV = GV %	21,2	63	25,9	67	25,1	66
weibliches Jungvieh	GV = GV %	5,4	16	10,2	26	10,9	27
Bullen	GV = GV %	7,0	21	3,1	7	3,1	7
Grundfutter	kg/Kuh und Tag	11,78		12,04		12,16	
MEW Rohprotein	kg/Kuh und Tag	11,33		12,30		12,54	
MEW Energie (NEL)	kg/Kuh und Tag	8,50		9,08		9,63	
Grundfut.leistung	(Energie) kg/Jahr	2592		2769		2937	
Leistung: Vorjahr (VJ), Beratungsjahr (BJ):		VJ	BJ	VJ	BJ	VJ	BJ
Milchleistung	kg/Kuh	3988	4088	4092	4568	4326	4736
Fettgehalt	%	3,85	3,89	3,87	3,89	3,90	3,93
Eiweißgehalt	%	3,21	3,28	3,34	3,38	3,35	3,41
Anzahl Kühe		16,0	17,7	19,8	21,6	18,1	20,9
Zwischenkalbezeit	Tage	385	381	378	377	377	377
Abgänge	%	37,5	22,6	25,5	25,6	24,9	26,1
Kraftfutteraufwand/Kuh und Jahr:		kg	DM	kg	DM	kg	DM
Kraftfutter gesamt		996	449	1033	460	1092	522
davon Zukaufkraftfutter		306	146	472	215	484	233
Kraftfutterpreis gesamt	DM/dt	45,09		44,58		47,69	
Milcherzeugung/kg Kraftfutter	l/kg	1,50		1,69		1,62	
Milchleistung (gesamt) und Grundfutterleistung (GRFU):		gesamt	GRFU	gesamt	GRFU	gesamt	GRFU
Milch je ha Hauptfutterfläche	kg/ha	6957	4412	6336	3831	6991	4332
Milch je ha Gesamtfutterfläche	kg/ha	6420	4072	6292	3804	6559	4065
Milcherlös kraftfutterbereinigt:		gesamt	KF-ber.	gesamt	KF-ber.	gesamt	KF-ber.
Erlös aus Milch je Kuh	DM	2742	2293	3103	2642	3239	2717
Erlös je ha Hauptfutterfläche	DM	4667	3902	4299	3657	4797	4019
Erlös je ha Gesamtfutterfläche	DM	4307	3601	4269	3632	4491	3766

Tabelle 105: Betriebsergebnisse aus der »Schwerpunktberatung Rinderfütterung« (Bayern) nach Grundfutterleistung, Kraftfutteraufwand und Milchleistung/Jahr

nach Jahren	Grundfutteraufnahme und -leistung			Kraft-futter-aufwand	Gesamtleistung			Milch aus Kraftfutter	
	T	RP	NEL		Milch	Fett	Eiweiß	gesamt	je
Jahr	kg	kg	MJ	kg	kg	%	%	kg	1 kg
1986	12,0	3891	3071	1082	5007	3,90	3,39	1936	1,79
1987	12,1	4008	3140	1042	5027	3,94	3,37	1887	1,81
1988	12,1	3929	3023	1073	4966	3,89	3,36	1943	1,81
1989	12,3	4160	3268	1100	5303	3,97	3,40	2035	1,85
1990	12,4	4380	3384	1082	5397	4,02	3,39	2013	1,86
1991	12,4	4309	3309	1153	5454	4,06	3,40	2145	1,86
1992	12,4	4361	3335	1210	5620	4,07	3,43	2285	1,89

3300 kg. Die Grundfutterleistung wird auf den Milcherzeugungswert nach Energie bezogen. Die Milchleistungssteigerung, seit 1986 etwa 600 kg, wurde dabei etwa zur Hälfte mit Grund- und zur Hälfte mit Kraftfutter erfüttert.

Interessant ist die gleichbleibend hohe Effektivität des Kraftfuttereinsatzes. Je kg Kraftfutter werden im Durchschnitt etwa 1,8 kg Milch mehr erzeugt. Dieser hohe Wert wird erreicht, weil die Rationen nach Menge und Qualität relativ genau erfaßt werden. Zudem gelingt es, das Kraftfutter exakt zuzuteilen. Die Notwendigkeit der Grundfutterwiegung und der Untersuchung wird dabei besonders deutlich.

In Tabelle 106 sind die Daten der Tabelle 105 nach der Milchleistung aufgereiht. Dabei tritt folgendes zu Tage: Je höher die Milchleistung ist, desto höher ist auch die Grundfutteraufnahme und die Grundfutterleistung (die Grundfutterleistung wird aus der aufgenommenen Grundfuttermenge und dem Nährstoffgehalt ermittelt).

Die Höhe der Grundfutteraufnahme ist dabei sicherlich auf eine Vielzahl von Gründen zurückzuführen. Die immer vorhandene Grundfutterverdrängung kann demnach durch eine Reihe von Maßnahmen z.B. Grundfutterqualität, Fütterungstechnik usw. relativ gering gehalten werden.

Eine große Differenz zeigt sich bei der Kraftfutterverwertung. Im unteren Leistungsbereich wird pro kg Kraftfutter nur etwa 1 kg Milch erzeugt. Dies ist sicherlich ein Zeichen der Ungenauigkeit bei der Kraftfutterzuteilung, aber auch von Schwankungen bei der Grundfutterqualität; eine Situation, die in einer Reihe von Milchviehbetrieben gegeben ist. Dieser Fehler wäre eigentlich relativ leicht abzustellen. Die Fütterung könnte dadurch verbilligt werden.

Betriebe mit einer Leistung von über 5500 kg erfüttern mit 1 kg Kraftfutter etwa 2 kg Milch und zum Teil noch etwas mehr. Betriebe mit höherer Leistung haben demnach eine exaktere Kraftfutterzuteilung bzw. Grundfuttereinschätzung. Die »negative Körperbilanz«, d.h., das nicht ausfütterbare Energiedefizit am Anfang der Laktation, wird allerdings rein rechnerisch der Grundfutterleistung zugeschlagen. Einer »40 l Kuh«, die nur für 30 kg ausgefüttert werden kann, wird dabei eine um diese 10 kg höhere Grundfutterleistung zugerechnet. Ein Fehler, der nicht vermeidbar ist, der aber auch der hohen Effektivität des Kraftfuttereinsatzes im Prinzip nicht widerspricht.

Bei der Auswertung nach dem Kraftfutteraufwand ist die Grundfutterverdrängung

Tabelle 106: Kenngrößen der Milchviehhaltung in Abhängigkeit von der Milchleistung

nach Milchleistungsklassen kg	Grundfutteraufnahme u. -leistung T kg	RP kg	NEL MJ	Kraftfutteraufwand kg	Gesamtleistung Milch kg	Fett %	Eiweiß %	Milch aus Kraftfutter gesamt kg	je 1 kg
3000–3499	11,9	3708	2851	633	3292	3,95	3,37	441	0,70
3500–3999	11,9	3773	2924	752	3783	3,96	3,37	859	1,14
4000–4499	12,0	3861	3005	866	4267	3,96	3,38	1262	1,46
4500–4999	12,1	3996	3117	972	4756	3,96	3,39	1639	1,67
5000–5499	12,2	4094	3189	1102	5246	3,96	3,39	2057	1,87
5500–5999	12,3	4194	3282	1228	5737	3,97	3,40	2455	2,00
6000–6499	12,4	4360	3388	1348	6227	3,96	3,39	2839	2,10
6500–7000	12,4	4489	3464	1492	6720	3,95	3,39	3256	2,27
über 7500	12,6	4636	3573	1602	7210	3,96	3,40	3637	2,18

(Tabelle 107) die in der Praxis vorhanden ist, deutlich erkennbar. Diese Verdrängung wurde bei der vorherigen Tabelle 106 nach der Milchleistung durch das offensichtlich bessere Management stärker überlagert.

Eine Erhöhung des Kraftfuttereinsatzes von 200 auf 2000 kg/Kuh und Jahr führt zu einer deutlichen Reduzierung der Grundfutteraufnahme und der Grundfutterleistung. Im Durchschnitt aller Betriebe allerdings auch zu einer Milchleistungssteigerung von etwa 4000 auf 6500 kg.

Die Effektivität des Kraftfuttereinsatzes zeigt wiederum die Schwächen im unteren Leistungsbereich. Dabei ist entweder die Kraftfutterzuteilung nach Leistung sehr »großzügig« oder der Milcherzeugungswert aus dem Grundfutter wird falsch eingeschätzt.

Die Informationen aus der Fütterungsberatung bringen für den Landwirt bzw.

Tabelle 107: Kenngrößen der Milchviehhaltung in Abhängigkeit vom Kraftfutteraufwand

nach Kraftfutterklassen kg	Grundfutteraufnahme u. -leistung T kg	RP kg	NEL MJ	Kraftfutteraufwand kg	Gesamtleistung Milch kg	Fett %	Eiweiß %	Milch aus Kraftfutter gesamt kg	je 1 kg
200– 399	12,6	4946	3797	320	4030	3,89	3,32	233	0,73
400– 599	12,6	4819	3703	510	4437	3,92	3,35	734	1,44
660– 799	12,4	4532	3517	706	4713	3,95	3,37	1196	1,69
800– 999	12,3	4250	3325	900	4963	3,97	3,39	1638	1,82
1000–1199	12,1	3991	3133	1095	5180	3,98	3,40	2047	1,87
1200–1399	12,0	3798	2988	1295	5443	3,97	3,40	2455	1,90
1400–1599	11,9	3647	2856	1495	5700	3,98	3,41	2844	1,90
1600–1799	11,8	3553	2750	1693	5986	3,97	3,41	3236	1,91
1800–2000	11,7	3462	2654	1891	6249	3,99	3,42	3595	1,90
über 2000	11,7	3417	2552	2088	6514	3,95	3,39	3962	1,89

Berater wertvolle Informationen. Der Betrieb kann sich mit ähnlichen Betrieben vergleichen und somit Schwächen aber auch Stärken des eigenen Betriebes erkennen. Die Notwendigkeit der exakten Versorgung mit Grund- und Kraftfutter als Voraussetzung für eine effektive und damit auch wirtschaftliche Fütterung wird hier besonders deutlich.

Abb. 41: Die Beurteilung und Mengenerfassung des Futters ist eine Voraussetzung für eine effektive Fütterungsberatung.

Stichwortverzeichnis